太空基础知识

神机妙算话航天

相有桓　著

清华大学出版社
北京

内 容 简 介

本书以弘扬太空科学、普及航天技术、激发学习兴趣为宗旨，以人类航天技术发展历程为轴线，从探索太空开始，按照先基础知识、后技术应用，先太空旅行、后地面保障的顺序进行介绍。主要内容包括探索太空、空间环境、航天器轨道、进入太空、利用太空、控制太空、太空返回、航天发射场以及地面保障系统等。

为帮助读者更好地阅读和理解，本书将中学数学、物理、化学知识与航天技术相融合，将定性与定量相结合，给出了大量简单实用的计算公式及算例，并融合穿插了许多生动、丰富的历史人物和事件，集知识性、实用性、趣味性于一体，是一本适合中学生、航天爱好者和航天工作者阅读的航天科普著作。

图书在版编目(CIP)数据

太空基础知识：神机妙算话航天/相有桓著.—北京：清华大学出版社，2023.8(2023.11 重印)
ISBN 978-7-302-63979-4

Ⅰ．①太…　Ⅱ．①相…　Ⅲ．①航天－普及读物　Ⅳ.①V4-49

中国国家版本馆 CIP 数据核字(2023)第 116943 号

责任编辑：佟丽霞　赵从棉
封面设计：王利群
责任校对：欧　洋
责任印制：杨　艳

出版发行：清华大学出版社
　　　网　　　址：http://www.tup.com.cn，http://www.wqbook.com
　　　地　　　址：北京清华大学学研大厦 A 座　　　邮　　编：100084
　　　社 总 机：010-83470000　　　邮　　购：010-62786544
　　　投稿与读者服务：010-62776969，c-service@tup.tsinghua.edu.cn
　　　质量反馈：010-62772015，zhiliang@tup.tsinghua.edu.cn
印 装 者：三河市龙大印装有限公司
经　 销：全国新华书店
开　本：185mm×260mm　　印　张：18　　　　　字　数：433 千字
版　次：2023 年 8 月第 1 版　　　　印　次：2023 年 11 月第 2 次印刷
定　价：129.00 元

产品编号：099918-01

近年来,国外火星探测、深空探测返回、商业载人航天、星链计划等新秀轮番登场亮相,我国嫦娥奔月、神舟飞天、北斗组网、"天问"探火等飞天梦想不断实现,新一股航天热潮持续高涨,人类探索太空的活动进入了新纪元。

遥远深邃的太空令人感到神秘与好奇,人们渴望对太空有更多、更深的认识和了解。然而,由于其所涉及的学科众多且内容复杂,很多人会敬而远之。本书很好地将中学数学、物理、化学知识与航天技术相融合,既不是空泛的航天知识的科普读物,也不是深奥的太空技术的学术论著。它以小学、初中知识为切入点,逐步深化科普,摒弃了以往科普书籍中多为定性描述的方式,将定性与定量相结合,以中学数学和物理知识为主,给出了大量简单实用的计算公式,并配备了许多启示性算例及其推算过程。这不仅能够激发读者学习数学、物理等学科的兴趣,还可以帮助读者更加深入地了解太空、理解航天,从而提高我们进出、利用、控制太空的能力。

本书以弘扬太空科学、普及航天技术、激发学习兴趣为宗旨,以人类航天技术发展历程为轴线,从探索太空开始,按照先基础知识、后技术应用,先太空旅行、后地面保障的顺序进行介绍。在介绍太空时,按照进入太空、利用太空、控制太空和太空返回的逻辑依次描述。全书共9章。第1章探索太空,主要介绍了探索太空的目的,以及有关宇宙起源的创世神话和宇宙大爆炸理论、天文学的起源、对宇宙的观测与认知等内容。第2章空间环境,从空间环境对航天活动的影响出发,介绍了真空和微重力环境、中性环境、等离子体环境、辐射环境、空间碎片与微流星体等内容。第3章航天器轨道,从轨道描述和轨道运动的角度,阐述了轨道几何学、轨道定律、轨道力学、典型轨道、轨道机动等内容。第4章进入太空,从如何实现航天器发射入轨的角度,介绍了航天器入轨要求、发射窗口、航天器入轨过程、运载火箭原理与技术等内容。第5章利用太空,从人类利用太空资源的角度,介绍了利用卫星进行通信、导航、遥感观测以及空间站与空间科学实验等内容。第6章控制太空,从控制太空所需掌握的能力角度,介绍了太空监察、太空攻击、太空防御、交会拦截等内容。第7章太空返回,从航天器返回过程的影响因素出发,介绍了航天器返回过程、返回方式、返回运动分析、返回弹道以及航天器形状对返回过程的影响、返回过程的航天器防热等内容。第8章航天发射场,重点介绍了航天发射场的选址、纬度、落区以及航天发射场的类型等,并对世界主要航天发射场进行了介绍。第9章地面保障系统,从航天发射活动保障角度,介绍了发射场特种燃料、特种气体、空调、供电保障,以及测控、时间统一等内容。

书中进行太空基础知识解读时,内容深入浅出、语言通俗易懂,融合穿插了许多生动、丰富的历史人物和事件。本书还附有大量精美的实物图片和精心绘制的示意图例,集知识性、实用性、趣味性于一体,是一本适合中学生、航天爱好者和航天工作者阅读的航天科普著作。

本书的创作初衷来自太原卫星发射中心主任李宗利先生的两个愿望:一是给不同专业背景但正在从事航天发射和太空探索工作的工程师提供一门定性与定量相结合的太空课程;二是让具有中学数理化知识的航天爱好者可以选用本书提供的数学模型等工具描述太空,以全新视角探寻太空奥妙,走向更远的未来。全书由李宗利先生策划和主导,从专著主题的构思、篇章结构的谋划,到书稿内容的撰写,甚至是典型算例及历史事件的选取,先生都给予了悉心指导,倾注了大量心血,在此谨致以最诚挚的敬意。由于著者才疏学浅,未能将先生的真知灼见完全融会贯通,尚有待完善之处。

唐立、张安理、闫鹏、张建荣、李鹏、李斌、薛甫成、夏红根、王琛、佟丽霞等参与了部分编写工作,管懿、韩庆华、尹全、张平、石刚、王菲、张龙岗等也做了许多工作,在此表示衷心感谢!

由于著者水平有限,书中难免有不妥甚至错误之处,恳请读者批评指正。

著　者

2022 年 6 月 22 日

目 录

CONTENTS

第 1 章

探索太空

　　太空一般指地球大气层以外的宇宙空间区域。你可能对太空一无所知,这没有关系,现在我们一起来进行太空探索!

　　说起我们所熟知的飞天梦,可以追溯到古代的神话传说。《淮南子》写道:"羿请不死之药于西王母,羿妻嫦娥窃之奔月,托身于月,是为蟾蜍,而为月精。"讲述后羿从西王母处请来不死之药,他的妻子嫦娥偷吃了这颗灵药,飞往月宫,并住在月宫中,变成了蟾蜍,就是传说中的月精。"嫦娥奔月"是人们幻想出来的"飞天登月"活动,但却表达了古人对未知空间的好奇,同时也映衬着现代航天事业的发展。"白兔捣药秋复春,嫦娥孤栖与谁邻",诗中描绘嫦娥携带玉兔栖息在广寒宫的场景,不正是登月探测器"嫦娥三号"携带月球车"玉兔"着陆月球的场面吗?

　　古人对宇宙的探索不仅局限于"飞天登月",更有浩瀚星空。"迢迢牵牛星,皎皎河汉女",诗句在描绘牛郎织女爱情故事的同时,也让我们认识了隶属于天鹰座的牛郎星和天琴座的织女星,以及造成它们"隔河相望"的银河星系。其中,为牛郎织女搭起相见之路的鹊桥,也成了今天为嫦娥探测器提供地月通信支持的中继星"鹊桥"。宇宙星空有无边际,边际之外属于哪里? 日、月、星辰又如何运动? 屈原在《楚辞·天问》中发出的千年疑问"九天之际,安放安属?""日月安属? 列星安陈?",也坚定了今天人类走出地球、探索太空的决心。2020 年 4 月 24 日,在"东方红一号"卫星发射 50 周年纪念日,中国国家航天局宣布正式命名中国行星探测任务为"天问"系列,首次火星探测任务为"天问一号"。不只如此,还有"夸父"太阳监测卫星计划、"羲和"太阳探测卫星、"祝融"火星着陆车等,这些浪漫的名字中饱含着人类对宇宙探索最执着的追求。

　　人类文明在宇宙中虽如沧海一粟,但人们的探索之心从未黯淡。千年前,古人仰望星空,写下璀璨神话,寄托美好憧憬。现如今,航天活动用科技让我们得以窥见无比瑰丽的宇宙,把神话照进现实。太空——最后的疆界,它需要无数年轻人投入到无限宇宙的探索中,去发现未知奥秘,去踏足无人之境,去寻找新的生命和文明。太空不仅仅属于那些少数从事科学研究的人们,也不只是属于那些少数宇航员群体,而是属于我们全人类。那里有我们共同的新领地,每个人都有义务了解它。

1.1　探索太空的目的

　　探索太空的行动危险且昂贵,那么我们为什么还要探索太空呢?因为太空为我们提供了几个重要资源。

　　太空提供了观察地球的方位。人们所在的位置越高,可观测到的地球范围就会越大。纵观历史,统治者就是利用这一点,把观察点建在山顶上,俯瞰疆土,警示敌人,许多战争就是为了争夺"制高点"。这就是我们探索太空的出发点,当置于太空中的合适位置时,就可以对地球表面进行有效观察。在轨航天器(见图1-1-1、图1-1-2)可以起到"耳朵"和"眼睛"的作用,能够为人类提供各种服务。

图 1-1-1　北斗导航系统

图 1-1-2　遥感卫星

　　太空提供了宇宙的清晰画面。夜晚,我们遥望天空,会看到众多星星在闪烁,这是由于星光穿越大气层时,大气层会使光线变模糊,星光模糊从而产生闪烁。当我们从太空中进行观测时,就可以清晰地观察宇宙。中国巡天号空间望远镜、美国哈勃太空望远镜(见图1-1-3、图1-1-4)等,它们能够观察的范围远远超过人类自身的感知。这些得益于太空优势的观测仪器正在逐步加深人类对宇宙的了解。

图 1-1-3　中国巡天号空间望远镜

图 1-1-4　美国哈勃太空望远镜

太空提供了失重的空间环境。在太空中能够完成一些在地球上不可能完成的制造和生产过程。为了制造新合金,应将两种以上金属按照一定比例混合;然而,由于重力影响使得较重的金属沉入容器底部,难以实现均匀混合。在失重状态下,使用不同的材料可以得到均匀的混合物。由于不受地球的重力影响,在太空中可以生产应用于计算机和其他领域的一些新型材料以及医药产品。

太空提供了丰富的各种资源。太阳系中存在丰富的矿产和能量资源,在轨航天器只利用了这些资源中的一种,即无限的太阳能。科学家们预测人类可以利用月球及其他天体上的资源,以发展基于太空的经济。例如,月球、火星和小行星上蕴藏着丰富的矿产资源及稀有金属,类木行星和彗星上蕴藏着丰富的氢能资源,这些资源与人类探索太空的活动结合起来,意味着人类最后的疆界就是太空。

太空为人类提供了无限的挑战与机遇,很多人将太空挑战者视为新世界的开拓者。虽然在月球或者火星上建立根据地还有很漫长的路要走,但这个最后疆界的诱惑正在不断影响着我们的生活。人类每年花费巨额资金制作一些太空题材的科幻电影,如《流浪地球》《星际旅行》等(见图1-1-5、图1-1-6),嫦娥登月计划和许多航天任务已经唤起了人类进行太空旅行的憧憬。每个人对于太空都有不同的理解,当越来越多的人加入到探索太空队伍中时,未来的太空探索将更加具有魅力。

图1-1-5　《流浪地球》

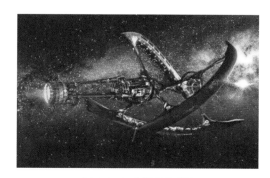

图1-1-6　《星际旅行》

1.2　宇宙起源

《千字文》开篇说"天地玄黄,宇宙洪荒",洪荒即宇宙刚生成时混沌蒙昧的原始状态。四方上下曰宇,古往今来曰宙,以喻天地。宇指无限空间,宙指无限时间,时间与空间的总和即是宇宙。既然宇宙涉及时间,那就应该有一个初始点。宇宙的初始点是什么样的呢?天地万物是如何开始的呢?

1.2.1　盘古开天辟地

我国创世神话讲述的就是关于宇宙起源的话题,其中人们最为熟知的是盘古开天辟地。因为只有有了天地,才能有人类与一切动植物,以及他们生存所需要的空间。

盘古,又称盘古氏,是我国古代神话传说中开天辟地创造人类世界的始祖。盘古开天

（见图 1-2-1）的记载最早见于三国时期徐整所著的《三五历纪》："天地混沌如鸡子，盘古生其中。万八千岁，天地开辟，阳清为天，阴浊为地。盘古在其中，一日九变，神于天，圣于地。天日高一丈，地日厚一丈，盘古日长一丈，如此万八千岁。天数极高，地数极深，盘古极长。后乃有三皇。数起于一，立于三，成于五，盛于七，处于九，故天去地九万里。"

图 1-2-1　盘古开天

　　人们传说：远古时期，天和地尚未分开，宇宙一片混沌。在这个混沌的宇宙之中有一个巨人，名叫盘古，他睡了一万八千年。有一天，盘古突然醒了，他见周围一片漆黑，就用自己制作的斧头朝着眼前的黑暗猛劈过去，只听一声巨响，黑暗的东西渐渐分散开。天地分开后，盘古担心它们还会合在一起，于是头顶着天、脚踏着地。天每天升高一丈，盘古也跟着天越长越高。盘古想用自己的身体创造出一个充满生机的世界，于是他微笑着倒下去，把自己的身体奉献给了大地。在倒下去的瞬间，他的双眼飞上天空，左眼变成太阳，给大地带来了光明和希望，右眼变成月亮，两眼中的液体撒向天空，变成夜里的万点繁星。从此，宇宙有了天地之分。盘古开天辟地的传说是古人对人类始祖的神化，它体现了中华民族热爱劳动、不怕困难、为民造福、无私奉献的伟大精神。

　　据《淮南子》记载："古未有天地之时，惟像无形，窈窈冥冥，芒芰漠闵，澒濛鸿洞，莫知其门。有二神混生，经天营地；孔乎莫知其所终极，滔乎莫知其所止息；于是乃别为阴阳，离为八极；刚柔相成，万物乃形；烦气为虫，精气为人。"根据这个说法，天地分开之前一片混沌，后来逐渐形成天和地，而且同时产生了掌管天地的二神。这时便分出天地阴阳，散离成四方八极，阴阳二气互相作用，万物才从中形成。这掌管天地的二神是谁，这里没说，不过根据其他一些典籍记载来看，这里的二神是指重和黎。然而，根据《山海经》记载，重和黎并不是自然产生的，而是颛顼的后代，且多了一个天帝，天帝命令二人分管天和地。

1.2.2　关于宇宙命运的传说

　　古印度的舍罕王有意重赏国际象棋的发明者——西萨·班·达依尔。舍罕王让达依尔自己选择一个奖品，达依尔跪在国王面前说："陛下啊，请您在棋盘的第一格赏给我 1 粒麦子，在第二格赏给我 2 粒麦子，在第三格赏给我 4 粒麦子……照这样下去，每一格内的麦子数都比前一格多一倍。把这摆满棋盘所有 64 格的麦子赏给您的仆人吧。"舍罕王听后高兴

地答应了,说:"爱卿,你当然会如愿以偿的。"(见图 1-2-2)

图 1-2-2 舍罕王赏麦

那么这个奖项所包含的麦子数为:$2^0 + 2^1 + 2^2 + \cdots + 2^{63}$

这其实是一个等比数列的前 n 项和的计算问题,等比数列的求和公式为

$$S_n = \frac{a_1 - a_n q}{1-q} = \frac{a_1(1-q^n)}{1-q}, \quad q \neq 1 \tag{1.2.1}$$

式中,S_n 为等比数列的前 n 项和;a_1 为首项;a_n 为第 n 项;q 为等比。

将 $a_1 = 1, q = 2, n = 64$ 代入上式,可得

$$S_{64} = \frac{1 \times (1 - 2^{64})}{1 - 2} = 2^{64} - 1 = 18\ 446\ 744\ 073\ 709\ 551\ 615$$

如果选用一个宽 4 m、高 4 m 的粮仓储存这些麦子,那么这样的粮仓长度将达到 3×10^8 km,它可以绕地球赤道约 7500 圈或者在地球和太阳之间打个来回。

哪有这么多麦子啊?舍罕王很是为难。太子的数学老师知道了这件事,对国王说:"陛下,您只需让达依尔进入粮仓,自己数完那些麦子就可以了,假如每秒数 1 粒,大约需要 5849 亿年才能数完;这样的话,就不是您不赏赐,而是他无法取走赏赐。"国王恍然大悟,于是叫来达依尔,让他这样去做。达依尔想了想,说:"陛下,您的智慧超过了我,我不要赏赐了。"

这位数学老师说的 5849 亿年是怎么得来的呢?下面我们来算一算。

1 s 数 1 粒麦子,1 年中共有 $365 \times 24 \times 60 \times 60$ s $= 31\ 536\ 000$ s,前面已经计算得到了全部麦子的个数,那么数完全部麦子需要的时间为

$$t = \frac{18\ 446\ 744\ 073\ 709\ 551\ 615}{31\ 536\ 000} \ 年 \approx 584\ 942\ 417\ 355 \ 年 \approx 5849 \ 亿年$$

还有一个关于宇宙命运的传说。在印度北部的贝拿勒斯神庙里放有一块黄铜板,板上插有三根各一尺多长的宝石针。梵天在创造世界时,在其中一根针上按下大、上小的顺序放了大小不同的 64 张金片,这就是所谓的梵塔,如图 1-2-3 所示。梵天创世后立下训谕:不论

白天、黑夜,都有一名僧人一刻不停地把这些金片在三根针上移来移去,每次只能移动一片,且移动时必须保证小片总在大片之上。当所有64张金片从梵天创世时所放的那根针上移到另一根针上时,世界的一切将在一声霹雳中化为乌有。

例如,有一个由3张金片组成的小梵塔,如图1-2-4所示。我们需要移动1次、2次、3次、…、7次,才能完成这项工作。

图 1-2-3　梵塔

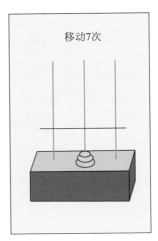

移动7次

图 1-2-4　由3张金片组成的小梵塔

可以看出,梵塔所需的移动次数与达依尔向舍罕王所索取的麦粒数是完全相同的。如果僧人1 s移动1片金片,僧人们日夜不停、前赴后继、坚持不懈地移动下去,那么完成这项工作需要的时间与数完全部麦子的时间也是完全相同的,即5849亿年。

根据这个传说,世界从诞生到消亡将历时约5849亿年,我们当然不会相信这种迷信传说。然而,按照现代科学的观点,我们的太阳系已经诞生了约46亿年,还有50多亿年的寿命;宇宙已经诞生了约137亿年,它未来的寿命将比5849亿年要长得多。

1.2.3　宇宙大爆炸

1927年,比利时天文学家、宇宙学家勒梅特(1894—1966)首次提出了宇宙大爆炸假说,他认为宇宙是膨胀的,最初起源于一个“原始原子”的爆炸;1929年,美国天文学家哈勃(1889—1953)提出哈勃定律,认为大多数星系都存在红移现象,并提出星系都在互相远离的宇宙膨胀理论;1946年,美国物理学家伽莫夫(1904—1968)与勒梅特一起正式提出关于宇宙起源的大爆炸理论,认为宇宙起源于原始的热核爆炸。

“大爆炸宇宙论”认为:宇宙始于一个致密炽热的奇点(见图1-2-5),在137亿年前的一次大爆炸后膨胀形成,从爆炸初始开始,宇宙处于不断膨胀、不断冷却中。最初的奇点具有无限小的体积、无限大的物质密度、无限高的温度和无限弯曲的时空。宇宙初始,只有能量,没有物质,大爆炸后的物质是由能量转换而来的。

宇宙爆炸初期,物质以基本粒子形态存在,基本粒子是构成物质的最基本单元,包括费米子和玻色子两类。费米子是构成物质实体的基本粒子,玻色子是用来传递能量和作用力的基本粒子。随着宇宙不断膨胀,温度和密度很快下降,大爆炸后的最初几分钟内,形成质

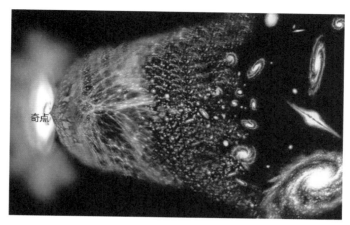

图 1-2-5 宇宙大爆炸

子和中子、反质子和反中子,然后形成电子、原子核,成为一种混沌、不透明的"热汤"状态。

大爆炸后的 38 万年左右,宇宙的温度降到约 3000 K,经历了"重组"时期,离子和电子复合形成气体分子,宇宙渐渐变得清晰,并释放光子。再经过漫长的时间,气体在引力作用下逐渐凝聚成星云,而星云是恒星的育婴室。大爆炸后的 4 亿至 5 亿年,第一代恒星和星系诞生,然后经过恒星和星系的多轮死亡与重生的演变,最终形成我们今天所看到的宇宙。

"大爆炸宇宙论"给出的宇宙演变时序(见图 1-2-6)如下:

(1) $<10^{-37}$ s:$T \gg 10^{12}$ K,大爆炸时刻的奇点。

(2) $10^{-37} \sim 10^{-34}$ s:$T > 10^{12}$ K,"暴涨"时期,宇宙的膨胀呈指数增长。

(3) $10^{-6} \sim 10^{-4}$ s:$T \approx 10^{12}$ K,质子、中子及反粒子等重子形成。

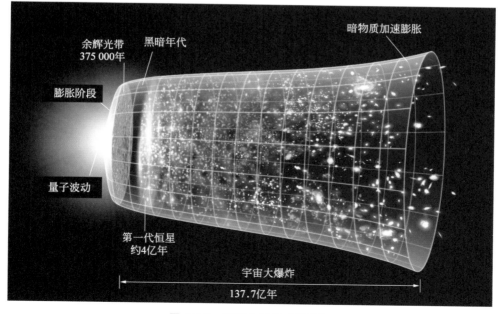

图 1-2-6 宇宙大爆炸演化时序

（4）100～1000 s：$T = 10^9 \sim 10^7$ K，发生核反应，氘、氦、锂形成。

（5）30 万～40 万年：$T \approx 10^3$ K，原子形成，宇宙主要成分为气态物质。

（6）4 亿～5 亿年：$T = 100$ K，第一代恒星和星系诞生。

（7）10 亿年至今：$T = 2.726$ K，逐步演化出星系和各种天体，形成今天我们所看到的宇宙。

恒星所能引发的核聚变程度与其自身质量有关，太阳主要引发氢、氦聚变，较重的恒星会引发碳、氧、镁聚变，更重的恒星还会引发更重元素的聚变。简略的核聚变顺序依次为氢、氦、碳、氧、镁、硅、钙、铁。但是，无论恒星有多重，最终其内部的核聚变反应都会在聚变到铁元素时停止，这是因为比铁轻的元素聚变释放能量，比铁重的元素聚变吸收能量。

1.3　天文学起源

天文学起源于人类文化的萌芽时期，是最古老的自然科学之一，已有几千年的历史。古人为了明确方向、时间和季节，会对太阳、月球以及星星进行仔细观察，从而掌握它们的位置和变化规律，并在此基础上制定历法。

7000 年前，我们的人文先始伏羲就发现了太极、阴阳和四象。太极、阴阳和四象是《易经》的基础，它的发现与天文学有着密切的关系。伏羲经过长期观察，发现太阳东升西落的现象，日以为常，渐渐悟出了天地之间的依存关系，知道了人类生存的地球只是茫茫宇宙的一分子，而且整个宇宙是瞬息万变的。4700 年前，古代埃及人建造的金字塔可以用于观测太阳、月球和其他天体的运行规律。公元前 3100 年，英国人建造的巨石阵可以精确获得太阳和月球的 12 个方位，并以此观测太阳、月球和其他天体在不同季节的起落。公元前 3000 多年前，迦勒底人经过长期观察星象，创造了星座的划分。

"天文"一词最早见于《易经》，《易传·象·贲》提出"刚柔交错，天文也；文明以止，人文也"，要求君子"观乎天文，以察时变；观乎人文，以化成天下"。《周易》提出"天衢"，要求人们向天道学习，会通天道人道，法天正己，尊时守位，知常明变，开物成务，建功立业。《楚辞·天问》开篇辞为"遂古之初，谁传道之？上下未形，何由考之？冥昭瞢暗，谁能极之？冯翼惟象，何以识之？"，面对未知的天地，屈原（公元前 340—前 278）提出了自己的疑问，体现了对真理执着的追求。顾炎武（1613—1682）《日知录》有云："三代以上，人人皆知天文。七月流火，农夫之辞也；三星在天，妇人之语也；月离于毕，戍卒之作也；龙尾伏辰，儿童之谣也。"山西襄汾的陶寺遗址与《尚书·尧典》记载的观象台相当，《易传·象·革》中提到"君子以治历明时"。早期天文学的行为从本质上来说就是天体测量学。

对天体运行的规律，早在古希腊时期，哲学家亚里士多德（公元前 384—前 322）就提出"地心说"（见图 1-3-1），即地球中心说。他认为宇宙是一个有限的球体，分为天地两层，地球是宇宙的中心且静止不动，太阳和月球围绕地球转动，地球外有 9 层天，由内向外依次为月球天、水星天、金星天、太阳天、火星天、木星天、土星天、恒星天和原动力天，除此之外宇宙空无一物。古罗马天文学家托勒密（约公元 90—168）全面继承了亚里士多德等人的"地心说"，并利用前人积累和自己长期观测得到的数据，撰写了《天文学大成》，认为地球是静止不动的且位于有限的宇宙中心，太阳、月球和其他所有星体都围绕着地球转动，他把亚里士多德的9层天扩大为11层天,把原动力天改为晶莹天,又往外添加了最高天和净火天(见图1-3-2)。当时的教会借助该理论,宣传说上帝创造了地球,并且创造了宇宙的一切,这种理论在天文学占统治地位达1300年之久,同时也限制了欧洲天文学的发展。

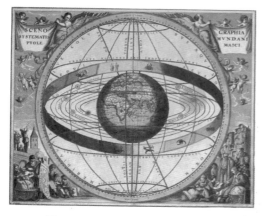

图 1-3-1　亚里士多德与"地心说"

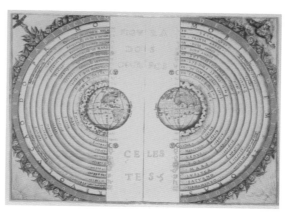

图 1-3-2　托勒密与"地心说"

直至16世纪,波兰天文学家哥白尼(1473—1543)通过对天体长达30年的观测,对盛行欧洲的"地心说"提出挑战,并于1510—1514年写下《天体运行论》手稿,提出"日心说",即太阳中心说。他认为处于宇宙中心的不是地球而是太阳,地球和其他行星一起绕太阳运转,只有月球绕地球运转,日月星辰每天东升西落是由于地球自转所引起的(见图1-3-3)。由于这些学说与当时的宗教教义水火不容,因此哥白尼迟迟不能下定决心出版自己的著作,直到1543年他逝世前,在朋友的劝说下才出版了《天体运行论》,这部伟大的科学著作得以问世。哥白尼提出的"日心说"从根本上改变了旧的宇宙观,为通往近代天文学铺平了道路,从此天文学的发展进入了新阶段,对自然研究便开始从神学中解放出来。

图 1-3-3　哥白尼与"日心说"

天文学上的一切发现和研究成果都离不开天文观测工具。我国最古老的天文仪器是土圭,也称圭表(见图1-3-4)。它利用日影进行测量,主要用于测定冬至日所在,进而确定回归年的长度;此外,通过观测表影的变化还可确定方向和节气。它最初出现在什么年代,已无从考证。东汉时期伟大的天文学家、数学家张衡(公元78—139)在西汉耿寿昌发明的浑天仪的基础上,根据自己的浑天说创制了一个比以前更精确、更全面的"浑天仪"(见图1-3-5)。浑天仪是我国古代天文仪器的杰出代表,它通过转动机械把浑象和漏壶(也称漏刻)结合起来,以漏壶流水推动浑象使它与天球同步转动,以显示星空的周日视运动,如恒星的出没和中天等。

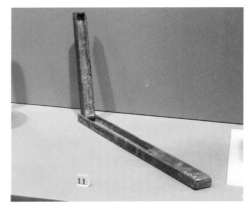

图 1-3-4　圭表

图 1-3-5　浑天仪

17世纪以前,虽然人们已经制作了许多天文观测仪器,但要开展观测工作仍然只能依靠人的眼睛。1608年,荷兰眼镜商人李波尔赛偶然发现用两片透镜能够将远处的物体看得更清楚,他经过多次试验,制造了世界上第一架望远镜。1609年,意大利天文学家、物理学家伽利略(1564—1642)发明了世界上第一架天文望远镜,它将凹透镜作为目镜、凸透镜作为物镜,也称为伽利略望远镜(见图1-3-6)。通过这个望远镜,伽利略把目标指向遥远的星空,得到了许多重要发现,开启了天文学的新纪元。1611年,德国天文学家、物理学家开普勒(1571—1630)制作了一种折射式天文望远镜,它将两片凸透镜分别作为物镜和目镜,放大倍数提高了很多,也称为开普勒望远镜(见图1-3-7)。1917年,美国天文学家海尔(1868—1938)在美国威尔逊山天文台主持建造了当时世界上最大的天文望远镜,也称为胡克望远镜(见图1-3-8),它的口径约为2.54 m。科学家们正是用这架望远镜揭示了银河系的大小以及地球在其中所处的位置,此外,哈勃的宇宙膨胀理论就是哈勃用这架望远镜观测后得出的重要结论。

图 1-3-6　伽利略望远镜

图 1-3-7　开普勒望远镜

图 1-3-8　胡克望远镜

1.4　宇宙的观测与认知

我们知道,人类生活在地球上,地球位于太阳系中,太阳系位于银河系中,银河系位于星系团中,星系团位于超星系团中,超星系团构成了宇宙。我们所在的宇宙之外到底还有什么,仍是科学界未解之谜。宇宙观测的一个重要目标是对宇宙天体的物理参数进行测量,这些参数包括亮度、温度、大小、距离和相对运动速度等。

1.4.1　宇宙的尺度

要了解宇宙的尺度,我们需要用一把"大尺子"作为标准来量度空间距离。常用的计量天体距离的单位有三种:天文单位(astronomical unit,AU)、光年(light year,l. y.)、秒差距(parsec,pc)。

天文单位是指太阳质心到地球质心的平均距离,$1\ \text{AU} = 1.495\,978\,7 \times 10^{11}\ \text{m}$。实际上,地球绕着太阳运动的轨道为椭圆轨道,其椭圆轨道的半长轴约为 $1.5 \times 10^{11}\ \text{m}$。例如,木星到太阳的距离约 5 AU,海王星到太阳的距离约 30 AU,太阳系的尺度约 10^5 AU。

光年是指光在真空中沿直线行走一年的距离,$1\ \text{l. y.} = 9.46 \times 10^{15}\ \text{m} = 6.324 \times 10^4\ \text{AU}$,约为 10^{13} km。例如,银河系的尺度范围为 10^5 光年,即 10 万光年。

秒差距是建立在三角视差的基础上,以 1 AU 为底边的等腰(或直角)三角形,当底边所对应的三角形内角大小为 $1''$ 时,这个三角形的一条边(或直角边)的长度称为 1 秒差距(pc),$1\ \text{pc} = 30.86 \times 10^{12}\ \text{km} = 3.262\ \text{l. y.} = 206\,264.8\ \text{AU}$。

我们可以这样来形象地描述宇宙的尺度:如果将 1 光年当成 1 m 长,那么太阳(直径约为 1.392×10^6 km)的尺度就相当于 $0.1\ \mu\text{m}$,太阳系的尺度相当于 1.58 m,银河系的尺度相当于 100 km。如图 1-4-1 所示为用对数坐标表示不同宇宙区域和天体的空间尺度。

目前,我们已经对宇宙空间有了一定认知。地球到太阳的距离为 1 AU,地球到冥王星的距离约 40 AU,太阳系的尺度约 10^5 AU。太阳到三恒星系统"α-半人马座"(Alpha Centauri)的距离约 4.37 光年,如果以 12 km/s 的速度在太空飞行,需要 10 万年才能到达该恒星。在距离太阳 17 光年的范围内,有 65 颗类似太阳的恒星。

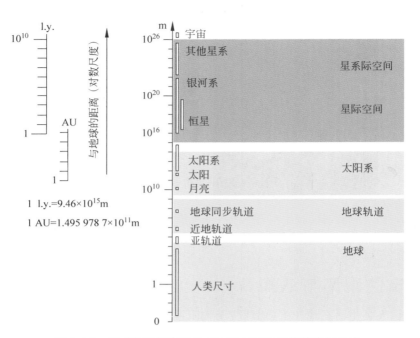

图 1-4-1　用对数坐标表示不同宇宙区域和天体的空间尺度

1.4.2　宇宙的观测

1. 星等和绝对星等

夜空中繁星点点,或明或暗,有的呈现蓝色,有的呈现红色(见图 1-4-2)。在地球上通过眼睛观测,一个晚上半天球可以看到约 3000 颗星,整个天球可以看到 6000 多颗星。

图 1-4-2　天空中闪烁的星星

公元前 2 世纪,古希腊天文学家喜帕恰斯(公元前 190—前 125)在编制星表时发现了岁差现象,并把眼睛可见的恒星按照亮度划分为 6 个等级,1 等星最亮,2 等星次之,6 等星是人的眼睛能看到的最暗的星星。用星等来表示天体相对亮暗的等级。星等的数值越小,表示星星越亮。1850 年,英国天文学家普森(1829—1891)将"星等"实现了量化,将 1 等星亮度定义为 6 等星的 100 倍,即星等每相差一个等级,亮度就相差 $100^{1/5} = 2.512$ 倍,此比例称为"普森比例"。星等之间的亮度可用以下公式表示:

$$\frac{L_1}{L_2} = 100^{\frac{m_2 - m_1}{5}} \quad \text{或} \quad m_2 - m_1 = -2.5\lg\frac{L_2}{L_1} \tag{1.4.1}$$

式中,m_1、m_2 分别为两颗恒星的星等;L_1、L_2 分别为两颗恒星的亮度。

目前,共发现 1 等星有 22 颗,2 等星有 71 颗,3 等星有 190 颗,4 等星有 610 颗,5 等星有 1929 颗,其余都是 6 等星及以上星等。

星等数值越大,星星越暗;星等数值越小,星星越亮;星等可以为负数。例如,北极星的 m 值为 2.02,牛郎星为 1,织女星为 0.03,天狼星为 −1.46,金星最亮时为 −4.4,月亮满月时为 −12.74,太阳为 −26.7。目前,地面望远镜可观测到 25 等星,空间望远镜可观测到 30 等星。

绝对星等是假定把恒星放在距离地球 10 秒差距的地方测得的恒星的亮度,它反映了天体的真实发光本领。实际上,天体亮度与距离 r(以秒差距为单位)的平方成反比,有如下公式:

$$\frac{L_{10}}{L} = 100^{\frac{m - M_V}{5}} = \frac{r^2}{10^2} \tag{1.4.2}$$

由此可以得到

$$M_V(r) = m - 5\lg r + 5 \tag{1.4.3}$$

式中,M_V 为绝对星等;m 为天文观测到的星等;r 为星所处的距离,单位为秒差距(pc)。

2. 恒星的温度

维恩位移定律是热辐射的基本定律之一,描述了黑体辐射光谱能量的峰值波长与热力学温度之间的关系。假设天体为黑体,根据该定律,可以得到天体的温度值,公式如下:

$$\lambda_{\max} = c/T \tag{1.4.4}$$

式中,$\lambda_{\max}$ 为辐射光谱能量的峰值波长,μm;T 为黑体的热力学温度,K;c 为维恩常数,其值为 2897 $\mu m \cdot K$。

维恩位移定律表明,一个黑体的温度越高,其辐射光谱能量的峰值波长就越短。在宇宙中,不同恒星随表面温度的不同会呈现出不同的颜色,表面温度在 30 000 K 以上的呈现蓝色,随着表面温度降低依次呈现蓝白色、白色、黄色、红橙色,濒临燃尽而膨胀的红巨星表面温度只有 2000～3000 K,呈现红色。太阳辐射的峰值波长为 0.502 μm,根据维恩位移定律,计算得到其表面温度为 5771 K。

3. 恒星的大小

对于距离地球很近的恒星,可以通过无线电射频延时测量距离和几何张角测量尺寸,而距离地球很远的恒星无法直接测量其大小,可以依据赫罗图进行计算。

赫罗图是以恒星的绝对星等或光度相对于光谱类型或有效温度绘制的散布图,又称光谱-光度图。它将每颗恒星绘制在一张图表上,可测量恒星的温度和光度,而这与恒星的位置无关。由此,可以得到恒星相对半径 R/R_0(R 为恒星半径,R_0 为太阳半径)与恒星绝对星等 M_V 和表面温度 T_e 的关系如下:

$$\lg \frac{R}{R_0} = 8.49 - 0.2M_V - 2\lg T_e \qquad (1.4.5)$$

1.4.3　天体距离

测量宇宙中恒星或者星系距离的方法有多种,下面主要介绍一种最基本、最可靠的方法——三角视差法。

什么是视差? 我们一起来做个实验:举起你的右手,伸出大拇指,先闭上左眼用右眼看远处的物体,再闭上右眼用左眼看该物体,那么你两次看到大拇指相对其远处物体的位置是不同的,这个角度位移差称为视差,大拇指与两眼所成的角称为视差角。同时,你还会发现,大拇指距离眼睛越近,视差会越大,因此可采用视差来测量距离的远近。

三角视差法是把待测恒星视为一个特大三角形的顶点,地球绕太阳公转的轨道直径的两端视为该三角形的另外两个顶点,然后测量地球到待测恒星的视差角,再用已知的地球绕太阳公转的轨道直径,通过三角公式计算出恒星与地球的距离。

对于离我们比较近的恒星,可以采用三角视差法测量它们的距离,如图 1-4-3 所示。

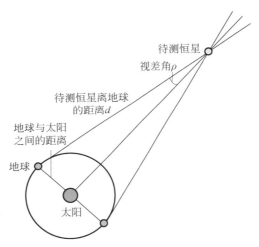

图 1-4-3　恒星三角视差法测量示意图

由三角函数公式,可得

$$\sin\rho = \frac{R}{d} \qquad (1.4.6)$$

式中,ρ 为视差角,单位为角秒($''$);R 为地球与太阳之间的距离,约为 1.5×10^8 km;d 为待测恒星离地球的距离,单位为 km。

当 ρ 很小时,ρ 以角秒表示,有 $\sin\rho = \rho$;d 的单位取 pc,则有

$$d = \frac{1}{\rho} \qquad (1.4.7)$$

式中,ρ 为视差角,单位为角秒($''$);d 为待测恒星离地球的距离,单位为 pc。

用三角视差法测量恒星距离有一定局限性,这是由于恒星距离我们越远,ρ 就越小,实际观测中难以测定,一般认为三角视差法可以测量的最远距离约为 100 pc。对于更远恒星

的距离测量,可以采用造父变星的光度周期变化法、哈勃定律法等方法。造父变星的光度变化周期与绝对星等光度之间存在线性关系,通过测得的光度变化周期可以得到绝对星等,再根据距离与绝对星等的关系式计算得到星系的距离。

1.4.4 多普勒效应和哈勃定律

1842 年,奥地利物理学家和数学家多普勒(1803—1853)首先提出了多普勒效应,其主要内容是:如果光源相对于观测者在运动,那么我们观测到的光线波长就会产生变化。若光源朝着远离观测者的方向运动,则波长变长、频率变低,产生红移现象;若光源朝着靠近观测者的方向运动,则波长变短、频率变高,产生蓝移现象(如图 1-4-4 所示)。

波长变化 $\Delta\lambda$ 与原波长 λ 之比,与星系相对观测者的视向速度 v 与光速 c_0 之比有关。其中,当星系朝着远离观测者的方向运动时,v 为正值;当星系朝着面向观测者的方向运动时,v 为负值。利用多普勒效应,可以测量星系视线方向的相对运动速度。

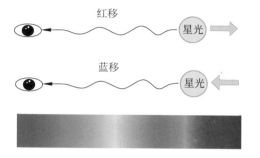

图 1-4-4　多普勒红移和蓝移效应图

(1) 当视向速度 v 远小于光速 c_0 时,不用考虑相对论效应,公式如下:

$$\frac{\Delta\lambda}{\lambda} = \frac{v}{c_0} \tag{1.4.8}$$

(2) 当视向速度 v 与光速 c_0 相差不太大时,需要考虑相对论效应,公式如下:

$$\frac{\Delta\lambda}{\lambda} = \frac{\left(1 + \dfrac{v}{c_0}\right)^{1/2}}{\left(1 - \dfrac{v}{c_0}\right)^{1/2}} - 1 \tag{1.4.9}$$

哈勃等人经过多年的天文观测,于 1929 年发现银河系之外的星系都呈现红移现象(除仙女系外),即星系都在"退行"远离我们而去,且星系视向退行速度与它们和星系的距离成正比,如图 1-4-5 所示,星系距离越远,其对应的视向退行速度越快,表现为宇宙在膨胀。因此可以得到哈勃关系式,即哈勃定律,又称哈勃-勒梅特定律,如下:

$$v = H_0 d \tag{1.4.10}$$

式中,v 为由红移现象测得的星系退行速度;H_0 为哈勃常数;d 为星系之间的距离。哈勃常数随宇宙演变而变化,欧洲航天局于 2013 年 3 月 21 日宣布,根据普朗克卫星的测量结果得出的哈勃常数为

$$H_0 = (67.80 \pm 0.77)\,\mathrm{km/(s \cdot Mpc)}$$

H_0 的倒数称为哈勃时间,近似等于宇宙的年龄(目前,一般认为宇宙年龄为 137 亿～138 亿年),哈勃时间为

$$\frac{1}{H_0} = \frac{1 \times 10^6 \times 30.86 \times 10^{12}}{67.80}\,\mathrm{s} \approx \frac{30.86 \times 10^4}{67.80 \times 31.536}\,\text{亿年} \approx 144\ \text{亿年}$$

哈勃定律是宇宙膨胀理论的基础,这种膨胀是一种全空间的均匀膨胀。因此,观察者无

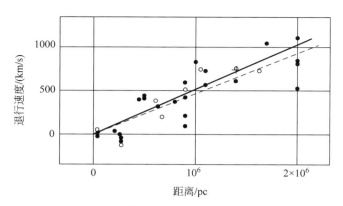

图 1-4-5　哈勃测量的星系退行速度与距离的关系

论处于宇宙空间中哪个位置,看到的宇宙都是各向均匀同性地膨胀;从任一星系来看,所有星系都以它为中心向四面散开,距离越远的星系散开的速度越快。哈勃定律原来由对正常星系观测而得,现在已应用到类星体或其他特殊星系上,它通常被用来推算遥远星系的距离。

第2章

空间环境

　　我们在开始任何旅行之前,常常需要先了解天气情况,以便携带与天气相适应的生活用品。同样地,我们通过观测空间环境,从而了解航天器或人类需要进行什么样的准备,以适应这个并不友好的环境。所谓环境,《辞海》中定义为围绕着人类的外部世界,是人类赖以生存和发展的社会和物质条件的综合体。因此,早期是没有空间环境这个概念的。

　　让我们回顾一下历史,早期人类是在陆地生存、生活和发展的。一直到15世纪末,以哥伦布发现新大陆和郑和下西洋为标志,人类将活动轨迹扩展到海洋上,好比《海贼王》中的路飞,开启了征服大海的历程。1903年12月莱特兄弟成功试飞了用内燃机作动力的飞机,标志着人类离开地面,进入天空。1957年10月苏联成功发射了第一颗人造地球卫星,从此人类跳出地球进入太空。

　　从航天学和空间科学的角度来讲,空间环境指的是人类能观测到的整个宇宙空间的环境。如果我们从地面往上来认识这个问题的话,从地面到一二十千米属于大气环境范围,也是飞机能够飞行的区域;20～100 km,各类飞行器难以长时间停留,属于临近空间的范围;100 km以上,是火箭、航天飞机、卫星的主要活动场所,即所谓的"空间环境"。如图2-1-1所示为空间分布示意图。

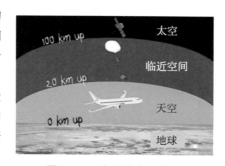

图 2-1-1　空间分布示意图

　　人们通常认为的空间环境近似于真空,但在轨道航天器所处的环境中,还包括大量的中性粒子、带电粒子、电磁辐射以及碎片尘埃等,并且它的状态并不是平静的,而是伴随着各种形态、各种时间尺度的扰动。空间环境扰动的源头主要是太阳活动,太阳活动直接影响空间环境,各种太阳活动爆发产生的高能辐射和粒子流都能引发地球附近空间环境效应,每一种环境因素都有可能对在轨航天器产生潜在危害,造成不可预知的后果。

2.1　真空和微重力环境

　　随着航天器运行高度的增加,大气压强的不断下降,万有引力的不断减弱,人们将面临进入太空的第一个难题——真空和微重力环境。在距离地表 100 km 的高度上,周围环境大气压强约比海平面大气压强低 6 个数量级,相对于地表而言,空间环境基本上是类真空环境。在日常生活中,我们对“真空”并不陌生,比如双层玻璃的水杯,其中间的真空隔层对杯子里的水具有“绝热”效果而使杯内的水保温;食物包装抽真空处理,以延长食物的保质期等。在太空的类真空环境中同时存在微重力环境,“漂浮的水滴、拧不干的毛巾、呈近似圆形的蜡烛火焰……”这些我们在空间站实验中看到的神奇现象,让我们对太空的神秘又多了些许向往。那么太空的真空和微重力环境会对我们的航天活动带来哪些影响? 又是什么原因导致这些神奇现象存在的呢?

2.1.1　真空中的紫外线

　　生活中,我们经常在太阳下活动,时间长了皮肤就会晒黑,这是由于被太阳光中紫外线照射的结果。实际上,只有 21% 的太阳光能不受阻碍地穿过地球大气层,而其中绝大部分紫外线能够被大气层中的臭氧层吸收,因此大部分人对紫外线只是停留在晒黑皮肤的认识上。

　　在太空环境中,人类如果暴露在紫外线的照射下,恐怕不只是晒黑皮肤的问题。紫外线在太阳光中的占比很低,仅为 5% 左右,但是能量却很高。在太空中,由于失去了大气中臭氧层对紫外线的吸收,在轨航天器完全暴露在太阳紫外线照射之中。紫外线中单个光子具有的能量足以破坏航天器部分物质的有机化学键。因此,航天员出舱活动必须穿着宇航服加以防护。单个光子的能量与它的波长 λ 或频率 f 有关,其公式为

$$E = hf = \frac{hc}{\lambda} \tag{2.1.1}$$

式中,h 为普朗克常量,其值为 6.626×10^{-34} J·s;c 为光速,其值为 2.9979×10^{8} m/s。

　　在轨航天器的一些高分子聚合物制品一旦暴露在紫外线辐射中,就会引发聚合物材料自我氧化、降解,破坏聚合物分子的化学键。从表面观察,高分子聚合物制品颜色等外观发生改变;从力学特性分析,高分子聚合物制品脆化,力学性能恶变,影响使用寿命。

　　为了阻挡紫外线辐射对航天器的伤害,同时考虑真空、温差等空间环境因素,对航天器的防护提出了极其苛刻的要求。科学家们尝试了很多方法,终于为航天器找到一件合适的“保护衣”——一种聚酰亚胺的高性能聚合物材料与金属材料复合而成的薄膜,如图 2-1-2 所示。它的外观看起来像是为航天器包裹了一层金箔,但实际性能却远超人们的想象。这层薄膜对紫外线有极高的反射率,并具有超强的耐热性、超宽的温度适应范围,使它成为航天器保护衣材料的不二之选。

图 2-1-2　卫星“保护衣”——聚酰亚胺薄膜

2.1.2　真空中的分子污染

当航天器在类真空环境中运行时,其挥发性物质会摆脱物体间的吸引力束缚,进入空间环境中,即航天器中许多物质会发生"真空出气"现象,从而使得质量减少。即使运载火箭携带的航天器表面很干净,但在发射和在轨运行过程中,由于存在"出气"过程,航天器自身也会成为一种污染源。几乎所有的材料都会有一定量的挥发性物质附着在其表面,或从材料内部扩散出来,进而散发到周边环境,它们主要来源于制造、加工以及清洗等工艺过程。这些挥发性物质会脱离束缚,以分子形式逸出,进入航天器运行轨道,可能撞击并附着在航天器表面,虽然每次只沉积 1 个分子,厚度为数十埃,但随着时间的流逝,太阳能电池板、光学镜头等航天器敏感部件表面沉积了大量分子,会使得航天器性能严重下降,这种类型的污染称为分子污染。

1. 材料"出气"

材料"出气"是指材料随时间增加不断释放气体分子的过程。在温度、体积一定的情况下,可以通过对材料加压来测得材料出气率 Q。Q 的单位为:(压力增量单位×真空室体积单位)/(样品表面积单位×真空室中测试时间单位),即 $(Pa \cdot m^3)/(m^2 \cdot s)$,该单位等同于国际单位制中的出气单位 W/m^2。根据理想气体状态方程 $P = NkT$ 可知,在温度已知的情况下,气体的分子数与压强有关。因此,材料出气率 Q 可表示为

$$Q = NkT \tag{2.1.2}$$

式中,N 为单位面积、单位时间的出气分子数,单位为 $1/(m^2 \cdot s)$;Q 为出气率,单位为 W/m^2;k 为玻尔兹曼常数,其值为 1.38×10^{-23} J/K;T 为温度,单位为 K。

因此,单位面积、单位时间的出气质量 m[单位为 $kg/(m^2 \cdot s)$]可以表示为

$$m = \frac{MN}{N_A} = \frac{QM}{kTN_A} \tag{2.1.3}$$

式中,N_A 为阿伏伽德罗常量,其值为 6.022×10^{23} mol^{-1};M 为分子量,单位为 kg/kmol。

2. "出气"分子传递

物体表面的污染速率不仅与自身出气源的出气速率有关,还与通过视线传递方式污染的其他出气源的出气速率有关。假设一个平面,面积为 ΔA_1,它向空间发出的出气率为 $I_1(W/m^2)$,如图 2-1-3 所示,根据第一个平面 ΔA_1 与第二个平面 ΔA_2 的位置计算,从第一个平面辐射出的能量会有多大比例到达第二个平面?这与两个平面间的几何关系有关,通过对平面间几何视角因子进行计算可以得出。

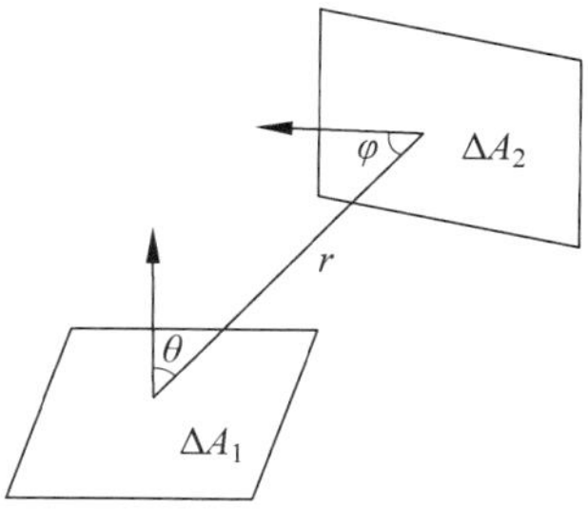

ΔA_1 射向 ΔA_2 的能量传递速率为

$$\Delta q_1 = I_1 \cos\theta \Delta A_1 \tag{2.1.4}$$

图 2-1-3　几何视角因子

式中,θ 为垂直于 ΔA_1 的法线与两平面中心连线的夹角。

ΔA_2 得到的能量大小与夹角 φ(ΔA_2 的垂直法线与两平面中心连线的夹角)相关,即

$$\Delta \omega_2 = \frac{\cos\varphi \Delta A_2}{r^2} \tag{2.1.5}$$

式中, r 为平面中心之间的连线距离。

那么, 由 ΔA_1 辐射到达 ΔA_2 的能量大小为

$$\Delta q_{12} = I_1 \frac{\cos\theta \cos\varphi}{r^2} \Delta A_1 \Delta A_2 \tag{2.1.6}$$

出气源可能是一个较大的平面, 如航天器的太阳能面板; 也可能是很小的局部区域, 如航天器的某个电子元件。假设火箭携带两个以上航天器进入太空, 那么其中的一个航天器就可能对其他航天器带来污染, 使其性能下降。任何可能"出气"的材料, 本身就是一种潜在的污染源。

2.1.3 微重力

重力是由于地球的吸引而使地球表面的物体受到的力。它既看不见也摸不着, 但又实实在在存在, 熟透的苹果因它从枝头掉落, 江河瀑布因它流向低处, 重力的存在使得地球上的物体都存在垂直向下、指向地心的趋势。如果物体脱离了重力的作用, 又会是什么样子呢?

太空中微重力环境的主要特点就是失重。由于缺乏重力的影响, 航天员犹如练就绝世武功一般, 神奇地漂浮在太空中。如果想要行走或移动, 只能借助外力来改变状态。

1. 航天器轨道中的重力

根据万有引力定律、牛顿第二定律可知, 航天器在地球表面所受的重力约等于航天器与地球间的万有引力, 如下:

$$\frac{GMm}{R^2} = mg \tag{2.1.7}$$

式中, M 为地球质量, 单位为 kg; m 为航天器质量, 单位为 kg; R 为地球半径, 单位为 m; G 为万有引力常量, 单位为 N·m^2/kg^2; g 为地球表面重力加速度, 单位为 m/s^2。

假设航天器距离地球表面高度为 h, 则有

$$\frac{GMm}{(R+h)^2} = mg' \tag{2.1.8}$$

式中, g' 是在轨航天器高度位置的重力加速度。由此可知, 航天器轨道高度加速度的变化与航天器距离地面高度的变化有直接关系:

$$\frac{g'}{g} = \frac{R^2}{(R+h)^2} \tag{2.1.9}$$

我们知道, 地球平均半径约为 6371 km, 而空间站轨道高度约为 400 km, 由此可得

$$\frac{g'}{g} = \frac{R^2}{(R+h)^2} = \frac{6371^2}{(6371+400)^2} \approx 0.885$$

即空间站轨道高度的重力加速度 g' 约为地球表面重力加速度的 88.5%。

地球引力随物体与地球之间距离的增加而减弱, 与距离的平方成反比。若要达到 $10^{-6}g$ 的微重力环境, 须将物体放在地球半径 1000 倍距离的高空, 因此空间中不存在所谓的"零重力"。

2. 微重力的形成

在太空中,地球引力虽然显著减小但仍然存在,那么航天器内的"微重力"又是如何形成的呢? 我们从水流星杂技表演中就可以看到,杂技演员用一根绳子兜着两个碗,碗里盛满水,在高速旋转过程中,即使碗底朝上,碗中水也不会洒出来(见图2-1-4)。这可以用圆周运动来解释,碗随着绳子旋转,碗里的水在做离心运动。当碗底朝上时,碗中水受到的重力作用向下,但离心力克服重力作用向上,使水紧压碗底并随着碗一起旋转。

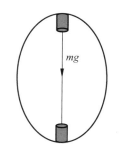

图 2-1-4　水流星表演示意图

与水流星原理类似,航天器绕地球做圆周运动,重力与离心力处于平衡状态,此时航天器内的人与物体处于相对静止的状态,形成一个近乎没有重力的"零重力"环境。但实际上,航天器在轨运行过程中轨道和速度的微小变化均会导致平衡状态被打破。因此,在航天器内的人与物体不可能持续保持这种静止状态,也就不会拥有绝对的"零重力"状态,而航天器内的重力影响已经远远小于$1g$,形成微重力环境。

3. 微重力环境对人的影响

(1)体液头向转移。当人站在地球上时,由于受到重力的影响,血液会由上向下流动。当人进入太空后,身体血液不受重力束缚,会导致大脑动脉压增高,使人产生倒立的错觉;同时身体造血功能会减弱,心脏肌肉出现一定程度的萎缩,长时间可导致人体内血液减少20%左右。

(2)肌肉萎缩。在地球上,人体的肌肉和骨骼主要承受整个身体的重力,人们也通过健身、跑步等方式让自己的肌肉更加发达。在太空中,人体的肌肉失去了压力,变得"无所事事",体内承重肌不必再抵抗重力作用,破坏了肌代谢平衡,同时相关蛋白质合成减少,于是出现人体肌肉萎缩。试验证实,在太空中5~11天就会流失约20%的肌肉,长时间在轨飞行甚至可达到50%。

(3)骨质流失。在太空中,肌肉萎缩流失的同时,骨骼也会不可避免地存在流失现象。由于骨骼承重压力骤减,人体自身体重对骨骼刺激减少,骨钙开始流失,最终导致人体的骨密度下降,增加骨折风险。据不完全统计,太空中人体一个月流失的钙含量大约相当于在地球一年的流失量。正因如此,虽然航天员在空间站中每天坚持锻炼,但在返回地面出舱时仍需要坐在椅子上。

2.2　中性环境

中性环境指的是围绕地球周围的高层大气,对其关注的问题主要是高层大气成分随着空间和时间的变化规律、气体分子数量分布以及对航天活动的影响。地球形成之初,大气的主要成分为氢和氦。太阳风使大气层热力学活动增强,大气中分子质量较小的气体运动速度大于重力场对它的束缚,从而使分子质量较小,气体消失。后来,陨石撞击、火山喷发等活动释放出来的挥发性气体组成新的大气层,其主要成分变成了二氧化碳、甲烷、氮、硫化氢和氨等一些分子量比较大的气体。在太阳紫外线照射作用下,大气层中氧的含量不断增加,并通过湍流扩散、分子扩散、大气环流等一系列运动,成分重新混合分布,逐步形成今天的大气层。

2.2.1　中性环境的构成

如果你有机会从太空返回地球进入大气层,你会发现空气变得越来越稠密,但看不出哪里是清楚的分界线。相比之下,人跳进游泳池进入水中的那一刻,水面的分界线非常清晰,这是因为大气层是气态的,没有一个固定不变的边界。根据大气的密度、温度和热力学特性,可以将地球大气由地面向上分为对流层、平流层、中间层、增温层和外大气层,如图 2-2-1所示。

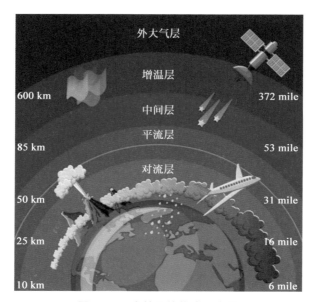

图 2-2-1　中性环境构成示意图

1. 对流层

对流层是最接近地面的大气层,在 0 至 8~12 km,它的高度因纬度而不同,赤道附近可达 16~18 km。在对流层,气流变化剧烈,风向和风速经常改变,大气中约 75% 的气体成分集中在这层。因此,我们生活中碰到的云雨雾雪等现象也都集中在这层。对流层的温度随高度的升高而较均匀地下降,海拔高度每升高 1 km,温度降低约 6.5 K。

2. 平流层

对流层往上为平流层,在 8~12 km 至 50~65 km。这一层的大气气流平稳,几乎没有上下对流,也是大型客机的主要飞行高度。地球大气中的臭氧也主要集中在这一层,具有吸收紫外线的功能,避免紫外线对地球生物的直接照射。平流层的温度会随着海拔高度的升高而升高,上热下冷。

3. 中间层

平流层再往上为中间层,在 50~65 km 至 80~85 km。这一层处于飞机所能飞行的最高高度和航天器运行的最低高度之间。我们经常看到天上划过的流星,就是天体岩石与这一层的大气分子摩擦生热、燃烧所致。顶部偶有夜光云出现。中间层的温度随高度升高而下降,上下温差会使得这层大气在垂直方向剧烈运动。

4. 增温层

增温层也称为热层,在80~85 km 至600~800 km。这一层的空气已相当稀薄,且太阳辐射会造成气体分子的光化、电离,并伴随着放热过程,我们在两极看到的极光现象就是发生在这层顶部。增温层的温度随着高度升高而急剧上升。

5. 外大气层

外大气层也称为散逸层,在600~800 km 至2000~3000 km。这一层是卫星、空间站等航天器的主要运行空间,也是外太空的起点。它的下层主要是原子氧,上层主要是原子氢、氦,进入该层的大气分子极其容易逃离地球引力束缚。

根据大气内各组分的混合性质划分,还可以将地球大气大致分为匀和层和区分层。匀和层主要指从地面至约90 km高空,大气成分以氮气和氧气为主,且相对均匀并保持不变,大气分子运动以湍流为主,遵循理想气体状态方程和流体静压方程。区分层也称非匀和层,它在匀和层之上,大气成分随高度变化明显。大气成分的分布遵循各自的扩散方程,大气压强、密度随海拔高度升高而下降。区分层可以分为上、下两部分,下部主要成分是氮气、原子氧和氧气,上部主要成分是原子氧和原子氢。105 km 以下的区分层大气仍以湍流运动为主,这部分大气特性依然满足理想气体状态方程和流体静压方程。105 km 以上的大气成分稀薄,气体分子扩散运动超过湍流混合运动。

2.2.2 大气压强的变化

1. 理想气体状态方程

理想气体状态方程可以描述一定量的理想气体状态参量变化的物理特性。一定量的理想气体,其压强、体积和温度的关系如下:

$$pV = nRT \tag{2.2.1}$$

式中,p 为理想气体的压强,单位为 N/m^2;V 为理想气体的体积,单位为 m^3;n 为气体的摩尔数,$n = m/M$,单位为 kmol,m 为气体的质量,单位为 kg,M 为气体的摩尔质量,单位为 kg/kmol;R 为理想气体常数,单位为 J/(kmol·K);T 为理想气体热力学温度,单位为 K。

2. 流体静力学平衡

在大气中截取一个横截面面积为 A、高度为 Δh 的柱状体(见图 2-2-2),受垂直表面的压力和重力的作用,假设存在静力学平衡,上下表面压强差为

$$\Delta p = \frac{\Delta F}{A} = -\rho g \Delta h \tag{2.2.2}$$

由式(2.2.1)可得

$$p = \frac{nRT}{V} = \frac{m}{M}\frac{RT}{V} = \frac{m}{V}\frac{RT}{M} = \rho\frac{RT}{M} \tag{2.2.3}$$

上式可以变化为

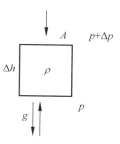

图 2-2-2 静力学平衡

$$\rho = \frac{pM}{RT} \tag{2.2.4}$$

则有

$$\Delta p = -\frac{pM}{RT}g\,\Delta h = -\frac{pMg}{RT}\,\Delta h$$

对无限小变化量,应用微积分理论,则得

$$p = p_0 \exp\left[\frac{Mg}{RT}(h_0 - h)\right] = p_0 \exp\left(\frac{h_0 - h}{H}\right) \tag{2.2.5}$$

式中,p_0 为一定海拔高度对应的大气压强,单位为 Pa;h 为海拔高度,h_0 为海平面高度,单位均为 m;H 定义为大气标高,且 $H = \dfrac{RT}{Mg}$。

由此可以看出,大气压强随着海拔高度的增加呈指数递减。且大气标高 H 也不是一成不变的,假设 h_0 为 0,当海拔高度 h 每升高 H 时,大气压强 p 减少为之前的 1/e。由于大气层不同区域的气体组成、环境温度各不相同,因此大气标高 H 会随着海拔高度变化而变化。

2.2.3　大气阻力

雨滴飘落,袅袅炊烟,尘埃漂浮,生活中的点点滴滴都离不开空气阻力的影响。例如,当你乘坐在高速行驶的汽车中将手伸出车外,手会明显体会到被往后推的感觉,这就是大气阻力的作用。手所感觉到的阻力大小主要取决于空气密度 ρ、汽车速度 v 以及手掌面积 S 这三个因素。也就是说,即使手掌面积 S 不大,只要汽车速度 v 足够大或者空气密度 ρ 足够大,也都会产生较大的阻力。

我们将地球表面的阻力向太空延伸,那么在太空中运行的航天器是否仍然会受到阻力的影响呢?在航天器运行的近地轨道范围,虽然大气已经非常稀薄(大气压强从海平面的 10^5 Pa 量级下降至 10^{-5} Pa 量级,大气密度从 10^{27} 个粒子/m³ 下降至 10^{17} 个粒子/m³),但是仍然不是绝对的真空,航天器仍会受到大气阻力的影响,因为航天器在太空中的运行速度实在是太快了。

1. 大气阻力的物理概念

假定有一束密度为 ρ 且粒子间无相互碰撞的中性粒子流以相对速度 v 向物体(航天器)运动。粒子流以动量 p_i 撞击该物体,以动量 p_r 从物体上反弹回来,则传递给该物体的动量为

$$\Delta p = p_i + p_r \tag{2.2.6}$$

通常初始动量已知,则上式可变化为

$$\Delta p = p_i\left(1 + \frac{p_r}{p_i}\right) = p_i[1 + f(\theta)] \tag{2.2.7}$$

式中,θ 为入射角,即粒子相对速度方向与物体表面法线方向的夹角。在 Δt 时间内,撞击横截面面积 S 的粒子总质量为

$$m = \rho S v \Delta t \tag{2.2.8}$$

那么,当面积 ΔS 与粒子流夹角为 θ 时,所承受的粒子阻力为

$$\Delta F = \frac{\Delta p}{\Delta t} = \rho v^2 [1 + f(\theta)] \Delta S \tag{2.2.9}$$

通常,定义 $\Delta F = \frac{1}{2} \rho v^2 C_D \Delta S$,式中 $C_D = 2[1 + f(\theta)]$,C_D 是无量纲的阻力系数。一般来讲,粒子碰撞存在诸多不确定性,很难从理论上推算 $f(\theta)$ 函数。

为了得到一个航天器所受到的大气阻力表达式,上述公式可变化为

$$F_{阻力} = \frac{1}{2} \rho v^2 C_D S \tag{2.2.10}$$

式中,$F_{阻力}$ 为航天器受到的大气阻力,单位为 N;ρ 为大气密度,单位为 kg/m^3;v 为航天器速度,单位为 m/s;C_D 为阻力系数;S 为航天器横截面面积,单位为 m^2。

由此可知,正常情况下空气阻力的大小与空气阻力系数、空气密度及受力截面面积成正比,与速度平方成正比。

2. 大气阻力对在轨航天器的影响

在轨运行的航天器始终受到空间环境中各种摄动力的影响,这些摄动力包括地球产生的万有引力、高层大气阻力、其他天体的引力等。在这些摄动力的作用下,航天器总机械能发生变化,轨道高度及运行速度也发生变化,进而影响航天器的应用和寿命。因此,为保证航天器能在其轨道上正常运行,每隔一段时间需要对其进行轨道修正。下面我们谈谈大气阻力对在轨航天器的影响。

航天器在轨运行时,由于太空中大气阻力很小,航天器的总机械能损耗较小,轨道高度变化不明显,因此我们可以近似认为航天器运行轨道为圆或椭圆,且航天器绕地球运动的角动量守恒和总机械能守恒。如图 2-2-3 所示,设航天器绕地球运动的轨道为椭圆轨道,半长轴为 a,半短轴为 b,航天器质量为 m,地心位于椭圆的一个焦点上。若已知某一时刻航天器与地球的距离为 r,航天器运行方向为沿椭圆轨道切线方向,则航天器在轨运行速度为

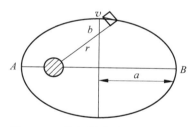

图 2-2-3　航天器在轨运行示意图

$$v = \sqrt{\frac{2GM}{r} - \frac{GM}{a}} = \sqrt{GM\left(\frac{2}{r} - \frac{1}{a}\right)} \tag{2.2.11}$$

式中,v 为航天器在轨运行速度;G 为万有引力常量;M 为地球质量。

由式(2.2.11)可知,航天器在轨运行速度 v 只与轨道距离 r 有关,而与航天器质量 m 无关。轨道距离 r 越大,航天器在轨运行速度 v 越小;r 越小,航天器在轨运行速度 v 越大。

当航天器轨道为圆轨道时,$r = a$,航天器在轨运行速度为

$$v = \sqrt{\frac{GM}{r}} \tag{2.2.12}$$

当航天器在轨道上从近地点 A 向远地点 B 运行时,航天器克服万有引力做功,动能转化为势能,航天器运行速度减小;当航天器在轨道上从远地点 B 向近地点 A 运行时,万有

引力对航天器做功,势能转化为动能,航天器运行速度增大。

假设航天器在轨运行的总机械能 E 是一定的,由于航天器在轨运行过程中一直克服大气阻力做功,消耗它的总机械能,因此航天器在轨运行过程中,动能与势能转化就会逐渐损耗,此时航天器在轨高度不断呈螺旋式降低。随着轨道高度的降低,大气密度越来越大,大气阻力也会随之增大,最终航天器就会掉入大气层冲向地球,就像陨石或者流星那样,要么在大气层中燃烧殆尽,要么撞击地面而粉身碎骨。

2.2.4　原子氧腐蚀

说到腐蚀,相信我们并不陌生,它是一种生活中常见的氧化现象,金属制品或木制品会在空气、水等条件的作用下每时每刻发生腐蚀。例如,室外生锈的管道、街边风化的护栏、枯死腐朽的树木等。

在没有空气和水的真空环境下,为什么航天器金属表面仍然会被腐蚀?在近地轨道,航天器会遇到主要由原子氧(atomic oxygen,AO)和氦组成的低密度大气,其中原子氧由大气层内 O_2 分子与太阳紫外线相互作用分裂而成:

$$O_2 + E_{UV} \longrightarrow O + O(99\%)$$
$$\longrightarrow O^+ + O^- \ (1\%) \qquad (2.2.13)$$

原子氧具有冲击能及强氧化性,可以氧化腐蚀很多材料,尤其是对聚合材料(如聚酰亚胺)产生表面剥蚀作用,会使材料的使用寿命缩短。在近地轨道空间中,原子氧数密度最高可达 10^9 原子数/cm^3,当航天器以 7.9 km/s 的速度在轨运行时,撞击到航天器的原子氧束流密度会增加到 10^{15} 原子数/$(cm^2 \cdot s)$。

原子氧对材料的腐蚀效果可以通过试样的剥蚀率得到:

$$E = \frac{\Delta m}{A\rho F} \qquad (2.2.14)$$

式中,E 为剥蚀率,单位为 cm^3/原子数;A 为试样的表面积,单位为 cm^2;F 为原子氧通量,单位为原子数/cm^2;Δm 为试样的质量损失,单位为 g;ρ 为试样的密度,单位为 g/cm^3。

已知剥蚀率,则材料剥蚀的深度为

$$d = \frac{\Delta m}{A\rho} = EF \qquad (2.2.15)$$

式中,d 为材料剥蚀的深度,单位为 cm。

2.3　等离子体环境

说起等离子体,大家可能都不太清楚它的概念。在我们上中学的时候,课本中描述的物质有三种形态,分别是固态、液态、气态。实际上,还有第四种物质形态需要我们重新认识,即等离子态。不同能量水平会造就不同的物质形态,例如,冰块是固态,对其加热它会融化成为液态的水,如果继续加热,水会慢慢蒸发转化为气态的水蒸气。如果对气体继续加热呢?当温度足够高时,原子中的电子得到足够的能量,摆脱原子核的束缚,形成带电粒子,此时,因气体电离后,形成等量的离子和电子所组成的聚集态,这便是等离子态。电离的气体称为等离子体。

在浩瀚无垠的宇宙中,大约99%的宇宙物质由等离子体组成,而地球却是极少数由非等离子体组成的宇宙物质。因此在航天器进入太空时,不可避免地要在由大量等离子体构成的等离子体环境中运行,从而影响着航天器性能和安全。

2.3.1　地球电离层组成

在距离地面50 km至几千千米高度之间有一个特殊区域,存在大量自由电子和离子,称为电离层。电离层的形成主要依赖于太阳光中的紫外线对大气层中气体成分的电离,但是并不是所有高度的大气成分都会电离形成等离子体。它需要"天时地利","天时"是指不同时间段,太阳对地球的辐射强度不断变化,大气中气体成分发生电离的概率也在变化;"地利"是指在不同高度大气密度不一样,电离产生的自由电子再结合,其速率也在变化。一般情况下,电离层电子数密度随高度的变化可分为 D 区、E 区和 F 区,如图 2-3-1 所示。

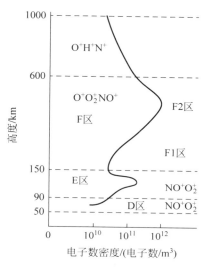

图 2-3-1　日间的电离层分布

1. D 区

D 区指距离地面 50～90 km 的高度区。该区域电子数密度在早晨太阳升起时很快上升到最大值,然后急剧下降,常常在日落时不复存在。该区域的主要离子成分是 NO^+ 和 O_2^+,由一氧化氮和氧气电离产生。D 区所处的高度范围大气密度很大,因此自由电子再结合速率很高,白天 D 区电子数密度最大值的数量级为 10^9 电子数 $/m^3$;夜间电子数密度下降数个数量级,甚至不复存在。由后文的式(2.3.5)可知,日间和夜间 D 区的临界频率分别为

$$f_{pe,D|日} = \frac{1}{2\pi}\sqrt{\frac{n_e e^2}{\varepsilon_0 m_e}} = 8.979\sqrt{n_e} = 8.979\sqrt{10^9}\ Hz \approx 0.3\ MHz$$

$$f_{pe,D|夜} = \frac{1}{2\pi}\sqrt{\frac{n_e e^2}{\varepsilon_0 m_e}} = 8.979\sqrt{n_e} = 8.979\sqrt{10^2}\ Hz \approx 90\ Hz$$

2. E 区

E 区指距离地面 90～130 km 的高度区。该区域的主要离子成分仍然是 NO^+ 和 O_2^+,电离过程和离子再结合过程主要取决于不同高度的电子密度。在 E 区存在一个电子数密度的局部峰值,对应的高度大约为白天 120 km。夜间太阳紫外线电离作用消失,电子数密度急剧下降,同时高空大气密度低,电子再结合过程容易发生,因此峰值对应的高度将会升高。白天峰值时最大电子数密度为 10^{11} 电子数 $/m^3$,夜间电子数密度大约降低 2 个数量级。由式(2.3.5)可知,日间和夜间 E 区的临界频率分别为

$$f_{\text{pe,E|日}} = \frac{1}{2\pi}\sqrt{\frac{n_e e^2}{\varepsilon_0 m_e}} = 8.979\sqrt{n_e} = 8.979\sqrt{10^{11}}\,\text{Hz} \approx 3\,\text{MHz}$$

$$f_{\text{pe,E|夜}} = \frac{1}{2\pi}\sqrt{\frac{n_e e^2}{\varepsilon_0 m_e}} = 8.979\sqrt{n_e} = 8.979\sqrt{10^{9}}\,\text{Hz} \approx 0.4\,\text{MHz}$$

3. F区

F区指距离地面大约 130 km 直至几千千米的广大高度区。该区域的电子数密度主要由两部分产生：一是太阳紫外线的辐射，使得原子氧 O 变成 O^+；二是在更高的高度上原子氢 H 变成了 H^+。F区的电子数密度是所有区中最高的。白天受太阳光照射，该区域具有截然不同的两区：F1区和F2区，其中F2区电子数密度大于F1区。夜间太阳光紫外线辐射消失，两个峰值合二为一，即为F区。

F1区峰值对应的高度大约为 180 km，白天电子数密度为 $2\times10^{11}\sim5\times10^{11}$ 电子数/m^3，夜间峰值电子数密度约降低一个数量级。F2区峰值对应的高度为 $300\sim350$ km，白天电子数密度为 $1\times10^{12}\sim2\times10^{12}$ 电子数/m^3，夜间峰值电子数密度约降低一个数量级。因此，F2区具有电离层中最大的电子数密度。由式（2.3.5）可知，日间和夜间F2区的临界频率分别为

$$f_{\text{pe,F2|日}} = \frac{1}{2\pi}\sqrt{\frac{n_e e^2}{\varepsilon_0 m_e}} = 8.979\sqrt{n_e} = 8.979\sqrt{10^{12}}\,\text{Hz} \approx 11\,\text{MHz}$$

$$f_{\text{pe,F2|夜}} = \frac{1}{2\pi}\sqrt{\frac{n_e e^2}{\varepsilon_0 m_e}} = 8.979\sqrt{n_e} = 8.979\sqrt{10^{11}}\,\text{Hz} \approx 4.5\,\text{MHz}$$

2.3.2 德拜屏蔽效应

与金属对静电场的屏蔽相类似，由"自由"带电粒子组成的等离子体对试图在等离子体环境中建立电场的行为都会进行阻止，这就是等离子体的第一个特性，称为德拜屏蔽效应。

根据库仑定律可知，在真空中两个静止点电荷间的相互作用力的方向为沿着它们的连线方向；同号电荷相斥，异号电荷相吸；其大小与它们的电荷量的乘积成正比，与它们之间的距离的平方成反比，表示如下：

$$F = k\frac{qq_1}{r^2} = \frac{qq_1}{4\pi\varepsilon_0 r^2} \tag{2.3.1}$$

式中，F 为点电荷之间的作用力，单位为 N；q、q_1 分别为这两个点电荷的电荷量，单位为 C；r 为点电荷之间的距离，单位为 m；k 为库仑常数，数值为 9.0×10^9 N·m^2/C^2；ε_0 为真空中的介电常量，实验测得其数值为 $8.85\times10^{-12}C^2/(N\cdot m^2)$。

假设电荷 q_1 为已知电荷，则电荷 q 的电场强度为已知电荷所受的力与其电荷量的比值，关系式如下：

$$E = \frac{F}{q_1} = \frac{q}{4\pi\varepsilon_0 r^2} \tag{2.3.2}$$

式中，E 为电荷 q 的电场强度，单位为 N/C。

电荷电势是将正电荷从分子周围空间某点处移动到无穷远处电场力所做的功,且空间两点的电势差只与两点所在的位置有关,与路径无关。我们可以假设电子移动路径为直线,由此可知

$$U = \frac{q}{4\pi\varepsilon_0 r} \qquad (2.3.3)$$

式中,U 为电场电势,单位为 V。

现在假设一正电荷 q 放入等离子体中,等离子体内电子会受到正电荷的吸引,离子则会受到正电荷的排斥,最终会在正电荷周围形成电子云,可以有效地屏蔽正电荷。因为电子具有热能,所以只是发生运动轨迹变化,不会与正电荷接触,而是围绕在其周围,像航天器围绕地球一样。等离子体内带电粒子的电场可表示为

$$U = \frac{q}{4\pi\varepsilon_0 r} e^{-r/\lambda_D} \qquad (2.3.4)$$

式中,λ_D 为德拜长度,它是描述等离子体屏蔽距离的量度。等离子体内带电粒子的电场作用一般不会超过几个德拜长度,对于近地轨道上的航天器,德拜长度大概在厘米量级;对于地球同步轨道上的航天器,德拜长度则达到数十米量级。

2.3.3　等离子体振荡

等离子体具有的第二个特性,就是等离子体有维持电中性的特性。如果等离子体中的局部粒子受到外界作用力干扰发生位移,那么将使整个等离子体瞬间偏离电中性,由于库仑力吸引很快又恢复电中性状态。假设厚度为 L 的平板状等离子体,电子受到干扰移动到远离离子 δ 长度的地方,发生正负电荷分离。两者产生一个场,电场力将电子拉回到离子旁平衡位置,保持电中性。但是电子回到平衡位置后,受自身惯性作用会超过平衡位置,超过的距离为 δ。最终等离子体会以这种方式按初始频率振荡(见图 2-3-2),这种频率称为等离子体频率,其定义式为

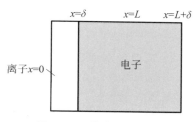

图 2-3-2　等离子体振荡

$$f_{pe} = \frac{1}{2\pi}\sqrt{\frac{n_e e^2}{\varepsilon_0 m_e}} = 8.979\sqrt{n_e} \qquad (2.3.5)$$

式中,f_{pe} 为等离子体频率,单位为 Hz;m_e 为电子质量,单位为 kg;n_e 为临界电子数密度,单位为 $1/m^3$;e 为元电荷,单位为 C;ε_0 为真空中介电常量。

无线电波要在等离子体内传播,其频率必须大于等离子体振荡频率。小于等离子体频率的电波不能穿透等离子体,会被反射回去。正因为电离层能够反射电波,广播才能经电离层反射并实现在水平方向上的传播。

2.3.4　黑障现象

"遭遇强烈的过载和振动,看见烧得通红的舷窗、不断剥落的碎片。"这是我国首位进入太空的航天员杨利伟在自传《天地九重》一书中回忆载人飞船重返大气层时,在"黑障区"内

所经历的惊心动魄一幕。那么什么是"黑障"呢？

　　"黑障"是航天器返回舱在以超高速返回大气层后遇到无线电信号中断的一种特有现象，出现在距离地球 35～80 km 的大气层间。当返回舱再入大气层时，会在黑障区处于失联状态，出现卫星定位丢失、通信数据链中断、测控信号丢失等严重问题，航天员只能依靠返回舱自动程序控制降落过程。这个过程通常会持续 5 min 左右，因此被称为"黑障 5 分钟"。如图 2-3-3 所示为航天器返回示意图。

图 2-3-3　航天器返回示意图

1. 黑障的形成原因

　　当航天器返回大气层时，飞行速度极快，可达声速的十几倍到几百倍，因此会在航天器顶端形成一个激波。周围气体分子与航天器表面呈火烧、黏滞状态，使高速飞行产生的动能大量转化为热量。贴近航天器表面的气体分子和航天器表面材料的分子被分解和电离，形成一个等离子区，也称为"等离子体鞘套"。由等离子体德拜屏蔽效应可知，当航天器进入被等离子体包裹的状态时，航天器外的无线电信号无法进入航天器内，航天器内的无线电信号无法传出到航天器外，此时航天器就与地面失去了联系。

　　随着航天器海拔高度的降低，当速度减小到一定值时，航天器周围不再有足够的热量使分子分解和电离，等离子体层解除，"黑障"也就逐步消失。

2. 黑障问题的主要影响

　　首先，"黑障"会导致航天器与地面的通信中断，使地面人员无法实时掌握返回舱内信息。1970 年 4 月 17 日，"阿波罗 13 号"载人飞船返回时，"黑障"时间超过了预计的 3 min，差点让地面人员认为任务失败。事后科学家判定是因为航天器再入角度比预定值 6.5° 小了一点，导致"黑障"时间延长至 4 min 27 s（见图 2-3-4）。

　　其次，"黑障"会增大地面测控站对返回航天器的捕获难度。在航天器返回过程中，再入大气是航天空难的多发时间段，为避免空难的发生，地面测控站需在尽可能短的时间内预报出航天器的轨道和落点，以便组织对航天器的有目的性的搜索任务。

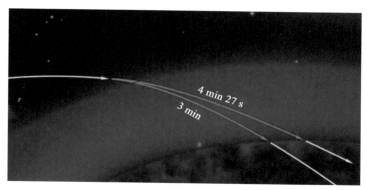

图 2-3-4　"阿波罗 13 号"黑障时间预定值和实际值

3. 黑障问题的缓解方法

自 20 世纪 50 年代人们就开始致力于"黑障"缓解方法的研究,主要从两个方面考虑。一方面,通过在航天器外表面喷射液体亲电子物质,使得其能够减小"等离子鞘套"中的自由电子数密度,从而改善通信质量;另一方面,改良通信与测量的方法和设备,主动改变入射电磁波频率,规避"黑障"产生的电磁干扰固定频率,实现正常通信功能。

2.3.5　航天器充电现象

在天气干燥寒冷的冬天,我们会遇到这样的现象:穿在身上的毛衣时常会有让人触电的感觉,甚至还会看到蓝色的电弧,这就是静电效应。与人体带电放电原理类似,航天器在轨运行期间受空间等离子体环境影响会发生电荷积累和释放过程,这一过程称为航天器的充放电效应。1973 年 6 月 2 日,美国国防卫星通信系统(DSCS-2)出现电子设备异常、卫星电源中断等现象,最终卫星失联。事后经专家分析,造成事故的原因正是航天器表面带电而引发的静电效应。据有关数据表明,在轨运行的航天器发生故障案例中,静电效应引起的航天器故障约占 1/3。

1. 航天器充电类型

常见的航天器充电可分为两类,即表面充电和内部充电。

表面充电是指航天器表面的电荷积累过程。当一些带电粒子的能量被航天器表面的材料吸收后,在相邻的表面会存在电势差,产生电弧放电。放电过程会击穿并污染航天器表面材料,例如航天器太阳电池板、电子元器件和光学敏感元器件等会出现损伤或性能下降。

内部充电是指航天器内部电荷积累过程。当一些具有足够能量的带电粒子穿过航天器表面时,在航天器内部绝缘体和隔离带表面积累电荷,建立内部电场,可能会导致星上设备误动作或损坏,甚至影响航天器在轨安全稳定运行。1994 年 1 月 20 日,耗巨资的加拿大通信卫星因内部充电效应使卫星控制系统出现异常,导致有线电视、电话等数据传输中断,造成巨额经济损失。

2. 航天器表面充电的物理过程

航天器处于等离子体环境中,当环境中的带电粒子停留在航天器表面或内部的电介质材料中时,就会产生充电效应。充电是指航天器或相关部件从空间环境中积累电荷的过程,其物理过程的核心是达到电流平衡。当达到平衡时,电流总和为零。平衡时的电压是航天器相对于空间等离子体环境的电势差。类似地,航天器不同表面也将与空间等离子体环境分别达到平衡。平衡状态下均匀导电的航天器电流方程可表示为

$$I_E(V) - [I_I(V) + I_{PH}(V) + I_{Secondary}(V)] = I_T \qquad (2.3.6)$$

式中,V 为航天器表面相对于空间等离子体的电压;I_E 为航天器表面的入射电子流;I_I 为航天器表面的入射离子流;$I_{Secondary}$ 为来自二次电子发射、背散射及其他人工源的电子流;I_{PH} 为光电子流;I_T 为航天器的总电流。

假设航天器是一个导电球体,处于地球阴影区($I_{PH} = 0$),二次电子电流约等于 0,且等离子体呈麦克斯韦-玻尔兹曼分布。电子和离子电流的一阶项由如下简单的电流/电压(I/V)关系给出:

电子:$I_E(V) = I_{E0} \exp\left(\dfrac{qV}{T_E}\right)$,$V < 0$,排斥;

离子:$I_I(V) = I_{I0}\left(1 - \dfrac{qV}{T_I}\right)$,$V < 0$,吸引;

其中

$$I_{E0} = \frac{qN_E}{2} = \sqrt{\frac{2T_E}{\pi m_E}}, \quad I_{I0} = \frac{qN_I}{2}\sqrt{\frac{2T_I}{\pi m_I}}$$

式中,N_E 为环境等离子体中电子数密度,N_I 为环境等离子体中离子数密度,单位均为 $1/\text{cm}^3$;m_E 为电子质量,其值为 9.109×10^{-28} g;m_I 为离子质量(质子),其值为 1.673×10^{-24} g;q 为电子电荷量,其值为 1.602×10^{-19} C;T_E 为等离子体电子温度,T_I 为等离子体离子温度,单位均为 eV。

为求解方程并得到航天器相对等离子体环境的平衡电位,不断改变 V 值,直到 $I_T = 0$。例如,对于地球同步轨道,遭遇磁暴时航天器电位为 $5 \sim 10$ kV,然而 T_I 一般为 $20 \sim 30$ keV,即 $|qV/T_I| < 1$,所以 $I_I \sim I_{I0}$。忽略二次电子电流,则通过以上近似处理可推导出航天器电位与环境电流及温度存在如下比例关系:

$$V \sim \frac{-T_E}{q} \times \ln \frac{I_E}{I_I} \qquad (2.3.7)$$

即在地球阴影区,航天器电位大约与等离子体电子温度以及电子流与离子流之比的自然对数的积成比例——这是估算地球同步轨道上航天器充电电位量级的简单有效方式。

3. 航天器充电效应的防护

在航天器设计的最初阶段,就需要充分考虑航天器表面和内部的充电问题,防止电弧发生的有效手段是对航天器进行接地处理。在平衡状态下,航天器表面会形成电势差,由于电子比离子质量小且活动范围大,所以在同等状况下航天器表面电子数量更多。为此,可以在航天器表面产生负电压以排斥电子,从而防护航天器表面的静电效应,起到类似"接地"的作用。

2.4 辐射环境

谈起辐射,人们的第一印象大概是 1986 年 4 月发生的切尔诺贝利事件。此次核泄漏引发的强辐射环境导致 31 人当场死亡,数万人在事故发生的十年内死亡,也让人们意识到辐射对人员、设备的危害性。在空间活动早期,人们同样已经认识到太空中存在由大量高能粒子、宇宙射线等组成的空间辐射环境。这些高能粒子能够穿过航天器表面进入内部,引起材料整体性能下降,造成设备损坏,还会破坏人体组织,引发一系列与辐射关联的疾病。

2.4.1 辐射的物理基础

早期根据射线辐射的性质不同,把辐射分为三类:α、β 和 γ 射线辐射。现在人们已经认识到,α 粒子是氦原子核,β 粒子是核释放的负电子或正电子,γ 射线是高能量的光子。另外,质子、中子、重离子和 X 射线等都被认为是不同类型的辐射物。我们知道,当高能电子穿过空气时,能把遇到的气体分子中的电子从原子核的束缚下脱离出来,气体就发生了电离(见图 2-4-1)。若电子的运动速度太慢,它的动能将达不到形成电离效应所需能量;相反地,若电子运动速度太快,与它相邻的分子或原子由于接触时间太短,也无法产生电离效应。因此,物质受到辐射损害的程度不只取决于辐射性质,还取决于辐射所具有的能量。

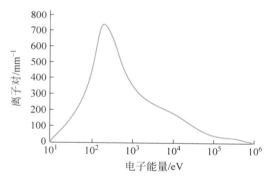

图 2-4-1 一个高能电子产生的气体电离效应

粒子的能量主要与粒子质量、速度相关,其基本方程为

$$E = \frac{1}{2}mv^2 \tag{2.4.1}$$

对于光子来说,既没有静态质量,又没有电荷,其辐射是以电磁辐射方式进行能量传递,方程为

$$E = hf = \frac{hc}{\lambda} \tag{2.4.2}$$

式中,h 为普朗克常量;f 为光的频率;λ 为光的波长。

在处理辐射源时,最重要的一点是确定辐射通量与距离的函数关系。如果辐射是从点状辐射源发出的(例如太阳),则通量与距离之比的二次方成反比,即

$$F_i = F_0 \cdot \frac{4\pi r_0^2}{4\pi r_i^2} = F_0 \left(\frac{r_0}{r_i} \right)^2 \qquad (2.4.3)$$

式中，F_i 为距离 r_i 处的通量，即单位时间单位面积内的粒子数，单位为 $1/(\mathrm{m}^2 \cdot \mathrm{s})$；$F_0$ 为距离 r_0 处的通量；$4\pi r_0^2$ 为球体表面积，单位为 m^2；r_i 为通量 F_i 的点到辐射源的距离，r_0 为通量 F_0 的点到辐射源的距离，单位均为 m。

2.4.2 空间环境中的辐射

空间环境中有三种天然辐射源，一是捕获辐射，主要是电子和质子，均为高能粒子，它们在地球磁场内旋转运动；二是银河系宇宙射线，主要是来自太阳系外的核能粒子；三是太阳质子事件，主要是高能质子，由太阳出现耀斑时喷发形成。空间环境中究竟哪种辐射源占据主导地位，主要取决于航天器所处的空间轨道位置。

1. 捕获辐射

捕获辐射主要指的是地球周围一定空间范围内由地球磁场捕获的高能粒子所组成的区域。带电粒子在磁场中的运动公式为

$$qvB = \frac{mv^2}{R} \qquad (2.4.4)$$

我们知道，在地球的极地区域，磁感线的聚集增大了磁场强度。一旦高能粒子被"捕获"，洛伦兹力便控制它们沿着地球磁感线不停地做来回旋转运动，如图 2-4-2 所示。从理论上讲，粒子会永远被困在磁场中。然而，通过散射，粒子最终可以移动到更高或更低的轨道上运动，或偏离磁感线运动。

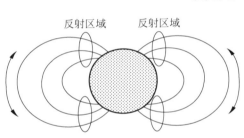

图 2-4-2 沿着磁感线运动的粒子捕获区

2. 银河系宇宙射线

银河系宇宙射线主要来自太阳系外，如超行星爆炸、中子星、脉冲星或其他发射高能粒子的星球。它主要是通量极低但能量极高的带电粒子，能量范围为 $10^8 \sim 10^{19}$ eV，主要成分是质子，约占总数的 85%，其次是 α 粒子，约占总数的 14%，其他成分约占 1%。据统计，空间站内宇航员的辐射有效剂量 80% 以上来自银河系宇宙射线中的高能粒子或离子，远高于地球捕获辐射。

除此之外，还有一类异常宇宙射线成分。它最初来自星际间的中性粒子，进入太阳系经太阳辐射后变为失去单个电子的离子，并受太阳风运动潮作用和碰撞加速，其穿透地球磁场的能力比其他宇宙射线更大，穿透距离更远。

3. 太阳质子事件

太阳质子事件主要来自太阳日冕物质抛射和太阳耀斑产生的高通量带电粒子，其主要成分为质子。这些粒子流经加速后，以每秒几千米至十几万千米的速度奔赴地球，并突破地球磁层的保护进入大气层内，引起强烈的地球物理效应。太阳粒子事件还会形成太阳风，并以 $200 \sim 900$ km/s 的速度将太阳日冕喷射的带电粒子扩散至星际空间。太阳活动周期一

般为 9～11 年,太阳活动越活跃,发生太阳质子事件的可能性越高。

2.4.3　极光现象

你知道极光吗? 在地球的极地、高纬度地区夜晚的天空,偶尔可以看到游动的彩色光带或光幕,把黑暗的天空照射的五彩斑斓,这就是极光,如图 2-4-3 所示。它是人们能看到的最绚丽多彩、最不可思议的自然奇异景观之一,也是太阳辐射在地球用肉眼可观察到的少有的彩色光。

图 2-4-3　极地极光

1. 极光的形成原理

人们对极光的形成有着各种各样的猜想,甚至与许多神话传说、宗教故事结合起来,直到近些年,才逐渐有了合理的解释。极光的起源与太阳活动有关,太阳活动喷发的大量高能带电粒子以每秒几百千米的速度抛向地球,不断撞击地球磁场,并环绕地球流动。当这些高能带电粒子进入高层大气时,与大气中的气体原子或分子碰撞并使之激发或电离,产生光芒,从而形成极光。

2. 极光多姿多彩的原因

我们发现,极光每次都出现在不同的位置、不同的时间,呈现不同的绚丽色彩。根据科学研究发现,极光的形状由多个因素决定:一是高能带电粒子携带的能量,它决定大气中分子或原子激发或电离的程度,也就决定着极光的发光程度;二是大气中分子分布密度,密度越高,极光范围也就越大;三是大气中分子分布状况和特性,不同分子电离发出的颜色各不相同,在天空中呈现的色彩也就绚丽多彩。

3. 极光多出现在两极的原因

地球本身存在巨大的磁场,保护着地球,使其免受太阳风中的高能粒子和辐射的侵害。同时我们可以将地球看作一个大磁铁,南极、北极好比磁铁的两极,高能带电粒子进入地球磁场后,被地球磁场"捕获"在磁感线上不停地做来回旋转运动。在太阳风的作用下,地球磁场发生变化,向阳面被压缩,背阳面向后伸长到很远的地方(见图 2-4-4)。但在南北极各有一个"间隙",当地球磁场受到扰动时,带电粒子沿着磁感线通过"间隙"进入大气,因此极光现象多发生在两极地区的上空。

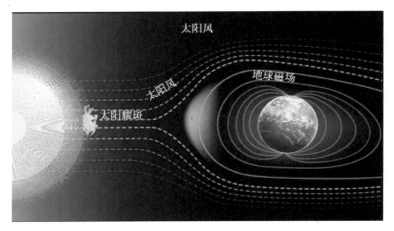

图 2-4-4　地球磁层示意图

2.5　空间碎片与微流星体

在晴朗的夜晚,遥望星空的人们常常会看到一些流星划过天空的景象。实际上这些流星是微小的物体碎片进入大气层燃烧的痕迹。它主要由两部分组成:空间碎片和微流星体。

空间碎片主要来源于航天器本体、运载器残体、废弃固体燃料颗粒、空间碰撞产生的碎片等,如图 2-5-1 所示。尽管它们的直径大多数都小于 1 cm,但仍然足以引起人们的关注,目前编目在册"有迹可循"的直径大于 10 cm 的空间碎片已超过 2 万个,而受技术限制不能跟踪的更小碎片数量预计过亿。

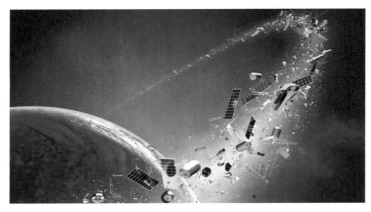

图 2-5-1　近地轨道空间碎片状态示意图

微流星体是宇宙空间中高速运行的固体颗粒,主要来源于彗星或小行星碰撞产生的碎片。当它们的飞行轨迹与地球相交时,可能闯入地球大气,与大气摩擦而产生发光现象,也就是我们晚上经常看到的流星。当它们与在轨航天器发生碰撞时,可能对航天器造成损伤,甚至会导致航天器或其子系统发生故障。空间碎片与微流星体虽然组成不同,但是对人类航天活动安全的影响却是一样的。下面主要介绍空间碎片带来的影响。

2.5.1 碎片撞击的物理基础

假设空间中运动的两个物体质量分别为 m_1、m_2,碰撞前的速度分别为 v_1、v_2,碰撞后的速度分别为 v'_1、v'_2。由动量守恒定理可知

$$m_1 v_1 + m_2 v_2 = m_1 v'_1 + m_2 v'_2 \qquad (2.5.1)$$

在一定条件下满足机械能守恒定律,即

$$\frac{1}{2} m_1 v_1^2 + \frac{1}{2} m_2 v_2^2 = \frac{1}{2} m_1 v'^2_1 + \frac{1}{2} m_2 v'^2_2 \qquad (2.5.2)$$

在太空中,撞击的速度一般为 10 km/s 量级。直径毫米量级以下的微粒会引起航天器表面腐蚀,直径大于毫米量级的微粒就可能会造成航天器的破损甚至解体。高速撞击的效应还取决于撞击时微粒速度的大小,撞击后的微粒会随着速度的不同发生碎裂、熔化,甚至气化。

2.5.2 空间碎片的产生与发展

自从人类进入太空,"垃圾"也被带到了太空,即使这些"垃圾"曾经是我们费尽心思送上太空的,只是现在失去了它应有的价值。自 1957 年苏联发射第一颗人造卫星 Sputnik Ⅰ 开始,短短 65 年间,空间环境已经被折腾得面目全非。截至 2021 年 1 月,人类共成功发射火箭 6000 余次,送入轨道的航天器超过 1 万颗,这些航天器中仍有约 6200 颗在轨,其中能够正常工作的约 3600 颗。如图 2-5-2 所示为 1957—2021 年世界上一些主要国家发射的航天器数量。据 NASA 公布的统计数据,截至 2022 年 1 月,直径 10 cm 以上的碎片大约有 2.5 万个,直径 1~10 cm 的则超过 90 万个,直径 0.1~1 cm 的更是超过 1.2 亿个。这些碎片让整个空间环境越来越危险,犹如悬在人类头顶的"达摩克利斯之剑",随时可能造成不可预测的后果。

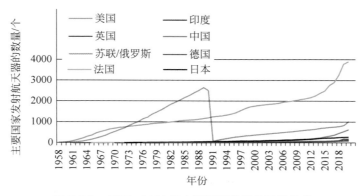

图 2-5-2 1957—2021 年主要国家发射航天器数量

NASA 的统计数据表明,1957—2020 年,各类空间碎片的数量变化趋势如图 2-5-3 所示,可以看出,爆炸、碰撞等解体事件已成为空间碎片的主要来源。

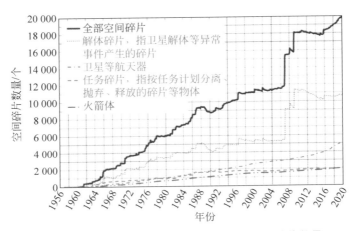

图 2-5-3   截至 2020 年 1 月 NASA 统计的空间碎片数量

2.5.3   空间碎片的危害

好莱坞电影《地心引力》中描述了这样一段故事：空间望远镜和国际空间站先后遭到空间碎片撞击后,女主人公被迫逃生,并乘坐中国的神舟飞船返回地球。这个场景就描绘了空间碎片的潜在危害。随着空间碎片越来越多,发生碰撞的概率越来越大,碰撞后的后果也越来越严重。2009 年 2 月 10 日,美国一颗"铱 33"通信卫星与俄罗斯一颗"宇宙 2251"报废卫星在西伯利亚上空相撞,这是首次发生的在轨卫星碰撞事件,该事件共产生 2200 余个新的空间碎片。如图 2-5-4 所示为卫星碰撞示意图。美国 NASA 科学家凯斯勒在 1978 年提出自己关于空间碎片的预测,随着在轨航天器数量的不断增加,发生碰撞的概率也不断增加,同时因碰撞产生的新碎片会造成更多的碰撞,发生连锁反应。试想一下,如果有一天太空中的碎片达到某个阈值,那么空间碰撞犹如多米诺骨牌一样,不断裂变包围地球,人类从此将与太空隔绝。

图 2-5-4   卫星碰撞示意图

2.5.4　消除空间碎片

1. 规避与防护

截至目前,规避和防护仍然是应对空间碎片危险最普遍的做法。人们通过空间碎片监测预警,可以提前预测在轨航天器与空间碎片的碰撞轨道位置和概率,然后改变航天器轨道躲避碰撞事件的发生。但通过航天器主动改变轨道来消除空间碎片危险,必然会消耗航天器携带的燃料,缩短航天器在轨寿命。因此需要进行一系列的评估来确认操作的必要性和有效性。2022年1月18日,中国国家航天局空间碎片监测与应用中心提出预警,清华科学卫星(编号46026)与俄罗斯的宇宙1408碎片(编号49863)在1月18日发生一次危险交会,最近距离仅14.5 m,如图2-5-5所示。

图 2-5-5　清华科学卫星与宇宙1408碎片空间交会示意图

对于直径小于1 mm的数以亿计的碎片,可采用在航天器表面增加特殊防护材料的方式来抵抗空间碎片的撞击,如图2-5-6所示。这也是无奈之举,毕竟防护的增加必然带来有效载荷的增加,意味着需要消耗更多的燃料,从而会缩短航天器在轨运行寿命。

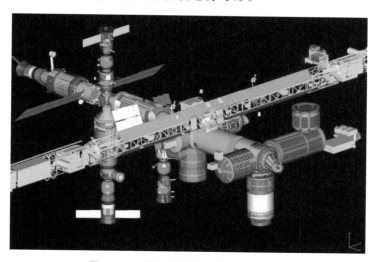

图 2-5-6　国际空间站碎片防护示意图

2. 主动离弃

在生活中我们产生的生活垃圾都是主动分类处理,那么针对太空垃圾是否也可以这样操作呢? 当航天器在轨寿命即将到期时,我们可以利用其剩余燃料将它合理地带离轨道,避免人为太空垃圾的产生。对于在近地轨道运行的航天器,可以主动将航天器高度下降使其坠入大气层,随着大气阻力的增加,会进一步促使航天器的"陨落",减少滞留太空所构成的危险;对于在地球静止轨道运行的航天器,可以变轨至"坟墓轨道",保证不干扰到正常航天器的运行,同时释放出它所占有的轨道资源。

3. 主动清除

对于已经失去动能的航天器,则需要借助外力来帮助它离开运行轨道。目前废弃航天器的主动清除主要分为接触式和非接触式。接触式清除方式主要有机械臂抓取、柔性网捕捉等(见图 2-5-7);非接触式清除方式主要有激光推移、离子束推移等。无论采取何种方式,都是希望这些"太空垃圾"能在可控的方式下离开当前轨道,避免碰撞事件的发生。

(a)　　　　　　　　　　　　　　　(b)

图 2-5-7　两种常见的主动清除方案

(a) 机械臂抓取;(b) 柔性网捕捉

第 3 章

航天器轨道

什么是轨道？轨道的原意是指使用多条钢材铺设而成的供火车、电车等交通工具行驶的路线，我们这里所讲的轨道主要是指航天器在空间的运行路径，即航天器在太空中运行时质心运动的路线，也可称为轨迹。如图 3-1-1 所示，航天器沿着相应的轨道围绕地球运动，从惯性空间来看，航天器运行轨道基本上不会发生变化。打个形象的比喻，轨道其实就是太空中的跑道，当然与我们常见的地面汽车跑道相比，"太空跑道"有着明显的不同。汽车可以在地面跑道上随时停车，且运行时需要持续加油；然而，航天器在"太空跑道"上依靠惯性运动，不能停在跑道上不动，运行过程中也无须加油。

图 3-1-1　航天器轨道示意图

航天器轨道描述涉及几何学、动力学等相关知识，理解起来比较抽象。我们首先从概念上初步理解轨道，当对轨道几何学有了一定认知后，将逐步利用开普勒定律和牛顿运动定律对航天器轨道及其运动进行深入描述，然后对常用的航天器轨道进行介绍，了解各类型轨道的特点、用途及参数，最后对轨道机动相关知识进行阐述。

3.1 轨道初识

航天器在"太空跑道"上无动力不停运行,它为什么掉不下来?航天器运行轨道是怎样形成的?轨道的运行机理又是什么?对于这些问题,牛顿早在400年前就已经用一个想象中"超级大炮"的例子进行了生动的解释。

假设在地面上放置一门大炮,炮筒水平向前,发射大炮时,炮弹离开大炮向前运动,运动的同时也加速落向地球。在不考虑大气阻力影响时,恒定的水平前进速度和恒定的垂直向下的重力加速度使得炮弹路线成为一条曲线。我们知道,炮弹落到地面的总时间不会改变,因为无论它向前的速度是多少,其重力加速度都恒定。也就是说,在不变的飞行时间内,炮弹的飞行速度越快,击中地面之前飞行的水平距离就越远,从而增加了射程。

如图3-1-2所示,实际上炮弹在远距离飞行过程中,下方的地球表面是弯曲的,射程终点将是炮弹的曲线轨迹和弯曲的地球表面这两条曲线的交点。假设炮弹前进速度进一步增大,那么炮弹曲线轨迹的半径将继续加大,但地球曲率和炮弹在重力作用下的垂直下落仍然保持不变。由于地球外形近似球体,地表每8 km就会下降5 m,如果炮弹以极快的速度打出,当它的轨迹也是每8 km下降5 m时,即炮弹曲线轨迹与地球曲率一致,那么有趣的事情就发生了:炮弹将以固定的高度围绕地球转圈,这时候炮弹的飞行轨迹为圆。如果炮弹的飞行速度稍快,其飞行轨迹将会变为椭圆;如果炮弹的飞行速度更快,其飞行轨迹将会变为抛物线或双曲线,而且炮弹将会挣脱地球引力束缚,不会再返回地球了,这就是炮弹所需的逃逸速度。换言之,无论炮弹发射的速度有多快,得到的运行轨迹总是圆锥曲线的一种:圆、椭圆、抛物线或双曲线。

如图3-1-3所示为目前已发射的围绕地球运行的航天器。航天器轨道是航天器不断重复飞过的轨迹,它并不是一个能够看得到、摸得着的实体。那么,航天器轨道与地面运动物体的运行轨迹相比,有哪些不同的特征呢?

图3-1-2 牛顿的"超级大炮"

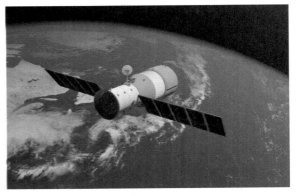

图3-1-3 绕地球旋转的航天器

特征一:航天器轨道是不容易改变的。在惯性空间中,如果把地球近似当作一个质点,且不考虑地球引力之外的作用力时,航天器运行轨道的大小和方位不发生改变。

特征二:航天器可无动力运行。地面上的汽车如果没有加油就只能停在马路上,而航天器在轨道上运行时主要靠惯性自由飞行,在无推进剂施加动力的情况下,也可在轨道上运行。

特征三:轨道平面必定通过地球中心。航天器运行轨道的形成,其本质是由于地球引力的作用。如图 3-1-4 所示,用手通过细绳牵引着小球转动,那么手就必然在小球运动平面之内。航天器的运行也是如此,航天器被地球引力拉着不断做圆周运动,且地心就在轨道平面之内。

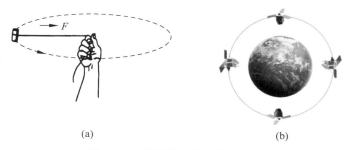

(a)   (b)

图 3-1-4 航天器轨道受力示意图

航天器轨道平面必定通过地球中心,这是一个很重要的特性。这表明,航天器只能沿着过地心的轨道运动,不可能像汽车、轮船、飞机一样由驾驶员沿任意路线驾驶。

特征四:航天器轨道越高,运行速度越慢。如果航天器运行在 300~2000 km 高度的圆轨道上,绕地球飞行一周需要 90~120 min,运行速度为 6.9~7.8 km/s;如果飞行在 2.0×10^4 km 高度,绕地球飞行一周则大约需要 12 h,运行速度约为 3.9 km/s;如果飞行在 3.6×10^4 km 高度,绕地球飞行一周则大约需要 24 h,运行速度约为 3.1 km/s。这个航天器"越高越慢"的结论,可从后面讲到的开普勒第二定律和牛顿万有引力定律中得到证明。

那么,怎么解释航天器的运动状态并描述其运行轨道?首先,我们要定义一个坐标系,才能准确地描述航天器运动的规律和本质。航天器沿轨道运行时,其轨迹除了受到地球引力作用之外,也会受到太空中其他星体引力的影响,但是这些星体都相距遥远,产生的作用力有限。因此,为使问题简化,假设太空中除了地球之外,没有其他星球作用于航天器,这就得到了所谓的"二体问题"。此外,虽然地球并非完美的球体,不过两极地区扁平的程度以及地球上山脉的高低起伏可忽略不计,故可将地球作为一个完美球体来近似处理。通过上述假设,可使航天器的运行轨道问题得到大大简化。

3.2 轨道几何学

在对航天器轨道的形成机理及基本特征有了一定认识后,下面介绍一些与轨道相关的几何学知识,包括圆与椭圆、偏心率与轴、远地点与近地点等基本概念,为后续描述航天器轨道打下基础。

3.2.1 圆与椭圆

航天器在轨运行时,其运行轨迹通常为圆或椭圆。因此,在描述航天器轨道之前,有必要学习一些有关椭圆与圆的几何学知识。

如图 3-2-1 所示，在画板上固定两个大头针，用一段绳子将大头针连接在一起，绳子的长度超过两个固定点的距离，拿一支铅笔将绳子拉直，用这支笔的笔尖在画板上绕着两针旋转一周，画出来的图形就是椭圆。两个大头针的位置即为椭圆的焦点，两个焦点之间的距离称为焦距。

两个大头针之间的连线延长到与椭圆最宽处相交，这条线段称为长轴。因为椭圆上任意一点分别到两个焦点的距离之和是恒定的，所以这个距离之和就等于长轴的长度。同样，经过两个大头针之间与长轴垂直的连接椭圆最窄处的线段称为短轴，短轴是长轴的垂直平分线段。通常情况下，用长轴或短轴的一半来定义椭圆，即椭圆的半长轴（通常用 a 表示）和半短轴（通常用 b 表示），如图 3-2-2 所示。

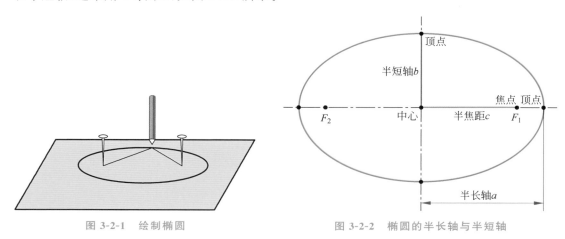

图 3-2-1　绘制椭圆　　　　　　图 3-2-2　椭圆的半长轴与半短轴

从图 3-2-2 中可以看出，两个大头针相距越远，画出来的椭圆就会越扁；两个大头针相距越近，画出来的椭圆就会越接近于圆；若两个焦点完全重合，则椭圆就变成了圆，也就是说，圆是椭圆的一种特殊形式。

3.2.2　偏心率与轴

为刻画椭圆的扁圆程度，定义偏心率 e 为两个焦点之间的距离（$2c$）与长轴长度（$2a$）的比值，即 $e=c/a$。偏心率可以形象地理解为：在椭圆的长轴不变的前提下，两个焦点离开中心的程度。它反映的是某一椭圆轨迹与理想圆形的偏离程度，长扁椭圆的偏心率较高，而近于圆形的偏心率较低。如图 3-2-3 所示为不同偏心率的椭圆形状。

那么有人就有疑问了，为什么不用其他比值来定义椭圆的离心率呢？由上述定义可知，椭圆是平面上到两个焦点距离之和为常数 $2a$ 的动点轨迹，这两个焦点之间的距离为 $2c$，且 $2a>2c>0$，该定义中的参数为 a 和 c，故用 $e=c/a$ 表示椭圆的偏心率。另外，椭圆是圆锥曲线的一种，即圆锥与平面的截线，且还是封闭的。

两千多年前古希腊数学家便开始研究圆锥曲线。圆锥曲线的定义为：到平面内一定点的距离 r 与到定直线（也称为准线）的距离 d 之比是常数的点的轨迹。其中，当偏心率 $e>1$ 时，轨迹为双曲线的一支；当偏心率 $e=1$ 时，轨迹为抛物线；当偏心率 $0<e<1$ 时，轨迹为椭圆（如图 3-2-4 所示）。换言之，偏心率是圆锥曲线定义的桥梁和纽带，是研究圆锥曲线其他性质的基础。

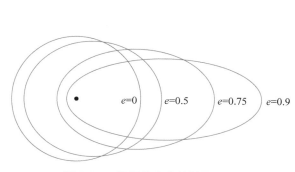

图 3-2-3　不同偏心率的椭圆形状

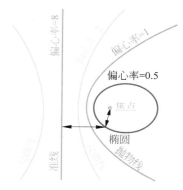

图 3-2-4　圆锥曲线

其实,说椭圆的偏心率是人为规定的也未尝不可。偏心率又称为离心率,是一个首先在天文学中使用的名词。刚开始人们普遍认为太阳是宇宙的中心,一切行星都是按照圆形轨道绕着太阳运行的。后来,人们逐步发现行星运行轨道基本上不是圆,即行星与太阳之间的距离并不是恒定不变的,而是围绕着以太阳为焦点的椭圆轨道来运行的。其中,离太阳最近的距离为 $a-c$,离太阳最远的距离为 $a+c$,于是人们用(最远点距离－最近点距离)/(最远点距离＋最近点距离)＝ c/a 来描述某一天体椭圆轨道与理想圆形的偏离程度,因此使用 $e=c/a$ 来表示椭圆的偏心率更为科学。

对于椭圆而言,其半长轴长度、半短轴长度和偏心率三者之间的关系是固定的,即只要确定了其中两个,就确定了这个椭圆的形状和大小。

假设椭圆的两个焦点分别为 F_1、F_2,两者之间的距离为 $2c$,椭圆上任意一点到 F_1、F_2 点的距离和为 $2a(2a>2c)$,即椭圆的长轴为 $2a$,短轴为 $2b$,则椭圆的标准方程为

$$\frac{x^2}{a^2}+\frac{y^2}{b^2}=1,\quad a>b>0 \tag{3.2.1}$$

由此还可得到,偏心率方程为 $e=\dfrac{\sqrt{a^2-b^2}}{a}=\sqrt{1-\dfrac{b^2}{a^2}}$,中心到焦点的距离为 $c=ea=\sqrt{a^2-b^2}$。

航天轶事:圆锥曲线

古希腊数学家阿波罗尼奥斯与欧几里得、阿基米德齐名,他们并称为亚历山大时期“数学三杰”,其贡献涉及几何学和天文学。他出生于公元前 262 年,年轻时曾跟随欧几里得的门生学习,并在前辈研究成果的基础上对圆锥曲线的性质进行了深入研究。在他的著作《圆锥曲线论》中,他使用一个平面去切割圆锥,如图 3-2-5 所示。如果这个平面与圆锥的轴垂直,其截取的曲线便是圆;如果将平面渐渐倾斜,其截取的曲线就变成了椭圆(当时称为“亏曲线”);当平面倾斜到“和且仅和”圆锥的一条母线平行时,其截取的曲线成为抛物线(当时称为“齐曲线”);如果平面与圆锥的轴平行,其截取的曲线则为双曲线(当时称为“超曲线”)。阿波罗尼奥斯使用纯几何的形式创立了完美的圆锥曲线理论,并得到了今日解析几何的一些结论,确实令人惊叹不已。

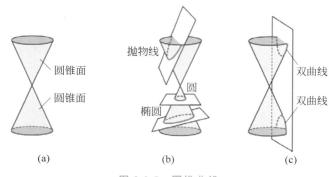

图 3-2-5   圆锥曲线

3.2.3   远地点与近地点

如图 3-2-6 所示,航天器轨道运动过程中有时离地球比较近,有时离地球很远。我们将航天器绕地球运行的椭圆轨道上距地心最近的一点称为近地点,航天器在近地点时,势能最小,动能最大。近地点与地球表面的距离称为近地点高度。航天器的近地点高度通常在180 km 以上,以避免其过早地落入大气层烧毁。

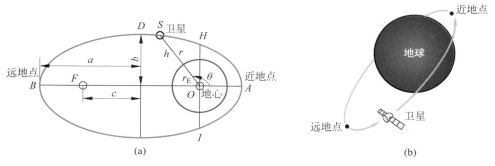

图 3-2-6   远地点和近地点

同理,航天器在椭圆轨道上运行时距离地球中心最远的点称为远地点,远地点与地球表面的距离称为远地点高度。航天器在远地点时,势能最大,动能最小。航天器轨道的近地点与远地点又统称为拱点。

3.3   轨道定律

了解轨道几何学后,为解释航天器沿轨道的运动规律,本节以历史发展为脉络,依次介绍开普勒三定律(也称为行星运动定律)以及牛顿的三大运动定律和万有引力定律,并运用这些经典定律进行宇宙速度的计算。

3.3.1   开普勒定律

16 世纪天文学家哥白尼以其敏锐的洞察力大胆提出了"日心说"理论,认为太阳是宇宙的中心,地球和其他行星都围绕着太阳运转,沉重地打击了教会维护的"地心说"宇宙观。随后,丹麦天文学家第谷·布拉赫开展了相关研究,在天体观测方面取得巨大成果,他去世时曾留下许多观测资料和精密星表。开普勒作为第谷的助手,在第谷研究成果的基础上发现了行星运动所遵守的三条定律,合称开普勒定律。

1. 开普勒第一定律

开普勒进行火星星表编制时,首先使用哥白尼体系的匀速圆周运动加偏心圆的传统方法对轨道形状设计方案进行计算,结果发现火星这个"狡猾家伙"总是不听指挥,经常越轨。

经过 4 年近 70 次的演算计算,开普勒逐步意识到传统计算方法可能存在偏差,如果将火星轨道作为椭圆形状进行计算,那么计算结果是否能够与观测结果一致呢?经过长期精心计算后,开普勒得出了如下结论:行星在通过太阳的平面内沿着椭圆轨道运行,而太阳则位于这个椭圆轨道的一个焦点上,这就是开普勒第一定律,又称为"轨道定律"或"椭圆定律"。

开普勒第一定律描述为:行星运行的轨道是一个椭圆,而该椭圆的一个焦点位于太阳的质心上。开普勒第一定律说明了行星在通过太阳质心的平面内沿椭圆轨道运行,而太阳位于椭圆轨道的一个焦点上。

2. 开普勒第二定律

起初,开普勒与前辈们都是将行星运动作为等速运动来进行处理的,按照这种方式,他经过多次辛苦计算,计算结果始终无法令人满意。经过大量的探索研究,他终于发现:行星在椭圆轨道上运行时,其运行速度并不是一个常量,不过在相等的时间间隔内,行星与太阳的连线扫过的面积是相等的,此即开普勒第二定律,又称为"面积定律"。如图 3-3-1 所示,假设行星在椭圆轨道上任意一点 A 的时刻为 t_0,那么经过 Δt 时间后,到达了 B 点,这段 Δt 时间内扫过的面积为 S_{AB};然后再任意选择一点 C,从这点开始,也经过 Δt 时间,到达了 D 点,这段 Δt 时

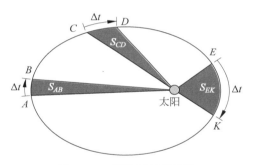

图 3-3-1 行星等面积扫描

间内扫过的面积为 S_{CD},那么 $S_{AB} = S_{CD}$。假设再从任意一点 E 开始,也是经过 Δt 时间到达了 K 点,那么 $S_{AB} = S_{CD} = S_{EK}$。也就是说,无论从任意点开始,只要 Δt 相等,那么行星扫过的面积就是相等的。

开普勒第二定律描述为:连接太阳质心与行星质心的直线在相同的时间内扫过的面积相等。

在椭圆轨道上,行星到太阳的距离是变化的,因而行星在椭圆轨道上各点的运动速度也是变化的。为了保持面积速度相等,则在相同的时间间隔内,行星离太阳近时划过的弧段长,离太阳远时划过的弧段短,因而行星在近心点的速度最大,在远心点的速度最小。换言之,如果行星从离太阳近处向远处移动,那么行星的运行速度将逐渐减速;反之,则行星的运行速度将逐渐加速。即行星运行时,"等时等面,近快远慢"。

开普勒第二定律实质上是角动量守恒的结果:$\boldsymbol{L} = m\boldsymbol{v} \times \boldsymbol{r}$,其中,$|\boldsymbol{L}| = mvr\sin\theta$,是一个常量,因此在轨道上的每一点,垂直于径向矢量的速度大小 v_θ 与半径 r 之积是不变的。

3．开普勒第三定律

开普勒在发现了第一定律与第二定律后，对自己获得的成就仍不满足，渴望找到一个适用于所有二体问题的普适定律。为此，开普勒凭借着超乎常人的耐力，克服重重困难，经过9年时间的大量反复计算，终于在1618年发现：行星轨道周期与其半长轴密切相关，而与其质量无关，只要轨道的半长轴相等，其周期也相等，据此开普勒提出了第三定律。

开普勒第三定律描述为：行星公转周期的平方与其轨道半长轴的立方之比为一常数 K，而该常数 K 等于地心引力常数 GM 的倒数，这一定律又称为"调和定律"。计算公式如下：

$$\frac{T^2}{a^3} = \frac{4\pi^2}{GM} \text{ 或 } T = \sqrt{\frac{4\pi^2 a^3}{GM}} \tag{3.3.1}$$

式中，a 为行星公转轨道半长轴；T 为行星公转周期；G 为万有引力常量；M 为地球质量。

根据开普勒第三定律，可以推导计算航天器的轨道高度或轨道周期等参数。

1）轨道高度计算

如果运行轨道为圆形，那么半长轴即为轨道半径。实际中为将问题简化，可将航天器轨道视为高度恒定的圆形轨道，并以此来确定常数 K。

以某航天器为例，它围绕地球旋转一周需要 1.5 h，高度为 282 km，从地球中心算起的半径为 6653 km，由此可以确定常数 K 为

$$K = a^3/T^2 = (6653^3/90^2) \text{ km}^3/\text{min}^2 \approx 36\,355\,285 \text{ km}^3/\text{min}^2$$

这个常数可以用来确定任何航天器的半长轴和其轨道周期之间的关系。半长轴减去地球平均半径 6371 km，即可得到航天器的平均高度。图 3-3-2 所示为圆形轨道航天器的轨道高度与轨道周期的关系。

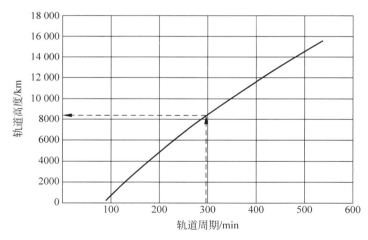

图 3-3-2　圆形轨道航天器的高度与轨道周期的关系

由开普勒第三定律可推导出航天器距离地球表面的轨道高度 h 的计算公式为

$$h = \sqrt[3]{3.986 \times 10^{14} \times \left(\frac{T}{2\pi}\right)^2} - R_e \tag{3.3.2}$$

式中，R_e 为地球平均半径，取 6371 km；T 为航天器环绕地球的轨道周期，单位为 s。

例如,地球平均恒星日为 23 h 56 min 4.099 s,也就是为 86 164.099 s,表示在固定的恒星系内地球自转 360°所需的时长。那么,地球同步轨道卫星的轨道高度是多少?

地球同步轨道卫星的轨道高度 h 的计算如下:

$$h = \sqrt[3]{3.986 \times 10^{14} \times \left(\frac{T}{2\pi}\right)^2} - R_e$$

$$= \left[\sqrt[3]{3.986 \times 10^{14} \times \left(\frac{86\ 164.099}{2\pi}\right)^2} - 6\ 371\ 000\right]\ \text{m}$$

$$\approx 35\ 793\ 157\ \text{m} = 35\ 793.157\ \text{km}$$

2)轨道周期计算

航天器围绕地球运行一周所需要的时间称为轨道周期。根据开普勒第三定律,可推导出航天器的轨道周期 T 的计算公式为

$$T = 2\pi \cdot \sqrt{\frac{(h + R_e)^3}{\mu}} \qquad\qquad (3.3.3)$$

式中,T 为轨道周期,单位为 s;μ 为地心引力常数,其值为 3.986×10^{14} m^3/s^2;h 为轨道高度,单位为 m;R_e 为地球平均半径,取 6 371 000 m。

例如,GPS 卫星采用中轨道 MEO,距离地面的高度为 20 184.5 km,那么,GPS 卫星的平均轨道周期为多长?

GPS 卫星的平均轨道周期的计算如下:

$$T = 2\pi \cdot \sqrt{\frac{(h + R_e)^3}{3.986 \times 10^{14}}} = 2\pi \cdot \sqrt{\frac{(20\ 184\ 500 + 6\ 371\ 000)^3}{3.986 \times 10^{14}}}\ \text{s} \approx 43\ 067\ \text{s} \approx 11\ \text{h}\ 58\ \text{min}$$

由计算结果可以得知,GPS 卫星的轨道周期相当于半个恒星日,即当 GPS 卫星运转两圈后将经过地球上空的同一点。

开普勒定律是自然界的基本定律之一,它证明了行星世界是一个"和谐"系统,完善并简化了哥白尼的日心宇宙体系。虽然开普勒定律研究的是行星围绕太阳的轨道运动,但其原理与航天器围绕地球或其他天体的轨道运动是一样的,是我们了解轨道学的基础。同时,它为牛顿三大定律的建立和万有引力定律的发现给出了重要提示。

航天轶事:开普勒定律探索历程

1571 年 12 月 27 日,开普勒出生于一个德国平民家庭,他小时候梦想成为一名神职人员,在研究神学期间,自己的宗教观与哥白尼的日心说产生共鸣,于是他开始使用古典几何学来解释天文现象。1599 年,丹麦天文学家第谷邀请开普勒作为自己的弟子和助手,开普勒加入了第谷团队。第谷去世时,将自己的观测资料赠送给开普勒,于是开普勒在第谷研究的基础上继续深入研究,结果发现第谷的天文观测数据与哥白尼体系并不一致,于是他继续探寻其发生的原因。

经过长期的钻研探索,开普勒推翻了天体运动遵循圆周运动的理论,开始采用椭圆轨道进行计算,进而发现了开普勒第一定律与第二定律,并发表在 1609 年出版的《新天文学》上。1619 年,他在《世界的和谐》中又发表了开普勒第三定律,并在书中写道:"认识到这一真理,已超出了我最美好的期望。这本书可能当代有人阅读,也可能要等一个世纪才有信奉者,这一点我不管了。"如图 3-3-3 所示为开普勒及其著作。

图 3-3-3　开普勒及其著作

开普勒的一生著述甚丰,主要著作有《宇宙的神秘》《宇宙和谐论》《哥白尼天文学概要》和《彗星论》等。在《世界的和谐》中,开普勒找到了最简单的世界体系,只需 7 个椭圆就可以描述天体运动的体系;在《彗星论》中,他指出彗星的尾巴总是背着太阳,是因为太阳排斥彗头的物质造成的,这是距今半个世纪以前对辐射压力存在的正确预言。此外,开普勒还发现了大气折射的近似定律。为纪念开普勒,国际天文学联合会将 1134 号小行星命名为开普勒小行星。

3.3.2　牛顿运动定律和万有引力定律

开普勒提出了轨道定律、面积定律和调和定律三大定律,这为牛顿发现万有引力定律奠定了坚实的基础。艾萨克·牛顿(1643—1727),英国物理学家和数学家,在深入研究了前人的科学成果后,站在巨人的肩膀上,于 1687 年在《自然哲学的数学原理》一书中提出了物体静止和运动的三大定律。各定律之间相互独立,且内在逻辑符合自洽一致性,形成了牛顿力学的完整体系,阐述了经典力学中基本的运动规律,改变了人们对世界的认识,并广泛应用于各个领域。后来,他还洞察到自然界中任何两个物体都是相互吸引的,并揭示了万有引力定律。可以说,没有任何一个人能够像牛顿那样给科学界带来如此巨大的冲击。

1. 牛顿第一定律

牛顿第一定律即惯性定律,那么什么是惯性?其实,我们在绊倒摔跤时便能切身体会到惯性的存在。人们跑步时,整个身体获得了向前运动的速度。若脚下被地面障碍物绊住,因障碍物阻挡作用,脚步会停下,无法再向前运动,但身体上部由于未受到阻力作用,依然保持原有趋势继续前行,此时上身便会向前倾斜,当身体重心越过身体重力线后,如果被绊住的脚步还不能及时向前移动,身体就会失去平衡摔向地面。

1632 年,伽利略·伽利雷首先提出了"惯性"这个概念。惯性是指一个物体在没有外力作用下保持静止或运动的趋势,且物体的惯性大小只与其质量有关,质量越大,克服惯性做功越大;质量越小,克服惯性做功越小。试想一个轻巧的小推车与一辆笨重的拖拉机正在运行,如果你想让它们停下来,那么阻止推土机显然比阻止小推车要困难得多,即推土机的惯性要比小推车的大。

牛顿第一定律描述为:任何一个物体在不受外力或受平衡力的作用,即合外力为零时,总是保持静止状态或匀速直线运动状态,直到有作用在它上面的外力迫使它改变这种状态为止。其实,牛顿第一定律是伽利略"惯性"概念的另一种表述方式,因此又称为惯性定律。

牛顿第一定律说明了力不是保持物体运动状态的原因,而是改变物体运动状态的原因,惯性维持物体的运动状态,直到受到改变物体运动状态的外力为止。也就是说,原来静止的物体具有保持静止的性质,原来运动的物体具有保持运动的性质,除非有外力使其改变状态。例如,一颗射击出的子弹将保持匀速直线运动,直到它撞到前方的障碍物上才会改变其运动状态,这时你就会发现牛顿第一定律是多么的奥妙。

另外,要注意牛顿第一定律中非常重要的一点,那就是运动都是趋于直线的,而太空中航天器的轨道运动却并非直线运动,由此可知必定有力作用在航天器上。

牛顿第一定律的提出具有非常重要的意义,一是它揭示出了力的概念,力是物体对物体的作用,力使物体的运动状态发生变化;二是它帮助人们正确认识了力的效果,将人们对力的初级认识即"力维持物体的运动"的理论彻底推翻;三是为牛顿第二、第三定律及其所构建的质点力学体系原理奠定了概念基础。可以说,牛顿第一定律是必不可少的,是完全独立的一条力学定律,是三大定律的基础,也是力学的基础。

2. 牛顿第二定律

由牛顿第一定律可知,物体均具有惯性。如果物体原来处于静止状态,那么它就会阻止运动,并使其保持静止状态;如果物体已处于运动状态,那么它也会抵抗方向及速度上的变化,并使其保持运动状态。但是对于静止状态的物体和运动状态的物体而言,惯性是存在差异的,这种差异可由动量来进行描述。所谓动量,是指运动物体在改变速度或运动方向时的一种量度,它是由物体的质量与速度共同决定的。由于物体的速度有线速度和角速度之分,因此动量也相应有线动量(简称动量)和角动量。

动量 p 仅仅涉及平动,它是质量 m 与速度矢量 v 的乘积。由于描述速度和动量时不仅有大小,而且还有方向,因此必须将它们作为矢量来处理。公式如下:

$$p = mv \qquad (3.3.4)$$

式中,p 为动量矢量,单位为 kg·m/s;m 为质量,单位为 kg;v 为速度矢量,单位为 m/s。

角动量 H 考虑的是转动,比如我们小时候都玩过的陀螺玩具,如果它处于静止状态,它就不能直立在地面上;如果让它转动起来,它就会试图保持旋转方向与速度,当旋转速度足够快时,它就像克服了地球引力一样,直立在地面上。角动量 H 是物体保持其旋转速度与方向状态的量度,它是转动惯量与角速度矢量的乘积。公式如下:

$$H = I\Omega \qquad (3.3.5)$$

式中,H 为角动量矢量,单位为 kg·m²/s;I 为转动惯量,单位为 kg·m²;Ω 为角速度矢量,单位为 rad/s。

由上述可知,无论是线动量还是角动量,它们均表征了运动物体保持原状态的能力。下面利用牛顿第二定律解释这种能力。

牛顿第二定律的原始描述为:动量为 p 的质点在外力 F 作用下,其动量随时间的变化率同该质点所受的外力成正比,并与外力的方向相同。用公式可表示为

$$F = \frac{\mathrm{d}p}{\mathrm{d}t}$$

也就是说,将一个运动的物体停下来所需要的力的大小,取决于我们以多快的速度来改变其

动量。如果要在较短时间内改变一个物体的动量,那么使用的力就要相对大一些,否则就需要以较小的力且作用较长的时间。假如一辆汽车沿着道路开过来,根据牛顿第一定律,如果我们要让它停下来,那么就需要刹车。如果要让它很快停下来,需要施加的力就很大;如果让它缓慢停下来,需要施加的力就很小。有

$$F = \frac{\mathrm{d}\boldsymbol{p}}{\mathrm{d}t} = \frac{\mathrm{d}(m\boldsymbol{v})}{\mathrm{d}t} = m\frac{\mathrm{d}\boldsymbol{v}}{\mathrm{d}t} + \frac{\mathrm{d}m}{\mathrm{d}t}\boldsymbol{v} \tag{3.3.6}$$

由式(3.3.6)可知,第二项$\frac{\mathrm{d}m}{\mathrm{d}t}$表示物体质量随时间的变化速度。由于物体的质量一般不变,故此项为零,仅需保留第一项中的速度变化率$\frac{\mathrm{d}\boldsymbol{v}}{\mathrm{d}t}$,即物体的加速度$\boldsymbol{a}$。于是可得到如下公式:

$$F = ma \tag{3.3.7}$$

式中,力$\boldsymbol{F}$为矢量,单位为$\mathrm{kg \cdot m/s^2}$或N;m为质量,单位为kg;$\boldsymbol{a}$为加速度,单位为$\mathrm{m/s^2}$。

于是便得到了牛顿第二定律的第二种描述:物体的加速度与物体所受的合外力成正比,与物体的质量成反比,加速度的方向与合外力的方向相同。

牛顿第二定律定量地说明了物体运动状态的变化与对它作用的力之间的关系,指出了力的作用效果,即力使物体获得了加速度,$\boldsymbol{F}$、m、$\boldsymbol{a}$不仅对应于同一物体,且是一个瞬时对应的规律,表明了力的瞬间效应,也就是说力和加速度同时产生、同时变化、同时消失。另外,作用于物体上的各个力都能各自独立产生一个加速度,各个力产生的加速度的矢量和等于合外力产生的加速度。

不过,牛顿第二定律仅适用于质点的运动,且仅在惯性参照系中才成立;它只能解决宏观问题,如果要解决微观问题,则必须使用量子力学;它只适用于低速问题,解决高速问题必须使用相对论。

3. 牛顿第三定律

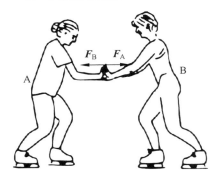

图 3-3-4　两个滑冰运动员相互推动

假如有两个滑冰运动员,站在溜冰场的中央,如图 3-3-4 所示。若他们最初都静止不动,当其中一个人向另一个人施加一个作用力 $\boldsymbol{F}_A$ 时,另一个人就会相应地向对方施加一个反作用力 $\boldsymbol{F}_B$,这两个力分别作用在对方,且大小相等,但方向相反,使得两人都向后退去,这就是牛顿第三定律。

牛顿第三定律描述为:当物体 A 施加给物体 B 一个作用力时,物体 B 就会给物体 A 一个大小相等且方向相反的反作用力。用公式可表示为

$$F = -F' \tag{3.3.8}$$

牛顿第三定律揭示了力的本质,即力是物体之间的相互作用,给出了对自然力的普遍陈述,解决了复杂的系统的动力学问题。另外,作用力与反作用力必然为同一性质的力,且不能求和,这是由于作用力和反作用力分别作用在两个不同的物体上,各自产生的作用效果不同且不能相互抵消。

4. 万有引力定律

牛顿最早提出了万有引力的概念,认为宇宙中任何两个物体之间都存在着相互吸引作用,物体之间的这种吸引作用普遍存在于宇宙万物之间,称为万有引力。物体之间万有引力的大小与两个物体质量的乘积成正比,与它们之间的距离的平方成反比,而与两个物体的化学本质和物理状态以及中介物质无关,用公式表示为

$$F_{\text{g}} = \frac{G m_1 m_2}{R^2} \tag{3.3.9}$$

式中,F_{g} 为万有引力,单位为 N;G 为万有引力常量,单位为 N·m²/kg²;m_1、m_2 分别为两个物体的质量,单位为 kg;R 为两个物体之间的距离,单位为 m。

万有引力常量由英国实验物理学家卡文迪许利用扭秤实验首先测得。正是由于万有引力的存在,才使得行星能够按照自身轨道围绕中心天体运转,因此万有引力定律常被用于解决天体的运动问题。

下面通过真实数据来了解一下万有引力的大小。

如图 3-3-5 所示,地球质量 $M_{\text{地}} = 5.96 \times 10^{24}$ kg,月球质量 $M_{\text{月}} = 7.35 \times 10^{22}$ kg,地月之间的平均距离为 $R_{\text{地月}} = 3.84 \times 10^8$ m,万有引力常量 $G = 6.67 \times 10^{-11}$ N·m²/kg²,可以得到地月之间的万有引力为

$$F_{\text{地月}} = \frac{G M_{\text{地}} M_{\text{月}}}{R_{\text{地月}}^2} = \frac{6.67 \times 10^{-11} \times 5.96 \times 10^{24} \times 7.35 \times 10^{22}}{(3.84 \times 10^8)^2} \text{N} \approx 1.98 \times 10^{20} \text{ N}$$

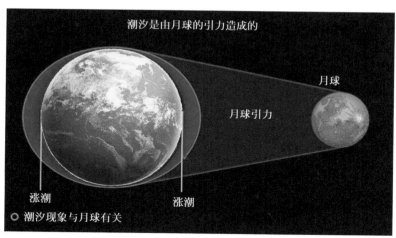

图 3-3-5　地球与月球之间的引力

由上述计算结果可以看出,地球和月球之间存在着巨大的万有引力,使得地月之间相互"拔河",最直观的景象就是地球上的海洋潮汐。由于万有引力与距离平方成反比,因此地球靠近月球的那一面所受到的万有引力要大于远离月球的那一面,靠近月球那一面的海水就会向着月球方向膨胀,有些地方的海浪高度能比海平面高出 5 m 多,你就会真实地体会到万有引力竟是多么巨大的力量。

日常生活中,我们经常会听到地心引力、万有引力和重力的说法,它们之间有区别吗?为了理解这个问题,这里以苹果从树上掉落为例进行说明。在任何一个星球上种苹果树,假

设星球没有自转,苹果熟了都会掉到星球表面上,这是万有引力把苹果拉到星球表面的。在地球上种苹果树,假设地球没有自转,苹果熟了会掉到地面上,是地心引力把苹果拉到地面的,所以万有引力和地心引力没有本质区别,地心引力特指地球的万有引力而已。

下面再设地球以角速度 ω_e 正常自转起来,从宇宙视角看,除了南北极以外,地面上的苹果树是在绕着地轴做匀速圆周运动,那么苹果树上的苹果需要有向心力维持这个匀速圆周运动,万有引力 mg 就被分成了两个力:一个是向心力 ma'_e,用来保证苹果可以做匀速圆周运动;另一个是重力 $mG_重$,如图 3-3-6 所示。这三者的关系为:万有引力是重力与向心力之和,且指向地心;向心力指向圆周运动的圆心,剩下的就是重力。用公式可表示为

$$mg = mG_重 + ma'_e \tag{3.3.10}$$

不过,由于地球自转产生的向心力相比于重力而言很小,因此也可以认为万有引力约等于重力。

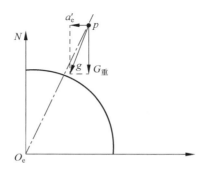

图 3-3-6　地球外一点的重力加速度示意图

下面我们利用万有引力定律求解重力加速度。

由上面可知,牛顿第二定律的表达式为 $F = ma$,将其代入万有引力定律公式中,即

$$mG_重 = \frac{mGM_地}{R^2} \tag{3.3.11}$$

简化后,可得到由于地球万有引力作用使物体产生的重力加速度,如下:

$$G_重 = \frac{GM_地}{R^2} = \frac{6.67 \times 10^{-11} \times 5.96 \times 10^{24}}{6\,371\,000^2} \text{m/s}^2 \approx 9.79 \text{ m/s}^2$$

由此可知,地球的重力加速度大小为 9.79 m/s^2,且方向指向地心。

航天轶事:牛顿及其著作《自然哲学的数学原理》

1643 年 1 月 4 日,艾萨克·牛顿出生于英格兰的一个小村落,早期喜欢制作风车、提灯等机械模型,随着年岁增大,牛顿越发喜欢做科学试验,后求学于剑桥大学,开始阅读伽利略、哥白尼和开普勒等人的著作,并相继开展了力学、光学和微积分等研究。他是人类历史上著名的物理学家、数学家和哲学家,被后人誉为"物理学之父"。

1687 年 7 月 5 日,牛顿发表了《自然哲学的数学原理》,这部著作是牛顿在其科学才华处于巅峰时期所写的旷世巨著,是他总结前人和个人智慧的伟大结晶,是第一次科学革命的集大成之作,在物理学、数学、天文学和哲学等领域均产生了巨大影响。全书共三卷,每一卷都是纯力学,从数学上讲述了运动三定律,第二卷讲述了流体力学,第三卷是基于前两卷导出万有引力定律。如图 3-3-7 所示为牛顿及其著作。

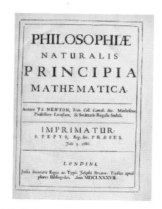

图 3-3-7　牛顿及其著作

3.3.3　宇宙速度计算

宇宙速度就是从地球表面发射航天器,使航天器达到环绕地球、摆脱地球引力和飞出太阳系所需要的最小初始速度,分别称为第一宇宙速度、第二宇宙速度和第三宇宙速度。

进行宇宙速度计算时,需要的参数主要有:

重力加速度:$g = 9.8 \text{ m/s}^2$;　　　　　万有引力常量:$G = 6.67 \times 10^{-11} \text{ N} \cdot \text{m}^2/\text{kg}^2$

地球半径:$r_{地} = 6.37 \times 10^6 \text{ m}$;　　　地球质量:$M_{地} = 5.96 \times 10^{24} \text{ kg}$

太阳质量:$M_{日} = 1.99 \times 10^{30} \text{ kg}$;　　太阳与地球之间的距离:$r_{日地} = 1.50 \times 10^{11} \text{ m}$

第一宇宙速度指的是沿地球表面做圆周运动的速度,这是一个临界状态。如果其速度小一点,那么它不久就会落到地球表面。利用万有引力等于向心力即可求出:

$$G \frac{M_{地} m}{r_{地}^2} = m \frac{v_1^2}{r_{地}} \tag{3.3.12}$$

从而得到第一宇宙速度为

$$v_1 = \sqrt{\frac{GM_{地}}{r_{地}}} = 7.9 \text{ km/s}$$

第二宇宙速度指的是脱离地球引力而围绕太阳运动的最低速度,可以认为是从地球表面到地球无穷远处运动需要的最低速度。首先介绍引力势能公式。两物体之间的万有引力势能大小为

$$E_p = -\frac{GMm}{r} \tag{3.3.13}$$

注意,引力势能为负值,物体间距离越大,引力势能越大,当距离达到无穷时,引力势能最大,为 0。因此,当航天器挣脱地球引力飞向距地球无穷远处时,物体动能和势能都为 0,根据机械能守恒定律,在地球发射航天器时动能和引力势能之和也应该为 0,$E_p + E_k = 0$,即

$$\frac{1}{2}mv_2^2 - \frac{GM_{地} m}{r_{地}} = 0 \tag{3.3.14}$$

于是得到第二宇宙速度为

$$v_2 = \sqrt{2\frac{GM_{地}}{r_{地}}} = \sqrt{2}\,v_1 = 11.2 \text{ km/s}$$

第三宇宙速度指的是地球发射航天器飞出太阳系的速度。首先，我们发射航天器时可以利用地球的公转速度。这里先求解地球绕太阳的公转速度，即

$$G\frac{M_{日}M_{地}}{r_{日地}} = M_{地}\frac{v_{公}^2}{r_{日地}} \tag{3.3.15}$$

解得

$$v_{公} = \sqrt{\frac{GM_{日}}{r_{日地}}} = 29.8 \text{ km/s}$$

如果不考虑地球影响（或假设地球不存在），以太阳为参考系，那么在地球附近的航天器具有的动能和势能之和为

$$E_p + E_k = \frac{1}{2}mv^2 - \frac{GM_{日}\,m}{r_{日地}} \tag{3.3.16}$$

若该航天器能挣脱太阳引力，则应满足 $E_p + E_k = 0$，即

$$\frac{1}{2}mv_0^2 = \frac{GM_{日}\,m}{r_{日地}} \tag{3.3.17}$$

解得

$$v_0 = \sqrt{2\frac{GM_{日}}{r_{日地}}} = \sqrt{2}\,v_{公} = 42.2 \text{ km/s}$$

发射航天器时可以利用地球的公转速度，得到航天器相对地球的速度 v_0'，即以地球为参考系的速度

$$v_0' = v_0 - v_{公} = (42.2 - 29.8) \text{ km/s} = 12.4 \text{ km/s}$$

上面求解时假设地球不存在，现在将地球还原，则发射速度还要克服地球引力作用，即

$$\frac{1}{2}mv_3^2 = \frac{GM_{地}\,m}{r_{地}} + \frac{1}{2}mv_0'^2 \tag{3.3.18}$$

联立式（3.3.14）与式（3.3.18）可得

$$\frac{1}{2}mv_3^2 = \frac{1}{2}mv_2^2 + \frac{1}{2}mv_0'^2$$

最终解得第三宇宙速度为

$$v_3 = \sqrt{v_2^2 + v_0'^2} = \sqrt{11.2^2 + 12.4^2} \text{ km/s} \approx 16.7 \text{ km/s}$$

由上述计算可知，各宇宙速度均为在地球表面开始的发射速度。那么，发射速度 v_i 与环绕速度 v 之间的联系是什么呢？它们之间应满足如下关系，才能有相应的运动情形：

当 $v < v_1$ 时，发射物体将会落回地面；

当 $v_1 < v < v_2$ 时，被发射物体会成为地球卫星，既不会落向地面，也不会逃离地球；

当 $v_2 < v < v_3$ 时，被发射物体将会脱离地球，成为环绕太阳运动的天体；

当 $v > v_3$ 时，被发射物体就会逃脱太阳的引力束缚，离开太阳系。

3.4　轨道力学

　　为准确描述航天器所在位置及其运动规律,必须建立坐标系,因此本节首先对航天领域中常用的坐标系进行介绍,然后介绍几个有关航天器轨道力学的概念——圆周运动、轨道根数和星下点轨迹。利用圆周运动相关公式可以求解角速度、周期、向心力等参数;利用轨道根数可以定量描述在轨航天器的运行轨道;利用星下点轨迹可以确定地球上的某点何时进入航天器的视野。

3.4.1　坐标系

　　建立坐标系,主要是为了更好地描述物体的相对位置。假设你要去某个地方,但不知道怎么走,此时有路人告诉你,从你所处的位置开始先向南走 100 m,再向西走 300 m,最后再向北走 200 m,就能够到达你想要去的地方了。

　　在上面简单的例子中,如果建立了坐标系,假如将东选择为 x 轴正向,北选择为 y 轴正向,那么,你的行进路线就是先沿着 y 轴负向走 100 m 到 O' 点,然后再沿着 x 轴负向走 300 m,最后沿着 y 轴正向走 200 m。这样的话,就能够更直观、准确地描述行进路线了。

　　为精确描述航天器的位置、速度的大小及方向,需要建立相应的坐标系。直角坐标系都是由互相正交的单位矢量构成的,用来量度矢量的大小和方向,它由原点、坐标轴指向和尺度来定义。那么如何建立和确定一个坐标系呢? 如图 3-4-1 所示,建立坐标系需要指定四个基本参数,即原点、基准平面、主轴和第三个坐标轴。原点是各坐标轴的交点,也是坐标系在物理上可确认的起点;基准平面包含了坐标系的两个轴,平面确定后,就可以建立第一个轴,这个轴起始于原点并与基准平面垂直;然后确定坐标系的主轴,主轴位于基准平面内,起始于原点并指向某个可见的、遥远的天体;最后确定坐标系的第三个轴,这个轴可根据右手定则得到。

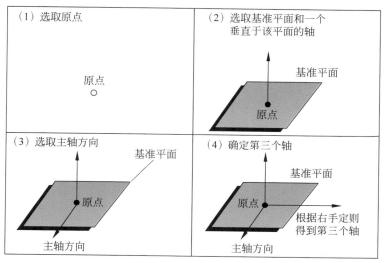

图 3-4-1　定义坐标系

1. 地心赤道坐标系

地心赤道坐标系是描述航天器轨道的常用坐标系，也称为地心惯性坐标系。它是这样定义的：以地球中心为原点，以通过地球中心的赤道平面为基准平面，z 轴与基准平面垂直，指向北极；x 主轴指向春分线，即春天的第一天从地球到太阳的连线的方向，这样定义 x 主轴是因为它不动；y 轴的方向可根据右手定则确定。

从地球上来看太阳一年"走"过的路线称为黄道，黄道平面与赤道面之间的夹角为 $23°26'$。正是由于有了这个夹角，地球上的天气才有了一年四季之分。地球运行轨道与赤道面之间有两个交点。将太阳由南向北经过赤道面的这一点称为升交点，天文学上也称为春分点，太阳经过这一点的日期通常为 3 月 21 日。地心和春分点的连线便是地心赤道坐标的 x 主轴，而与升交点相对的那一点称为降交点，天文学上也称为秋分点，这一天为 9 月 23 日。

在地心赤道坐标系中如何描述航天器的位置？如图 3-4-2 所示，在以地球中心为圆心的假想天球的球面上，航天器位置可用下面三个变量来描述：一是地心与航天器之间的距离；二是从春分点所在的经圈沿赤道量度到航天器所在的经圈，即赤经，向东为正，向西为负；三是矢径在赤道面上的投影与矢径的夹角，从赤道面开始量度，即赤纬，向北为正，向南为负。

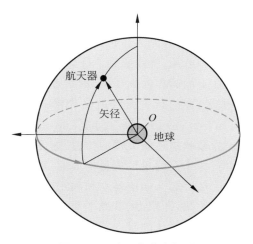

图 3-4-2　地心赤道坐标系

2. 地心轨道坐标系

由于航天器的轨道在一个平面内，且这个轨道平面在惯性空间是固定的，因此可在这个平面内建立地心轨道坐标系，用来描述航天器的轨道运动。

如图 3-4-3 所示，地心轨道坐标系是这样定义的：以地球中心为坐标原点 O，以轨道平面为基准平面。P 轴的方向指向轨道近地点 P'，Q 轴方向与航天器在近地点上的运动方向一致，而 W 轴的方向应使坐标系构成右旋坐标系，$OPQW$ 构成地心轨道坐标系。当速度矢量和位置矢量垂直时，该点就是近地点 P' 或远地点 A。

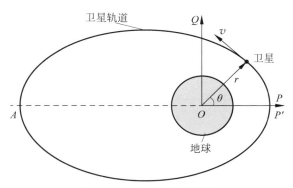

图 3-4-3　地心轨道坐标系

3. 发射坐标系

运载火箭携带航天器从地面点火发射，将航天器送入运行轨道，这段轨迹称为发射轨道,又称为运载火箭的主动段或上升段。由上升段进入运行轨道称为入轨,进入运行轨道的初始位置称为入轨点。航天器入轨点的运动状态参数,如位置、速度和时刻等,决定着航天器在运行轨道的轨道要素。

如图 3-4-4 所示,为便于描述运载火箭质心在上升段中的运动状态和建立运动方程,可使用发射坐标系。发射坐标系 $Oxyz$ 的原点是发射前飞行器的质心,基准平面是当地水平面;x 轴在基准平面上指向发射方向;y 轴沿铅垂线向上,x 轴与 y 轴构成的平面称为射面;z 轴与 x 轴、y 轴构成右旋坐标系。在基准平面上真北与 x 轴的夹角称为发射方位角,从真北顺时针方向量度。

4. 火箭本体坐标系

在描述上升段对火箭的控制时,经常使用火箭本体坐标系。如图 3-4-5 所示,火箭本体坐标系的原点是火箭质心 O_1,基准平面是火箭箭体的对称面。X_1 轴是沿火箭纵轴向前,Y_1 轴在火箭箭体对称面内与 X_1 轴垂直且指向上方,Z_1 轴与其他两轴构成右旋坐标系。火箭本体坐标系与箭体固连,箭体绕 X_1 轴的转动称为滚动运动,绕 Y_1 轴的转动称为偏航运动,绕 Z_1 轴的转动称为俯仰运动。由于发射前经过瞄准,故在发射起飞瞬间,基准平面与发射坐标系射面重合,X_1 轴与发射坐标系 y 轴重合。

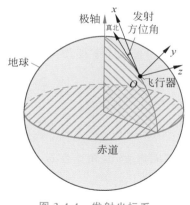

图 3-4-4 发射坐标系

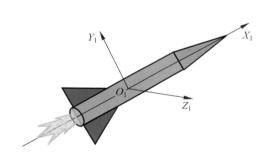

图 3-4-5 火箭本体坐标系

建立坐标系之后,速度、加速度、位置(位矢)和力等物理量都可看成矢量,不仅具有大小幅值,还具有方向性。

航天轶事:春分点

所谓春分,分者,半也,即春分是春季中间的一天,平分了春季,这一天昼夜平分、各为 12 h。古人确定春分点方向时,发现这个点指向白羊座的第一颗星,因此将它称为"白羊座第一点",并用羊头来标识它,可以说春分点是天文学开始的标志。

黄道是指地球围绕太阳旋转的公转面与天球相交的圆,赤道是指地球的赤道面,且垂直于地球的自转轴,如图 3-4-6 所示。由于地球的自转轴与赤道平面都存在摆动,因此赤道平面和黄道平面的交线,即春分点方向也向西缓慢移动,每年西移约 50 s。目前,春分点方向已由白羊座进入双鱼座,并即将进入宝瓶座。虽然它已不在白羊座,但天文学家们仍习惯用"白羊座第一点"来称呼春分点方向。

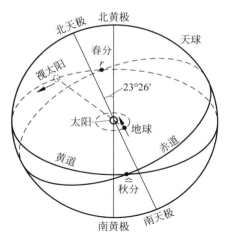

图 3-4-6　黄道与赤道

3.4.2　圆周运动

1. 角速度

物体在圆轨道的运动速度用角速度来表示,角速度确定了圆周运动与径向运动的关系:

$$v = \omega r \qquad (3.4.1)$$

式中,v 为线速度,单位为 m/s;r 为物体与运动中心的距离,单位为 m;ω 为角速度,单位为 rad/s。

2. 周期

频率 f 与周期 T 之间的关系为

$$T = 1/f = 2\pi/\omega \qquad (3.4.2)$$

例如,汽车以 50 km/h 的运行速度绕半径为 200 m 的圆周行驶,其角速度 ω 为

$$\omega = v/r = \frac{50 \times 10^3/3600}{200} \text{ rad/s} \approx 0.069 \text{ rad/s}$$

某航天器围绕地球运行一周,需要用时 150 min,那么角速度 ω 计算过程如下:

$$T = 150 \times 60 \text{ s} = 9000 \text{ s}$$

$$f = \frac{1}{T} = \frac{1}{9000} \text{ Hz} \approx 1.11 \times 10^{-4} \text{ Hz}$$

$$\omega = 2\pi f = 6.97 \times 10^{-4} \text{ rad/s}$$

3. 向心力

由力学理论可知,要使物体沿轨道而不是沿直线运动,必须施加一个力。特别是圆周运动,必须施加一个向心力,向心力的计算公式为

$$F_{向} = m\frac{v^2}{r} = m\omega^2 r \qquad (3.4.3)$$

3.4.3　轨道根数

虽然航天器的运行轨道都是圆或者椭圆,然而其形状却是大大小小、位置高高低低,有

的还是斜着歪着的,各有不同。显而易见,这些轨道上航天器的运动速度、运动方向等特征都与轨道的位置、大小及形状有着密切的关系。下面介绍航天器的轨道六根数。

轨道六根数,也称为轨道六要素、轨道六参数或开普勒星历参数,它是描述天体圆锥曲线轨道的基本参数。航天器相对于地球的位置可由 6 个参数确定。表 3-4-1 给出了这 6 个参数并对其进行了定义。

表 3-4-1　航天器的轨道根数

参　　数	符　　号	说　　明
轨道半长轴	a	用于确定轨道大小
轨道偏心率	e	用于确定轨道形状
轨道倾角	i	轨道面与赤道面的倾角
升交点赤经	Ω	航天器越过赤道向北的经度
近地点幅角	ω	升交点和近地点之间的角度
近地点真角	θ	近地点与卫星在轨道上的位置之间的角度

下面对轨道六根数进行具体介绍。

第一个要素是轨道半长轴 a(见图 3-4-7),即航天器椭圆轨道长轴的一半,也是航天器与地心的平均距离。对于圆轨道而言,半长轴是轨道的半径,航天器在圆轨道上的高度是恒定的,即轨道的半径减去地球的半径。

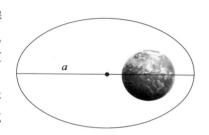

图 3-4-7　轨道半长轴

轨道半长轴决定了航天器轨道形成的椭圆到底有多大,也就是航天器的轨道高度有多高,它也决定了发射航天器到这个轨道上需要多少能量。因为根据轨道能量公式,一个确定轨道的机械能是固定的。不同的航天器因为任务不同,或者运载约束,工作在不同的轨道高度上。发射到不同轨道所需要的能量都需要依靠半长轴来计算。

第二个要素是轨道偏心率 e(见图 3-4-8),也称为离心率,其数值在 0~1 之间,它决定了轨道的形状。我们知道,有的轨道形状是圆,有的轨道形状是椭圆,那么这个椭圆扁的程度就是用偏心率来描述的。偏心率等于 0 的轨道就是圆轨道,地球就位于圆心,航天器的高度恒定。偏心率大于 0 小于 1,航天器轨道形状就是一个椭圆,偏心率越大,椭圆就越扁。航天器最接近地心的距离即近地点距离为 $a(1-e)$,航天器的最小高度为这个距离减去地球半径。航天器到地心的最大距离即远地点距离为 $a(1+e)$,航天器的最大高度为这个距离减去地球半径。

第三个要素是轨道倾角 i(见图 3-4-9),它用来描述轨道面的倾斜程度,它的含义是轨道面相对于地球赤道面而言,是躺着的还是立着的或者是斜着的。轨道倾角的数值就是地球赤道所在的赤道平面与航天器轨道所在的轨道面之间的夹角。

用轨道倾角可以定义几种不同类型的轨道。若轨道倾角 $i=0°$ 或 $i=180°$,则航天器总是处于赤道上,因此称为赤道轨道;若轨道倾角 $i=90°$,航天器则通过南北极,因此称为极地轨道;若轨道倾角 $0°<i<90°$,航天器的运动方向与地球自转方向一致,因此称为顺行轨道;若轨道倾角 $90°<i<180°$,航天器的运动方向与地球自转方向相反,因此称为逆行轨道。这几类轨道如图 3-4-10 所示。

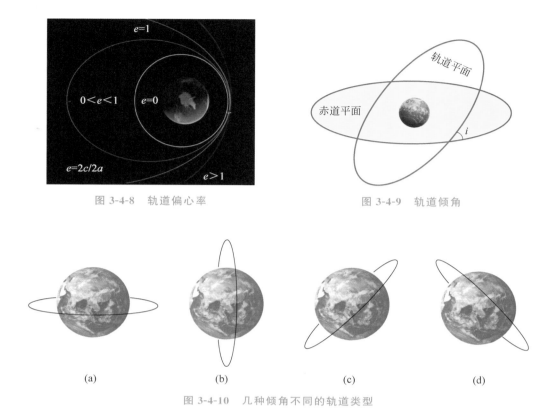

图 3-4-8　轨道偏心率　　　　　　　　　　图 3-4-9　轨道倾角

图 3-4-10　几种倾角不同的轨道类型

（a）$i = 0°$ 或 $180°$，赤道轨道；（b）$i = 90°$，极地轨道；（c）$0° < i < 90°$，顺行轨道；（d）$90° < i < 180°$，逆行轨道

　　轨道倾角 i 决定了轨道所能覆盖的最大纬度，也决定了适合的发射地点与发射所需要的能量。以法国圭亚那的发射场为例，如果发射的是地球同步轨道航天器，也就是轨道倾角几乎为 0°的航天器轨道，那么从圭亚那这种低纬度的发射场发射就非常有利，因为在较低的纬度，发射时可以充分借助地球较大的自转速度；而要发射倾角较大的航天器，就比较适合在纬度较高一些的地点实施发射。

　　第四个要素是升交点赤经 Ω（见图 3-4-11）。航天器从地球南极一侧向北极一侧运动的过程中，经过赤道平面所处的地理经度与春分点经度之间的角度称为升交点赤经。这个轨道要素比较难理解，我们可以将其理解为轨道相对于地球的扭转程度。

　　第五个要素是近地点辐角 ω（见图 3-4-12），它是航天器从升交点开始到达近地点在轨道平面内所划过的角度。简单来讲就是在轨道面内轨道相对于地球旋转的程度，例如俄罗斯的闪电轨道就把近地点放在了南边，使得航天器可以长时间停留在俄罗斯的上空。

　　上述五个轨道要素均在航天器正式入轨后就已确定，只要轨道未发生变轨或受到摄动，这些轨道要素是不会变化的。其中，半长轴和偏心率是轨道平面内的要素，轨道倾角、升交点赤经和近地点幅角是描述轨道和地球之间关系的量。

　　第六个轨道要素是近地点真角 θ（见图 3-4-13），这个要素是地心指向航天器与指向近地点矢量之间的夹角，它是唯一一个用于描述航天器某时刻在轨道中所处位置的要素，也是一个轨道平面内的要素。

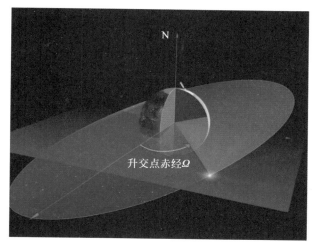

图 3-4-11 升交点赤经

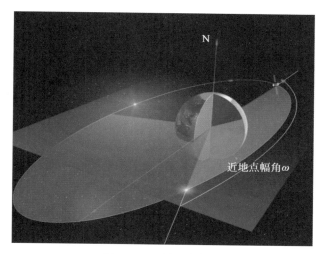

图 3-4-12 近地点幅角

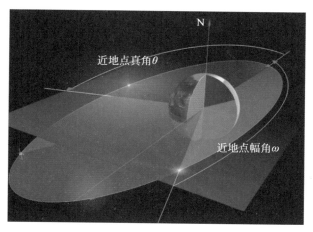

图 3-4-13 近地点真角

近地点真角 θ 也可以用航天器过近地点或轨道上某一确定点的时刻 τ 来代替,也用于描述航天器在轨道上的位置,一般以年、月、日、时、分、秒来表示,是运动时间的起算点。利用开普勒方程就可以计算出航天器在 τ 时刻的轨道位置与速度。

3.4.4　星下点轨迹

星下点是绕地球运转的航天器质心与地心的连线和地球表面相交的点,也就是航天器围绕地球运转过程中,经过其轨道上的任意位置时,航天器在地球表面上所形成的投影点,如图 3-4-14 所示。

图 3-4-14　星下点

星下点轨迹是航天器绕地球运转过程中,所有星下点所连成的曲线。人们常用航天器的星下点轨迹来描述航天器在地球上空的飞行路线。为更容易理解星下点轨迹,我们先从地面轨迹谈起。想象你正准备开车从太原到北京,为了到达目的地,需要从太原朝着东北方向沿着京昆高速行驶约 500 km。如果你有一张中国的公路地图,就可以沿着京昆高速画一条曲线。这便是你从太原到北京的地面轨迹。

航天器的星下点轨迹与上面例子类似,它是指在轨航天器轨迹在地球表面的投影,只不过更为复杂。在轨航天器的星下点轨迹是什么形状? 为便于理解,首先假设地球静止不转,我们可以想象出,航天器的星下点轨迹其实就是轨道平面切割地球时形成的一个环绕地球的大圆。当我们将地球展开成一个平面投影图时,航天器的星下点轨迹就会变成其他形状。为了描绘平面化是如何影响星下点轨迹的,可以把地球想象成一个啤酒罐,轨道的轨迹绕着罐子画了一个圈,看起来就像是一个通过罐心的圆切片,如图 3-4-15 所示。如果把啤酒罐展平,这条轨迹看起来像什么呢? 它看起来像正弦曲线。

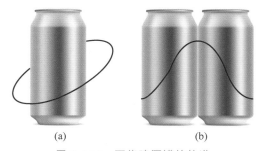

(a)　　　　　　(b)

图 3-4-15　环绕啤酒罐的轨道

由于前面假设地球静止不动,因此航天器的星下点轨迹将保持不变,将地球展平为平面地图后,其星下点轨迹为正弦线,如图 3-4-16 所示,即使改变轨道的尺寸与形状,其星下点轨迹看起来也都是相同的。

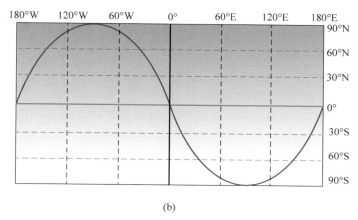

(a)   (b)

图 3-4-16　地球不转时星下点轨迹

　　假如地球又开始自转起来,那么星下点轨迹将会发生什么变化?比如某航天器正好从我们头顶上经过,当航天器再次经过时,它将会出现在我们的西面。这是由于航天器轨道平面在惯性空间是不动的,而我们处于地球上的某点,地球自西向东旋转,所以我们相对于轨道发生了移动,就如同航天器发生了移动一样,每一次星下点轨迹都在上一次的西边。

　　这里,我们以一颗北斗卫星的星下点轨迹为例进行说明,此卫星轨道为圆轨道,轨道高度 13 892 km、轨道倾角 60°、初始位置(0°E,0°N)。从二维地图上看,其星下点轨迹并不是一条曲线,而是由许多曲线组成,卫星每运行一圈,便会产生不同的曲线;从三维地球上看,其星下点轨迹能连在一起,并形成一条很长的曲线。

　　那么,航天器的星下点轨迹有一些什么特点?

　　特点一:星下点轨迹自西向东移动。由于航天器轨道在惯性空间不变,因此航天器在轨道上运行一圈后,将回到惯性空间上相同的一点。如果地球不自转,那么星下点在一个轨道周期后将重复出现。但由于地球自西向东旋转,一个轨道周期后星下点将向西移动。

　　特点二:轨道倾角越大,星下点轨迹的最高纬度越大。航天器的轨道倾角(0°~90°范围)越大,表示轨道平面与地球赤道面的夹角越大。也就是说,轨道相对赤道平面竖起来的程度越大,可以更接近高纬度地区。从图 3-4-17、图 3-4-18 中可以看到,航天器的覆盖范围仅限于赤道与最大纬度之间,最大纬度等于航天器轨道面相对于赤道的倾角。

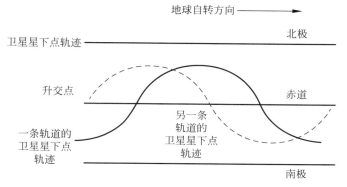

图 3-4-17　垂直于赤道视角的星下点轨迹

特点三：航天器轨道高度越高，相邻星下点轨迹距离越大。相邻星下点轨迹的距离是地球自转角速度与轨道周期的乘积，地球自转速度是固定的，大约15(°)/h。两条相邻星下点轨迹的距离 d 的计算公式如下：

$$d = \omega_e T R_e \tag{3.4.4}$$

式中，ω_e 为地球自转角速度；T 为轨道周期；R_e 为地球半径。

例如，近地轨道航天器高度为 $300 \sim 2000$ km，轨道周期为 $90 \sim 120$ min，那么，在一个轨道周期内，地球赤道上的两个相邻星下点轨迹的距离为 $2500 \sim 3200$ km，由此可知航天器在飞行一周后与上一周相距甚远。对于近地轨道上的航天器而言，一般不能实现连续两圈对同一区域可覆盖。

那么，星下点地心经纬度如何计算？星下点的纬度是指从赤道到星下点的地心角，星下点的经度是指贯穿星下点的经线与贯穿英国格林尼治子午线之间的角度。

图 3-4-19 中示出了经度与纬度的定义。经线是大圆的一部分，即大圆弧，每条经线都位于穿过地心的平面上。纬线不是大圆，但纬度分南北，度数是赤道与此纬线之间的夹角。

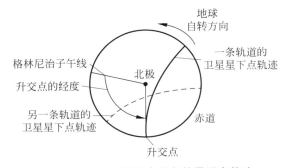

图 3-4-18 垂直于极点视角的星下点轨迹

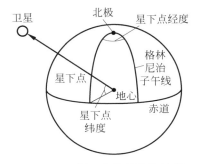

图 3-4-19 星下点的经度和纬度

星下点地心经纬度的计算公式如下：

$$\varphi_s = \arcsin(\sin i \cdot \sin\theta) \tag{3.4.5}$$

$$\lambda_s = \lambda_0 + \arctan(\cos i \cdot \tan\theta) - w_e t \pm \begin{cases} -180°, & -180° \leq \theta < -90° \\ 0°, & -90° \leq \theta \leq 90° \\ 180°, & 90° < \theta \leq 180° \end{cases} \tag{3.4.6}$$

式中，φ_s 为航天器星下点的纬度，(°)；λ_s 为航天器星下点的经度，(°)；λ_0 为升交点的经度，(°)；θ 为 t 时刻航天器与升交点之间的角距（从升交点开始量度，顺行方向取正值，逆行方向取负值），(°)；t 为飞行时间，s；w_e 为地球自转的角速度，(°)/s；"±"号分别对应顺行轨道和逆行轨道。

3.5 典型轨道

轨道有很多种分类方式：按照偏心率 e 划分，航天器轨道可分为圆轨道（$e=0$）、椭圆轨道（$0 < e < 1$）、抛物线轨道（$e=1$）和双曲线轨道（$e > 1$）；按照轨道高度 h 划分，航天器轨道可分为近地轨道、中轨道和高轨道；按照轨道倾角 i 划分，航天器轨道可分为赤道轨道（$i=0°$ 或 $i=180°$）、极地轨道（$i=90°$）、顺行轨道（$0°<i<90°$）和逆行轨道（$90°<i<180°$）。

从实际应用来看，航天器在太空中的分布非常不均匀，主要集中在近地轨道和地球同步轨道上，中间广阔的中轨道只分布了北斗、GPS等少量的导航卫星和通信卫星。下面介绍几类典型的航天器轨道。

3.5.1　近地轨道

近地轨道（low earth orbit，LEO）目前还没有严格的定义，通常情况下，我们将轨道高度低于 2000 km 的近圆轨道称为近地轨道。近地轨道航天器（见图 3-5-1）运行速度较快，运行周期为 90～120 min。

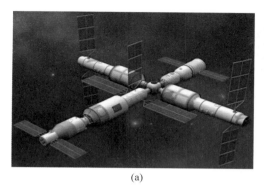
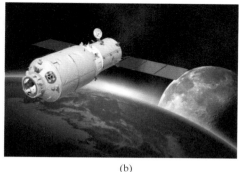

(a)　　　　　　　　　　　　　　　　　　　(b)

图 3-5-1　近地轨道航天器
（a）空间站；（b）天舟二号货运飞船

由于近地轨道航天器离地面较近，十分有利于近距离的活动，因此大多数对地观测卫星、空间站以及部分通信卫星都采用近地轨道。比如我国发射的资源卫星、海洋卫星、风云卫星、环境卫星、高分卫星等基本都运行在 500～1000 km 高度的轨道上，如此便于获得高清晰度的地面图片。另外，载人航天器也通常采用近地轨道，比如我国的空间站、天舟二号等都运行在 300～500 km 高度的轨道上，这主要是因为：一方面将大型航天器送入高轨的性能比不高；另一方面，若轨道再高，航天器将接近甚至进入辐射带，进而对航天员造成伤害。

不过，近地轨道航天器靠近地球表面，视角相对有限，过顶时间较短，因此需要依赖多个地面站或卫星中继进行通信与控制。近地轨道航天器飞行速度较快，多普勒效应对通信的影响很大。另外，近地轨道上仍存有稀薄大气，会造成近地轨道航天器高度逐步降低，因此需消耗较多的推进剂对航天器进行轨道维持。

近地轨道中常用的轨道有回归轨道、太阳同步轨道等。

回归轨道是指星下点轨迹周期性重复的航天器轨道，星下点轨迹重复的时间间隔称为回归周期，航天器运行一圈的时间称为交点周期。回归周期主要取决于航天器运行轨道的交点周期，相同回归周期的轨道有很多条，例如回归周期为一天的回归轨道，它的交点周期可以为 24 h、12 h、8 h 等。

空间站常选用两天回归轨道和三天回归轨道。例如我国的天宫二号空间站便选用了三天回归轨道,即每隔 3 天,其星下点轨迹会重叠出现。这样做的好处是一旦飞船因故未能正常发射,3 天后再次发射,仍能保持飞船与空间站的初始相位角,便于空间交会对接。

航天器在回归轨道上运行时,每经过一段时间就会重新出现在某地的上空,如此便可以在同等成像条件下多次获取该地的图像信息,进而对这段时间内目标的变化情况进行动态监视,这便是侦察卫星、气象卫星和地球资源卫星等选用回归轨道的原因。回归轨道对轨道周期的精度要求很高,且轨道周期要在长时间里保持不变,因此回归轨道上的航天器必须具备轨道修正能力,以消除运行时的轨道变化。

太阳同步轨道在后文将重点介绍,这里不再赘述。

3.5.2　中轨道

中轨道(middle earth orbit,MEO)通常指高度在 2000 km 以上、地球同步轨道高度(35 786 km)以下的轨道。事实上,许多 MEO 航天器都位于高度约 20 200 km 的圆轨道上,其运行周期为 12 h,即航天器每半天完成一次轨道运行,因此也称为半同步轨道。

相比 LEO 而言,MEO 较高,因此其覆盖区域也较大。只要在相同轨道上部署少量卫星,就可确保轨道星下点轨迹上任何地平线上方都有一颗卫星。若进一步在地球周围增加轨道,并在轨道上类似地部署卫星,就可保证地球上任何区域都能看见卫星,这便是卫星导航系统的原理。如图 3-5-2 所示,中轨道(MEO)属于全球定位系统(global positioning system,GPS)的领地,虽然不直接用于遥感,但对于测绘渐显重要,因而影响遥感图像的解读。

另外,由于存在范·艾伦辐射带,MEO 对于航天器而言空间环境是严酷的,将会对航天器产生严重的影响。

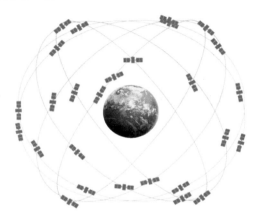

图 3-5-2　GPS 卫星星座

3.5.3　地球静止轨道

在介绍地球静止轨道之前,我们先来了解一下地球同步轨道(geosynchronous orbit,GSO)。地球同步轨道是指轨道周期与地球自转周期相同(约 23 h 56 min 4 s),航天器运行方向与地球自转方向一致的顺行轨道。根据倾角的不同,地球同步轨道可分为极地轨道、倾斜轨道和赤道轨道,如图 3-5-3 所示。

如果地球同步轨道存在倾角(即倾斜地球同步轨道,inclined geosynchronous orbit,IGSO),虽然其轨道周期与地球自转周期相同,但航天器的运行轨道将会在赤道的南北方向上偏离赤道,其星下点轨迹呈“8”字形,如图 3-5-4 所示。这意味着地面站将看到航天器位置类似“8”字形变化,因此,若使用窄波束地面天线进行发射或接收,就必须跟踪卫星。

如果地球同步轨道的轨道偏心率 $e = 0$,且轨道倾角 $i = 0°$,则称为地球静止轨道(geostationary orbit,GEO),如图 3-5-5 所示。在此轨道上运行的航天器将静止不动地定位于赤道某地上空,GEO 航天器的地面高度约为 35 786 km,轨道速度约为 3.07 km/s。

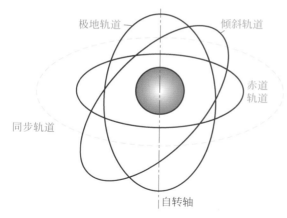

图 3-5-3　地球同步轨道

图 3-5-4　倾斜地球同步轨道星下点轨迹

图 3-5-5　地球静止轨道

　　地球静止轨道卫星位置高,覆盖范围很广,部署一颗卫星便可覆盖地球表面 42%,若等距离部署 3 颗卫星,就可以实现除南北极很小一部分地区外的全球覆盖,因此世界上主要的通信卫星都分布在这条轨道上,以实现全球通信。

　　地球静止轨道上除部署通信卫星外,也可部署气象卫星和导弹预警卫星。如我国使用长征三号火箭发射的风云二号气象卫星、使用长征三号甲火箭发射的实践四号探测卫星也均进入了地球静止轨道;美国的 SBIRS 导弹预警系统便部署了 5 颗地球静止轨道卫星,SBIRS GEO-2 卫星如图 3-5-6 所示。

　　由于地球静止轨道是一条特殊轨道,自然资源相当稀缺,再考虑到航天器之间不可能像停车场车位那样一个挨着一个的停车,相互之间要有一个保护间隔,以避免无线电信号干扰,因此地球静止轨道上能够容纳的航天器数量是一个固定值。也就是说,地球静止轨道为有限自然资源,各国争相利用。

　　任何一颗地球静止轨道航天器都是赋有特定使命的,当完成了所负任务,寿命到期时,由于此轨道距离地球遥远,很难再进入大气层烧毁,因此往往会留下一些推进剂,将失效的航天器推入坟墓轨道。

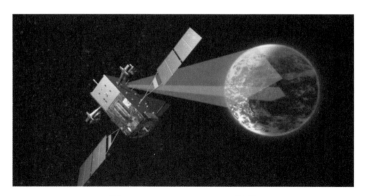

图 3-5-6　SBIRS GEO-2 卫星

3.5.4　大椭圆轨道

前面介绍过,偏心率 $0 < e < 1$ 的轨道称为椭圆轨道,而偏心率 $e > 0.5$ 的轨道称为大椭圆轨道(highly elliptical orbit,HEO)。常用的大椭圆轨道有闪电轨道和冻原轨道。

1. 闪电轨道

闪电轨道(Molniya orbit)是因自 1960 年起使用此轨道的苏联闪电型通信卫星而得名的,也称为莫尼亚轨道。1964 年曾两次试图发射航天器到这个轨道,但均发射失败。1965 年 4 月 23 日,首次成功地将用于军事通信的 Molniya-1 航天器发射到闪电轨道上。后续又发射了 Molniya-2、Molniya-3,这些航天器除了军事用途外,也可供卫星电视系统 Orbita 等民用广播使用。闪电轨道的轨道要素如表 3-5-1 所示。

表 3-5-1　闪电轨道的轨道要素

参　　数	数　　值	参　　数	数　　值
半长轴/km	26 553.375	远地点半径/km	46 228.612
偏心率	0.740 97	近地点半径/km	6878.137
倾角/(°)	63.40	近地点高度/km	500.000
近地点幅角/(°)	270.00	升交点赤经/(°)	335.58
升交经度/(°)	230.043	平均运动/(r/d)	2.006 426 15
周期/s	43 061.64	历元	1999 年 7 月 1 日,00:00:00

苏联/俄罗斯的部分领土位于高纬度地区,如果地球静止轨道上的航天器发射信号到这些地区,由于其大气层的入射角较大,需要耗费许多能量,这对于太空中的航天器而言是个很大的问题。闪电轨道很"聪明"地解决了这个问题,如图 3-5-7 所示。它属于大椭圆轨道,轨道偏心率为 0.7,轨道倾角为 63.4°,即轨道远地点在北纬 63.4°的上空,远地点高度为 4.0×10^4 km,当航天器运行至远地点附近时,运行速度较慢,停留的时间较长,对于北半球的苏联/俄罗斯而言有着很好的可见度。

相较于地球静止轨道,发射航天器到闪电轨道所需的能量较小。不过缺点是地面站需要一个可调整方向的天线来追踪航天器,且航天器每天需通过范·艾伦辐射带 4 次,即航天器必须具备极强的抗辐射能力。

有人会有疑问，闪电轨道为什么要选择 63.4° 的倾角呢？其实，这是为了避免近地点转动。由轨道摄动可知，因为地球并非标准球体，轨道近地点以及远地点会在轨道面内转动，但是当轨道倾角等于 63.4° 时，这个效应就不存在了，它可以确保航天器的远地点每次都能出现在地球表面同一点的上空。

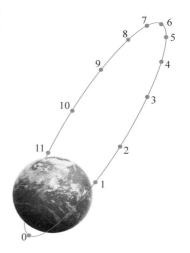

图 3-5-7　闪电轨道

根据开普勒第三定律可知，椭圆轨道的周期只与其半长轴有关。由于大椭圆轨道的半长轴较长，因而其轨道周期也较长。实际上，闪电轨道是半同步轨道，即其轨道周期等于 12 h，确保其星下点轨迹每两个轨道周期就可重复一次，且这种偏心率以及远地点的较慢速度使得航天器每次都能在远地点"逗留" 8 h，然后再扫过南半球的近地点，这意味着航天器的每次轨道运行中至少有 8 h 可用于通信。

有些间谍卫星也在经过调整的闪电轨道上运行，其远地点用于对敌国本土进行监控。不过，当航天器在远地点缓慢运动时，由于离目标区域的距离也最远，这对于某些大范围监视来说是可以接受的，但是对于详细侦察而言则不利。

2. 冻原轨道

冻原轨道（tundra orbit）与闪电轨道的形状和倾角相似，但其轨道高度却达到了 GEO 高度，因而冻原轨道的运行周期为 24 h。冻原轨道上航天器的星下点轨迹呈闭合"8"字形，在"8"字的一半上停留的时间远远超过另一半。因而在大部分轨道运行期间，它们会"逗留"在地面某固定区域的上空。例如，用于向美国大陆进行广播的"天狼星"卫星无线电系统就采用了由 3 颗卫星组成的星座，部署在冻原轨道上。每一颗卫星花费运行周期中的 16 h 来横跨北美上空的紧凑路径，花费余下 8 h 来横跨南美洲与太平洋上空的宽阔路径。冻原轨道上的 3 颗卫星相互间隔开，使得随时至少有 1 颗卫星可以向美洲客户进行广播。

3.5.5　太阳同步轨道

太阳同步轨道（sun-synchronous orbit，SSO）是指航天器的轨道平面绕地球自转轴旋转的方向和角速度与地球绕太阳公转的方向和角速度相同的一种轨道。说简单一点，就是能保证航天器每天以相同时间经过同一纬度地区上空的轨道，也就是使轨道平面始终与太阳保持固定的取向，即让太阳视线与航天器轨道平面的夹角保持不变。

那么，此轨道为什么会被称作"太阳同步"？原来地球除了绕自转轴旋转之外，还在绕着太阳公转，如图 3-5-8 所示。

地球公转平均角速率为 360(°)/a，即地球每天沿黄道转过的角度为

$$\Omega = 360°/365.25 = 0.9856° \approx 1°$$

航天器轨道面与黄道面的交线称为交点线。为了保持轨道平面始终与太阳保持固定的取向，即保持与太阳"同步"（交点线与太阳、地球之间连线的夹角 δ 可以为零，也可以不为零，只要求夹角 δ 保持不变），可以选择这样一种轨道，使轨道平面能够产生绕地轴逆时针方向每天近 1° 的进动，与因地球绕太阳公转产生的轨道面相对于太阳的顺时针偏转抵消。换

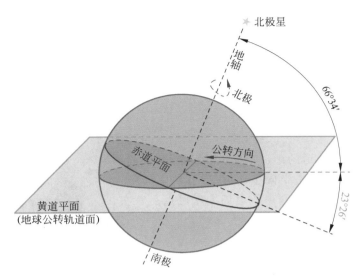

图 3-5-8　地球自转与公转

句话说,航天器的轨道平面绕地球自转轴的旋转方向、角速度与地球绕太阳公转的方向、角速度相同,不管地球沿黄道走到哪里,航天器的交点线与太阳、地球之间连线的夹角始终保持不变,这样就实现了与太阳"同步",如图 3-5-9 所示。

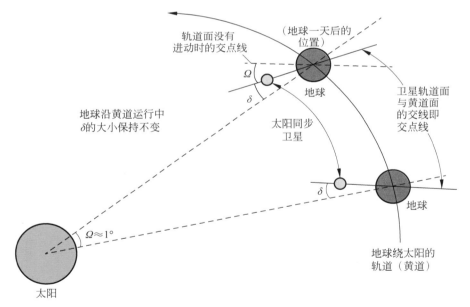

图 3-5-9　太阳同步轨道

由轨道摄动可知,地球的非球形摄动会对航天器的运行轨道产生影响,主要作用是使航天器的轨道面产生绕地球自转轴的进动。当 $0° \leqslant i < 90°$ 时,轨道面向顺时针方向进动;当 $i = 0°$ 时,进动角速度最大;当 $i = 90°$ 时不进动;当 $90° < i \leqslant 180°$ 时,轨道面会向逆时针方向进动。

航天器轨道面绕地球自转轴的进动角速度可以用轨道要素中的升交点赤经随时间的变化率来描述。由于地球非球形摄动,引起航天器轨道的升交点赤经随时间的变化率由下式给出：

$$\dot{\Omega} \approx -2.064\,74 \times 10^{14} a^{-7/2} \cdot \cos i (1-e^2)^{-2} \tag{3.5.1}$$

式中，$\dot{\Omega}$ 为升交点赤经随时间的变化率；a 为轨道半长轴；i 为轨道倾角；e 为轨道偏心率。

然后让升交点赤经随时间的变化率等于 $0.9856(°)/d$，经整理可得

$$\cos i = -4.7736 \times 10^{-15} (1-e^2)^2 a^{7/2} \tag{3.5.2}$$

由式(3.5.2)可知，太阳同步轨道的轨道倾角 i、轨道半长轴 a 与轨道偏心率 e 可以有多种选择。只要它们能够满足上式，这些轨道均可称为太阳同步轨道。例如我国的风云一号气象卫星 A 星的轨道设计参数为：轨道高度 901 km（圆轨道）、轨道倾角 99°、轨道偏心率小于或等于 0.005、轨道周期 102.86 min，这样的轨道面就能够产生绕地球自转轴逆时针方向的每天近 1°的进动，从而抵消因地球绕太阳公转造成的轨道面相对于太阳的偏转。再者，由于式(3.5.2)等号的右端为负值，由此可知，太阳同步轨道的倾角必定大于 90°，即太阳同步轨道为逆行轨道。

在太阳同步轨道上运行的航天器每次经过某地上空时，当地时间都相同，太阳都是从同一角度照射该地，具有相近的光照条件，通过对比拍摄的照片，就可以获得很多有用的信息，这对于光学侦察卫星、气象卫星和资源卫星而言相当有利。例如，我国的风云一号气象卫星、资源一号卫星、资源二号卫星和实践五号科学试验卫星均采用的是太阳同步轨道。

太阳同步轨道对轨道的精度要求很高，为了实现与太阳同步，需要对航天器的轨道误差进行修正，以消除摄动力的影响。

3.6 轨道机动

轨道机动的分类方法有多种，本节从轨道机动作用的角度将其分为轨道转移、轨道维持、离轨机动和轨道交会四种。下面首先讨论轨道改变的相关内容，包括航天器在轨道上为什么机动，以及如何实现轨道机动等；然后对轨道摄动进行了解释，并依据轨道摄动影响的不同，阐述了轨道维持的方法；最后对离轨机动以及轨道交会进行了简要描述。

3.6.1 轨道转移

轨道转移是指使用航天器携带的动力装置有目的地主动改变原轨道的形状、大小或倾角。比如在发射地球静止轨道航天器时，先将航天器送到停泊轨道，然后再将航天器转移到地球同步轨道，最后再改变其轨道倾角为 0°。

要对航天器轨道实施转移，并不像将汽车从某一地点行驶到另一地点那么简单，由于航天器运行遵循轨道运动规律，因此对其轨道进行转移是相当复杂的。

那么，如何转移航天器的轨道呢？我们只能通过航天器携带的动力装置施加速度增量，使其运行速度发生变化。航天器速度变化常用 Δv 来表示，为对 Δv 有一些直观感受，可以想象一下喷气客机的速度，它大约是 0.25 km/s。

轨道转移的分类方法有很多种，有的是以施加速度增量的次数来划分，有的是以轨道面是否改变来划分。按照第二种划分方法，轨道转移可分为共面变轨（共面转移）和非共面变轨（非共面转移）两种。

1. 共面变轨

轨道转移前后在同一平面的变轨称为共面变轨,这是最简单的一种轨道转移方式,它只需要改变速度的大小,便可实现对轨道形状以及圆轨道高度的改变。

为了便于理解,设想我们正驾驶汽车行驶在环形跑道上,现在想驶出跑道,如果驶出坡道与跑道相切,那么仅需要打正车轮,踩住刹车降低车速,便可以轻松驶出;但如果驶出坡道与跑道垂直相交,那么就必须降低车速,甚至将车停下来,然后改变行驶方向,才能正常驶出跑道。

1)改变轨道形状

航天器在圆轨道上运行时,其运行速度可由下式计算:

$$V_h^c = \sqrt{GM_e/(h + R_e)} \tag{3.6.1}$$

式中,G 为万有引力常量;M_e 为地球质量,$GM_e = 3.986 \times 10^{14}$ m^3/s^2;h 为轨道高度;R_e 为地球的平均半径,其值为 6371 km。

在不改变速度方向的情况下,如果突然将航天器速度增加 Δv,那么航天器的轨道就会变成同一轨道面上的椭圆轨道,如图 3-6-1 所示。

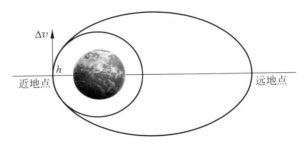

图 3-6-1　轨道形状改变

新椭圆轨道的近地点就位于速度增加点,高度依然为 h,远地点的轨道高度则大于 h。若 $\Delta v/v \ll 1$,那么远地点高度 h 的变化可通过下面公式近似计算:

$$\Delta h \approx 4(h + R_e)\frac{\Delta v}{v} \tag{3.6.2}$$

由于为圆轨道,即 $r = h + R_e$,则式(3.6.2)可写成

$$\frac{\Delta r}{r} = 4 \times \frac{\Delta v}{v} \tag{3.6.3}$$

由式(3.6.3)可以看出,近地点 r 的相对改变量等于近地点速度相对改变量的 4 倍。

当然,若在圆轨道的某点对航天器实施反向推力,使其减速,那么此点就成为椭圆轨道的远地点,高度等于 h,而近地点高度则低于 h。

由式(3.6.2)可以看出,因为地球半径 R_e 很大,所以仅需要较小的 Δv 就能使轨道高度产生很大的变化,尤其对于近地轨道更是如此。例如,轨道高度为 400 km 的航天器,0.1 km/s 的 Δv 就会带来 350 km 的远地点高度变化。

对于椭圆轨道而言,如果仅改变航天器速度的大小,那么就会得到同平面内形状不同的椭圆轨道,新轨道形状取决于速度变化点以及 Δv 的大小。例如原椭圆轨道的偏心率为 e,那么在近地点施加速度变化(Δv_p)和远地点施加速度变化(Δv_a),就可用下面公式近似计算远地点的高度变化(Δh_a)和近地点的高度变化(Δh_p)：

$$\Delta h_a = \frac{4a^2}{GM_e} v_p \Delta v_p = 4 \times \frac{h_a + R_e}{1-e} \frac{\Delta v_p}{v_p} \tag{3.6.4}$$

由式(3.6.4)可得

$$\frac{\Delta r_a}{r_a} = \frac{4}{1-e} \frac{\Delta v_p}{v_p} \tag{3.6.5}$$

$$\Delta h_p = \frac{4a^2}{GM_e} v_a \Delta v_a = 4 \times \frac{h_p + R_e}{1+e} \frac{\Delta v_a}{v_a} \tag{3.6.6}$$

由式(3.6.6)可得

$$\frac{\Delta r_p}{r_p} = \frac{4}{1+e} \frac{\Delta v_a}{v_a} \tag{3.6.7}$$

2）霍曼转移

霍曼转移是德国工程师奥尔特·霍曼博士于1925年提出的，它是在两条倾角相同、高度相异的圆心圆轨道之间转移航天器的最小能量方法。霍曼转移过程如图3-6-2所示，可通过两次施加速度增量的方法将圆轨道高度由h_1改变为h_2。首先将航天器速度提高Δv_1，航天器将从低圆轨道转移到远地点高度为h_2的椭圆轨道上，椭圆轨道的近地点就位于Δv_1的发生点，其高度等于h_1。然后当航天器沿着椭圆轨道到达远地点时，再将速度提高Δv_2，使航天器转移到高度为h_2的高圆轨道上。其中，用来在两个圆轨道之间实现转移的椭圆轨道称为霍曼转移轨道。

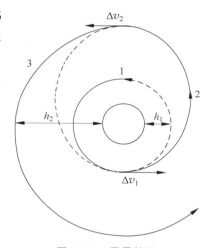

图 3-6-2　霍曼转移

第一次加速是将低圆轨道速度 $v_1^c = \sqrt{GM_e/r_1}$ 增加到 $v_p = v_1^c \sqrt{1+e}$，其中，霍曼转移轨道的偏心率 $e = (r_2 - r_1)/(r_2 + r_1)$，而 $r_i = h_i + R_e$。可以得出

$$\Delta v_1 = v_p - v_1^c = v_1^c (\sqrt{1+e} - 1) \tag{3.6.8}$$

第二次加速是将远地点速度 v_a 增加到 v_2^c，将航天器轨道变为高圆轨道，同样可以得出

$$\Delta v_2 = v_2^c - v_a = v_2^c (1 - \sqrt{1-e}) \tag{3.6.9}$$

然后将两次速度增量相加，便可得到霍曼转移所需的总速度 Δv_{tot} 为

$$\Delta v_{tot} = \Delta v_1 + \Delta v_2 \tag{3.6.10}$$

如果轨道高度变化不大，即 $e \ll 1$，则有

$$\Delta v_{tot} = e \frac{v_1^c + v_2^c}{2} \tag{3.6.11}$$

为什么说霍曼转移轨道最节省能量？假设第一次速度增量为 Δv_1，虽然可以缩短从低圆轨道转移到椭圆轨道的时间，但是当航天器抵达高圆轨道时，它的速度不能与高圆轨道相切，因此第二次速度增量为 Δv_2，不仅要调整航天器速度大小，而且还要改变速度方向，才能让航天器回到高圆轨道上，这就使得 Δv_1 和 Δv_2 都更大，即能量耗费更大。

由于霍曼转移过程中对航天器进行了两次加速,可能会使人认为高圆轨道上航天器的运行速度比低圆轨道更快,这便与前面讲到的"航天器轨道越高,运行速度越慢"相违背。实际上,在进行霍曼转移时,航天器在转移轨道近地点的运行速度要大于其远地点的运行速度,当航天器到达远地点时,其运行速度已比低圆轨道时的运行速度小了很多,且不足以维持在这一高度的高圆轨道运行,所以第二次进行了加速,但再次加速后航天器的运行速度还是比低圆轨道上的运行速度要小。

下面利用前面讲到的牛顿运动定律来比较几个速度的大小。

(1)根据开普勒第二定律可知,航天器在椭圆轨道上运行时,其近地点速度比远地点速度大,即

$$v_p > v_a$$

(2)根据万有引力提供的向心力公式可知

$$G\frac{Mm}{R^2} = ma_n = m\frac{v^2}{R} = m\omega^2 R = m\frac{4\pi^2}{T^2}R \qquad (3.6.12)$$

解得

$$v = \sqrt{\frac{GM}{R}}, \quad \omega = \sqrt{\frac{GM}{R^3}}, \quad T = \sqrt{\frac{4\pi^2 R^3}{GM}}$$

对于在轨运行的航天器而言,其运行半径越大,环绕速度和角速度越小,周期越大,即航天器"越高越慢"。由此可知,低圆轨道匀速圆周运动的速度要大于高圆轨道匀速圆周运动的速度,即

$$v_1^c > v_2^c \qquad (3.6.13)$$

(3)向心力的供需关系。当合外力刚好提供物体所需的向心加速度时,物体做匀速圆周运动;当合外力不足以提供所需的向心加速度时,物体做离心运动;当合外力大于物体所需的向心力时,物体做向心运动。如图3-6-3所示,轨迹1为合外力为0时的运动轨迹,轨迹2为合外力小于所需向心力时的运动轨迹,轨迹3为合外力大于所需向心力时的运动轨迹。

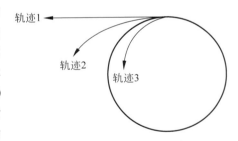

图 3-6-3　向心力的供需关系

椭圆轨道相对于低圆轨道,在施加速度增量处发生离心运动,根据向心力的供需关系可知

$$v_p > v_1^c \qquad (3.6.14)$$

这是显然的,因为在第一次速度增量处点火加速,航天器才由低圆轨道进入了椭圆轨道。

高圆轨道相对于椭圆轨道,在速度增量处发生离心运动,可知

$$v_2^c > v_a \qquad (3.6.15)$$

这也是显然的,因为在第二次速度增量处点火加速,航天器才进入高圆轨道。

所以,将上述各式对比得

$$v_p > v_1^c > v_2^c > v_a \qquad (3.6.16)$$

航天器先后两次点火加速后才进入高圆轨道,为什么反而 $v_2^c < v_1^c$?

其实道理很简单:因为点火加速只在一瞬间增加了速度大小,而之后航天器的动能逐

渐转化为引力势能,就像你向天空扔了一块石头,扔的一瞬间给石头一个向上的速度,但是石头向上运动的速度却越来越慢,因为动能转化成了重力势能。

不过,如果从轨道总能量来看,由于航天器点火加速增加了能量,所以航天器的轨道能量会持续增加,即

$$E_{轨道3} > E_{轨道2} > E_{轨道1}$$

航天器在圆轨道上运行时,其总能量为

$$E = E_k + E_p = \frac{1}{2}mv^2 - G\frac{Mm}{R} = \frac{1}{2}m\left(\sqrt{\frac{GM}{R}}\right)^2 - G\frac{Mm}{R} = -\frac{1}{2}\frac{GMm}{R} \quad (3.6.17)$$

也就是说,航天器的轨道半径越大,能量就越大,无穷远处,动能与势能均为0。

霍曼转移虽然最省能量,但花费时间相对更长,若采用花费时间较短的转移方式,则消耗的能量较多。采用哪种方式进行轨道机动由实际任务需求决定,比如执行时间紧急的任务就应采用花费时间较短的转移方式。

航天轶事:基于霍曼转移轨道的火星之旅

2020年7月23日,我国在文昌发射场用CZ-5运载火箭成功地将"天问一号"探测器送入预定轨道,开启了火星探测之旅。探测器进入太空后,理论上仅需两次加速:第一次加速,切入霍曼转移轨道,逃离地球;第二次加速,切出霍曼转移轨道,赶往火星。

如图3-6-4所示,轨道转移时,利用地球公转速度,只需额外给组合体2.95 km/s的 Δv,便可完成从LEO到火星的霍曼转移。到达火星时,由于要克服太阳引力,速度从一开始的32.73 km/s降为21.48 km/s,虽然赶不上火星24.13 km/s的公转速度,不过2.65 km/s的速度差低于火星5 km/s的逃逸速度,因此火箭可以在火星着陆。

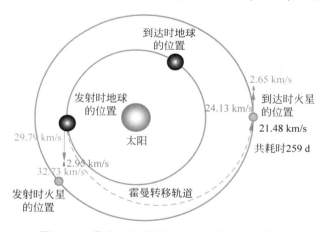

图 3-6-4　最省力但是旅途漫长的霍曼转移轨道

当然,霍曼转移也有代价:距离与时间。一条标准轨道长达 6×10^8 km,飞行时间长达7个月左右,实际上可能更长,但这属于可以接受的不足。例如奥德赛号抵达火星时有足够的推进剂剩余,它已经正常工作了19年,霍曼转移的代价可以忽略不计。

是不是可以用"大力出奇迹"的办法,在LEO"大脚踩油门",给予组合体12.34 km/s的速度增量,叠加地球公转速度合计达到42.12 km/s的超高速?如此可将到达火星的时间缩短至70天。不过,到达火星前还要"大脚刹车",需要大约20.31 km/s的速度增量,才能将

组合体的速度从 34.13 km/s 下降和偏转到与火星公转同步的线速度和方向,这对于现有的化学火箭而言无疑是一项相当艰难的挑战。

2. 非共面变轨

轨道改变前后不在同一平面的变轨称为非共面变轨。设想你正在一个有坡度的跑道上行驶,为了离开跑道,你不仅要在跑道平面内改变速度,还必须加速爬坡或刹车下坡,这就需要耗费更多的能量。同样,要实现非共面变轨,就需要改变航天器的速度方向。因为在轨航天器运行速度极快,要改变其速度方向的话,必须施加很大的垂直速度分量,这必然要消耗大量的推进剂。

如图 3-6-5 所示,一颗在轨运行速度为 7.6 km/s 的航天器,仅仅将轨道面转动 $15°$,就需要施加 2 km/s 的 Δv。如果航天器速度更大,那么就需要更大的 Δv 值。

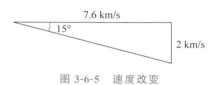

图 3-6-5　速度改变

非共面变轨的机动类型主要包括改变轨道倾角、转动轨道面以及组合非共面变轨等。

1)改变轨道倾角

如图 3-6-6 所示,一个在倾斜轨道上运行的航天器,其速度为 v_0,我们想将航天器速度矢量旋转 $\Delta\theta$ 角,机动到速度大小也为 v_0 的轨道上,这便是改变轨道倾角的非共面变轨。如何实现呢?利用矢量三角形的知识便可对此问题进行解答。

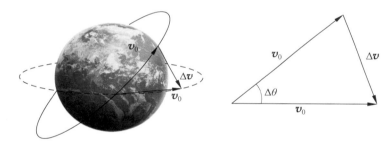

图 3-6-6　轨道面改变

图 3-6-6 右侧是一个等腰三角形,利用平面几何学,可得到旋转航天器轨道面所需的 Δv:

$$\Delta v = 2v_0 \sin\frac{\Delta\theta}{2} \tag{3.6.18}$$

式中,Δv 为改变轨道倾角的速度变化,单位为 km/s;v_0 为初始轨道和目标轨道的速度,单位为 km/s;$\Delta\theta$ 为轨道面旋转的角度,单位为 rad。

表 3-6-1 给出了轨道高度 $h = 500$ km 的航天器旋转 $\Delta\theta$ 时所需的 Δv。

表 3-6-1　500 km 高度航天器倾角改变 $\Delta\theta$ 时所需的 Δv

$\Delta\theta/(°)$	$\Delta v/(km/s)$	$\Delta\theta/(°)$	$\Delta v/(km/s)$
15	2.0	45	5.8
30	3.9	90	11

施加 Δv 改变轨道倾角,必须在升交点或降交点处改变速度,轨道将以连接交点的直线为轴转动,从而只改变轨道倾角。

由于轨道速度随高度的增加而降低,对于特定的 $\Delta\theta$ 而言,所需的 Δv 也随轨道高度增加而降低,因此可以采用一种比较经济的改变轨道倾角的方法。首先,给航天器施加一次速度增量 Δv,让航天器进入一个椭圆轨道;然后在椭圆轨道远地点时旋转轨道面;最后再施加一次速度增量 Δv,使远地点的高度降低到原来的值。由于轨道高度改变所需 Δv 相对较小,因此这种"三步法"需要的总 Δv 会小于单次旋转轨道面。但是这种方法步骤较为复杂,相对更为耗时。

不过,如果轨道面旋转角度 $\Delta\theta$ 较小,则单次旋转法相对节省能量。比如一颗轨道高度 $h = 500$ km 的圆轨道航天器,若旋转角度小于 $40°$,采用"三步法"就比单次旋转轨道面所需的 Δv 更大。

2)转动轨道面

如果采用"一箭多星"的发射方式,将多颗航天器送入轨道倾角相同但轨道面相互成 $120°$ 的不同轨道,以增加星座覆盖率,就需要转动轨道面实施轨道机动。这种机动是沿地轴旋转轨道面,同时保持倾角不变,可以将其想象为将轨道面同赤道面的相交线相对于地轴转动,同时保持倾角不变,即改变航天器的升交点赤经。对于极地轨道($i = 90°$),在南北极点处的 Δv 恰好改变了升交点赤经,如图 3-6-7 所示。

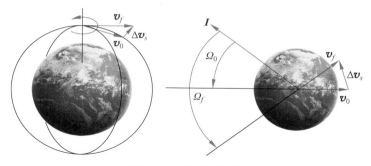

图 3-6-7　轨道面改变

对于轨道倾角不是 $90°$ 的航天器轨道,也可以只改变它的升交点赤经。诀窍是在初始轨道与目标轨道相交处施加速度增量 Δv,这种变换如同以推力器点火点与地心连线为轴旋转,这涉及复杂的球面三角学,此处不再赘述。速度增量 Δv 与轨道面相对于地轴的转动角度 $\Delta\Omega$、轨道倾角 θ 以及机动时航天器的速度有关。

对于圆轨道,要将倾角为 θ 的轨道面相对于地轴转动 $\Delta\Omega$,需要的 Δv 可由下式计算:

$$\Delta v = 2v\sin\theta\sin\frac{\Delta\Omega}{2} \tag{3.6.19}$$

式中,v 为机动时刻的航天器速度。

例如,一颗高度为 500 km、倾角为 $45°$ 的圆轨道航天器绕地轴转动 $90°$ 时,需要多大的 Δv? 计算公式为

$$v = \sqrt{\frac{GM_e}{R_e + h}} = \sqrt{\frac{6.67 \times 10^{-11} \times 5.96 \times 10^{24}}{6.37 \times 10^6 + 5 \times 10^5}}\ \text{km/s} \approx 7.607\ \text{km/s}$$

$$\Delta v = 2v\sin\theta\sin\frac{\Delta\Omega}{2} = 2 \times 7.607 \times \sin45° \times \sin\frac{90°}{2} \text{ km/s} \approx 7.607 \text{ km/s}$$

3）组合非共面变轨

如果轨道机动时既要改变轨道倾角，又要改变轨道高度，那么可以先进行霍曼转移，然后再改变轨道倾角，不过这需要施加三次 Δv 速度增量才能完成。当然，也可以使用两次速度增量来实现，且节省燃料。那么，如何来实现呢？

如图3-6-8所示，Δv_c 是改变轨道倾角变轨 Δv_s 和用于改变轨道大小 Δv_τ 的矢量之和，而 Δv 是两次霍曼转移点火中的一次。这三个 Δv 构成了一个三角形，其中 Δv_c 是第三边，我们知道，三角形任意两边之和大于第三边，即

$$|\Delta v_s| + |\Delta v_\tau| > |\Delta v_c| \quad (3.6.20)$$

由此可知，这种变轨方式比先实施霍曼转移，再改变轨道倾角的变轨方式要节省能量。应用余弦定理，即可得到 Δv_c：

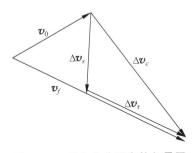

图3-6-8　组合非共面变轨矢量图

$$\Delta v_c = \sqrt{|\Delta v_0|^2 + |\Delta v_f|^2 - 2|\Delta v_0||\Delta v_f|\cos\theta} \quad (3.6.21)$$

式中，Δv_c 为组合非共面变轨的速度改变，单位为 km/s；$|\Delta v_0|$ 为初始轨道速度的大小，单位为 km/s；$|\Delta v_f|$ 为目标轨道速度的大小，单位为 km/s；θ 为非共面变轨角度，单位为 rad。

如果是从小轨道非共面变轨到大轨道，那么我们应该在较低的高度处作霍曼转移，同时保持原来的倾角，然后在转移轨道的远地点处进行组合非共面变轨，霍曼转移与非共面变轨通过一次组合 Δv 完成，这样变轨要经济一些。

例如，一颗轨道高度 $h = 6570$ km、轨道倾角 $i = 28°$ 的在轨航天器，机动到轨道高度 $h = 42160$ km、轨道倾角 $i = 0°$ 的轨道，所需的 Δv 多大？

由于机动情形不同，所需的 Δv 也不相同。这里分别计算四种机动情形下的 Δv 值。

第一种机动情形：先作一个28°的改变轨道倾角变轨，然后作霍曼转移 Δv_1 和 Δv_2，所需的 $\Delta v = 7.70$ km/s。第二种机动情形：先做霍曼转移 Δv_1 和 Δv_2，然后做一个28°的改变轨道倾角变轨，所需的 $\Delta v = 5.43$ km/s。第三种机动情形：先在转移轨道的近地点做改变轨道倾角变轨，然后做霍曼转移 Δv_2，所需的 $\Delta v = 6.46$ km/s。第四种机动情形：先做霍曼转移 Δv_1，然后在转移轨道的近地点做一个改变轨道倾角变轨，所需的 $\Delta v = 4.29$ km/s。

由此可以看出，在靠近地球处开始霍曼转移，然后在远地点完成组合非共面变轨是最经济的方式。

3.6.2　轨道维持

1. 轨道摄动

人生的道路上现实总是与理想存在差距。本来规划好的人生轨迹总是被各种力量所影响，有的是关爱，有的是挤兑，有的是困境，有的是机遇。如果要坚持沿着最初的梦想走下去，就必须看清那些诱惑，承受住各种压力及挑战，而轨道上运行的航天器其实也在遭受着

同样的处境。

　　航天器运行过程中会受到各种摄动力或者说干扰力的影响而偏离开普勒轨道。航天器受到的摄动力主要有：地球非球形或非均匀质量分布引起的摄动力、太阳与月球等天体的引力、大气阻力和太阳辐射压力等。

　　航天器受到的摄动力与中心体引力相比是很小的，如近地轨道航天器所受摄动力不超过引力的千分之一，地球同步轨道航天器所受摄动力约为引力的百万分之五。但是，在长期累积效应下，摄动力的影响还是不能忽视的，这会导致航天器的轨道要素发生变化。

　　1）地球非球形摄动

　　有人可能会认为地球是个完美的球体，航天器运行过程中地球各个部分对它都均匀地施加着不变的引力。然而现实并非如此，地球的形状非常复杂，还有点不规则，从地心出发，地球赤道隆起，赤道半径比极半径多43 km，也就是说地球并非正规球体，如图3-6-9所示。

图 3-6-9　不规则的地球

　　地球对航天器的引力像一条看不见的绳子拉着轨道上的航天器，一会儿拉得紧，一会儿拉得松。尤其是近地轨道上的航天器，会受到很大的影响。当倾斜轨道上的航天器位于赤道南侧或北侧时，引力的视起点会发生变化。航天器不仅受到朝向地心的常规引力的影响，还会受到小得多的隆起的引力影响，力的方向朝向轨道面之外，这会将航天器轨道面向下拉向赤道面，从而降低轨道倾角。由于航天器在高速绕地球旋转，因而实际上它就成了陀螺仪。如果向陀螺仪施加力量，企图改变它的旋转面，陀螺仪会抵制这种力，它的反应就好比力量是绕过旋转方向90°施加的，这便是所谓的进动。轨道倾角没有降低，而是出现两个不同的效应。

　　一是造成升交点赤经退行。赤道隆起向航天器施加一个朝向赤道面的引力，赤道倾角没有降低，相反，陀螺进动使得航天器轨道面发生旋转。观察轨道面和赤道面的交点，即升交点，就可以测出这种旋转。

　　当轨道倾角小于90°时，从北极看，进动为顺时针方向；大于90°时，进动为逆时针方向；等于90°时，则不转动。进动角速率与轨道的长轴、偏心率和倾角有着密切关系。

　　升交点赤经随时间的变化率公式如下：

$$\dot{\Omega} \approx -2.064\ 74 \times 10^{14} a^{-7/2} \cos i (1-e^2)^{-2} \tag{3.6.22}$$

　　二是地球扁平率会造成轨道长轴在轨道面内均匀旋转。转动角速率用近地点幅角的变化率表示，当轨道倾角小于63.4°（临界倾角）或大于116.6°（临界倾角）时，近地点幅角均匀增加；当轨道倾角介于63.4°与116.6°之间时，近地点幅角均匀减小；当轨道倾角等于63.4°或116.6°时，近地点幅角不转动。这里给出近地点幅角随时间的变化率公式为

$$\dot{\omega} \approx 1.032\ 37 \times 10^{14} a^{-7/2} (4-5\sin^2 i)(1-e^2)^{-2} \tag{3.6.23}$$

式中，a 为轨道半长轴；i 为轨道倾角；e 为轨道偏心率。升交点赤经和近地点幅角随时间的变化率的单位为(°)/d。

2）三体摄动

宇宙中每个天体都对其他物体具有吸引力,三体摄动主要来自质量巨大且距离相近的物体,比如太阳、月球与木星等,如图 3-6-10 所示。航天器距离地球越远,三体摄动引力相对于地球引力就越大,因此三体摄动对高轨航天器有着重要影响。

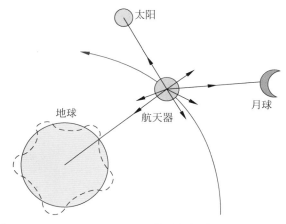

图 3-6-10　三体引力摄动

三体摄动影响引起航天器轨道参数的周期性变化,只有升交点赤经、近地点幅角才有累积性变化。近圆轨道由月球与太阳引起的长期项变化率公式如下:

升交点赤经随时间的变化率分别为

$$\dot{\Omega}_{m} = -0.003\,38(\cos i)/n \qquad (3.6.24)$$

$$\dot{\Omega}_{s} = -0.001\,54(\cos i)/n \qquad (3.6.25)$$

近地点幅角随时间的变化率分别为

$$\dot{\omega}_{m} = 0.001\,69(4 - 5\sin^2 i)/n \qquad (3.6.26)$$

$$\dot{\omega}_{s} = 0.000\,77(4 - 5\sin^2 i)/n \qquad (3.6.27)$$

式中,$\dot{\Omega}_{m}$、$\dot{\Omega}_{s}$ 分别为月球、太阳三体摄动所引起的升交点赤经随时间的变化率,单位为(°)/d；$\dot{\omega}_{m}$、$\dot{\omega}_{s}$ 分别为月球、太阳三体摄动所引起的近地点幅角随时间的变化率,单位为(°)/d；i 为轨道倾角；n 为每天运行的圈数。

3）大气阻力摄动

地球大气并不是突然消失的,而是随着高度的增加越来越稀薄,直至消失。在大约1000 km 的高空,大气的作用才会变得微乎其微。我们在预测航天器位置时,可构建大气阻力模型,但由于太阳距离变化、地球磁场波动、地球昼夜周期、太阳黑子等多种因素影响,使得大气模型存在误差。另外,大气阻力与航天器的阻力系数以及迎风面积还有着密切关系。

上述影响因素的不确定性,使得航天器轨道衰减的预测仅能在短期内保持一定的准确性。例如,1978 年至 1979 年的太阳活动极大期,大气接收到的能量增加,使得大气条件发生较大变化,进而造成航天器轨道提前衰减。

大气阻力摄动对近地轨道航天器影响很大,它会引起轨道半长轴、偏心率同时衰减,轨道能量衰减,轨道缩小、下降,又会导致大气阻力进一步增加,最后航天器坠入大气层烧毁。

因此大气阻力摄动关系到近地轨道航天器的生存寿命。

由大气阻力产生的负加速度为

$$a_D = -\frac{1}{2}\rho(C_D A/m)v^2 \tag{3.6.28}$$

式中，ρ 为大气密度；C_D 为阻力系数，约等于 2.2；A 为航天器的迎风截面面积；m 为航天器质量；v 为航天器相对于大气的速度。

当轨道偏心距 $e=0$ 时，轨道半长轴的每圈变化量的计算公式为

$$\Delta a \approx -2\pi(C_D A/m)a^2 \rho_p \tag{3.6.29}$$

式中，a 为轨道半长轴；C_D 为阻力系数，约等于 2.2；A 为航天器的迎风截面面积；m 为航天器质量；ρ_p 为航天器近地点的大气密度。

4）太阳辐射压力摄动

太阳不断喷射出电子、质子和氦原子核等物质，这种高速穿过星际空间的电离气体称为太阳风。航天器在受到太阳照射时，反射或者吸收光子会对航天器产生压力，如同太阳风中的帆船，时而加速、时而减速，形成轨道摄动，尤其是太阳帆板很大的航天器会受到较大的太阳辐射压力摄动，如图 3-6-11 所示。

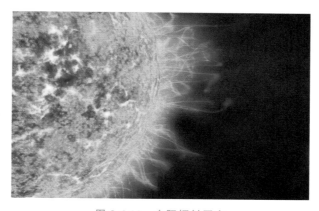

图 3-6-11 太阳辐射压力

弹道系数小的航天器质量轻，且迎太阳面的截面面积大，因此太阳辐射压力对此类航天器的影响较大。太阳辐射压力产生的加速度为

$$a_R \approx -4.5 \times 10^{-8} A/m \tag{3.6.30}$$

式中，a_R 为太阳辐射压力产生的加速度，单位为 m/s^2；A 为迎太阳面的截面面积，单位为 m^2；m 为质量，单位为 kg。

总之，航天器会受到各种摄动力的影响，但由于航天器轨道高度不同，其所受到的各类摄动影响的量级也不相同。若航天器的轨道高度低于 800 km，则大气阻力引起的加速度大于太阳辐射压力引起的加速度；若轨道高度高于 800 km，则太阳辐射压力引起的加速度大于大气阻力引起的加速度。

轨道摄动会对航天器运行造成一定的影响，因而需要尽量避免轨道摄动造成的不利影响。例如苏联的闪电轨道卫星选择临界倾角 63.4°，可以避免其远地点位置的移动，并使远地点能够始终处于领土上空。另外，我们也可利用轨道摄动得到所需要的轨道变化。例如

利用轨道面的长期旋转设计出了太阳同步轨道,利用大气阻力使卫星返回地面等。

2. 维持方式

航天器在轨运行期间,会长期受到地球非球形摄动力、太阳与月球的万有引力、太阳辐射压力、大气阻力等摄动力的影响,使得航天器逐渐偏离原始轨道,这就需要对航天器进行轨道维持。轨道维持就是使用航天器自身携带的动力装置,在地面控制站的操控下对航天器的速度矢量进行调整,修正轨道要素,使航天器的轨道与原始轨道的偏离量处于给定范围内(通常采用星下点的偏离量来表征)。

航天器运行轨道不同,各种摄动力的影响量级存在差异,使得轨道维持方法也不尽相同。

一是近地轨道航天器的轨道维持。近地轨道航天器通常采用星下点轨迹在赤道上相对于标准轨道的横向偏离量来描述轨道的漂移。由于近地轨道航天器受大气阻力摄动影响比较大,微薄的大气使得航天器轨道周期缩短。轨道维持的方法是让航天器的某特定喷管进行喷气,产生速度增量,进而改变航天器的轨道周期,使其重新回到规定的范围之内。

二是地球静止轨道航天器的轨道维持。地球静止轨道航天器对地静止,其星下点是赤道上某定点位置,它受到的主要摄动力包括地球非球形摄动力、太阳辐射压力、三体引力等。这些摄动力长期作用,会导致航天器轨道周期性改变,并使得航天器运行轨道变成椭圆,或者使航天器轨道面产生轨道倾角等,从而使得其星下点产生相对于在规定点的东、西或南、北方向移动。轨道维持的方法是由地面控制航天器的动力设备,让不同方向的喷管进行喷气,产生速度增量,进而改变航天器的轨道参数,使其重新回到规定的范围之内。

对航天器进行轨道维持,主要通过自身动力装置来实现,这就要求航天器必须携带足够的推进剂。轨道维持所需推进剂量主要取决于以下几方面:一是低轨航天器,相比高轨航天器而言,必须补偿更多的大气阻力。特别是在太阳活动期间,地球大气层的外边缘会向外膨胀,进一步增加了轨道上的大气阻力,这就需要更多的推进剂来进行轨道维持。二是所需推进剂量还会受到推进系统的类型及效率等因素影响。以前的航天器轨道维持主要采用传统的化学推进剂,现在已逐步发展出了新型推进系统,如离子推进器,可长时间提供低推力,进一步降低了对推进剂的需求。三是为完成航天器所赋予的使命,或者由于航天器轨道位置受到国际协议的管制,必须对其轨道进行严格维持。如资源稀缺的地球同步轨道航天器,为防止航天器之间相互干扰,其轨道位置就受到国际规则的严格控制,如果偏离原始位置,就必须对其进行轨道维持。

为对轨道维持时所需的推进剂量有个直观认识,以运行在地球静止轨道上的 Intelsat 通信卫星为例进行说明。为维持其轨道,此通信卫星每年要消耗占总原始质量 2%～2.5% 的推进剂,也就是说,对于 10 年寿命的航天器而言,其生存周期内用于轨道维持的推进剂量要占到航天器原始质量的 20%～25%,这相当于 10 年期间 0.5～10 km/s 的 Δv。

3.6.3　离轨与交会

1. 离轨机动

离轨机动是利用轨道物体自身装载的动力装置施加速度增量,使其加速离开原始轨道,并回到地球上。比如载人航天任务,航天员完成任务后要乘坐返回舱返回地面;轨道上运行的天基武器要进入大气层,对地面目标实施攻击等,这些都是离轨机动技术的现实应用。

如何实现离轨机动? 假如一个在轨运行的物体,它的轨道速度为 7 km/s,如果给它施加一个方向相反的速度增量 Δv,那么它的速度就会变化,运行轨迹便发生了变化。当施加的速度增量为 7 km/s 时,物体的运行速度降为零,然后在重力的作用下会竖直落向地球。如果使轨道物体速度降低 3 km/s,这时轨道物体将沿曲线落回地球,只不过落地时间更长而已。如果轨道速度只降低 0.7 km/s,那么轨道物体就会由圆轨道变成椭圆轨道,其近地点低于初始高度。

由此可知,反向施加给轨道物体的 Δv 越大,离轨时间就越短,其飞行过的路径也越短。如果轨道物体为天基武器,通常是竖直向下施加速度增量,这样会使其离轨时间稍短于反向施加速度增量的离轨时间。

离轨机动时,一旦轨道物体降到足够低的高度,稠密的大气密度会影响它的轨迹,且大气阻力会使得物体周围的空气产生高热。若要使物体不被烧掉,就必须携带防热罩来抵御这种高热。另外,轨道物体再入大气后,大气不仅能产生阻力,还会产生强烈的升力,这将会改变物体的运动轨迹。可以说,离轨机动的实现涉及航天动力学、空气动力学、制导导航与控制技术、防热结构技术、测控技术、回收和着陆技术等多个科学和技术领域,是相当复杂的。

2. 轨道交会

轨道交会就是两个轨道不相同的太空物体经轨道机动后在同一时刻与同一轨道位置进行交会。例如,载人航天飞船与货运飞船要向空间站运送人员和物资,就要求飞船与空间站实施轨道交会;机械臂要捕获航天器,就需要机械臂与被捕获航天器进行轨道交会。

典型的轨道交会应用是航天飞船实现航天器轨道交会对接任务,例如,我国载人的"神舟十一号"飞船与"天宫二号"的交会对接,无人的"天舟一号"货运飞船与"天宫二号"的交会对接等。空间交会对接包括"交会"和"对接"两方面,即两个空间轨道上的飞行器于同一时间在轨道同一位置以相同速度交会,并在结构上连成一个整体的技术。它是载人航天活动的三大基本技术之一,被形象地称为"万里穿针"。

参与空间交会对接的两个飞行器分别称为目标飞行器和追踪飞行器。目标飞行器不作轨道机动或少作机动,如空间站等;追踪飞行器则执行一系列的轨道机动并飞行至目标飞行器,如载人航天飞船等。另外,空间交会对接时还需要地面系统的支持。

第 4 章

进 入 太 空

"地球是人类的摇篮。人类绝不会永远躺在这个摇篮里,而会不断探索新的天体和空间。人类首先将小心翼翼地穿过大气层,然后再去征服太阳空间。"——康斯坦丁·齐奥尔科夫斯基(苏联航天之父)

遨游太空是人类自古就有的愿望。随着科学技术的发展,人类不再只停留在幻想阶段,开始对太空进行真正的科学探索。从使用天文望远镜观测太空到宇宙飞船、航天飞机以及太空站的问世,人类已经真正进入了太空。本章首先从航天器入轨要求讲起,使读者对送航天器入轨条件有个初步了解,接着深入探讨进入太空首先要解决的发射时间问题,即选择发射窗口,然后宏观介绍航天发射过程、火箭飞行程序选择及航天器入轨形式等内容,最后对进入太空的工具——运载火箭的工作原理、火箭技术等内容进行描述。

4.1 航天器入轨要求

氢气球能够将航天器送入近地轨道吗? 我们来分析一下:氢气球上升靠的是大气浮力,而越往高空空气越稀薄,根据初中物理知识,氢气球所受的浮力等于它所排开的气体重力,在氢气球体积一定的前提下,必然是越往高上升速度越慢,远不能达到第一宇宙速度,且近地轨道位于大气层外,因此氢气球的送达极限是大气层表层。

运载火箭要将航天器送入轨道,就必须依靠自身推力来实现。航天器入轨须满足两个条件:一是将航天器送到合适的高度;二是在这个高度给予航天器一定的切向速度,以维持其绕地球转动。换言之,既要让航天器具有足够的势能,也要让航天器具有足够的动能,才能使航天器入轨成功。

4.1.1 发射高度

导弹发射遵循"1/2"规则:如果弹道导弹最远可以将载荷发射到等于 R 的地球表面距离,那么它就能将相同载荷竖直向上送入约为 $R/2$ 的高度。此规则是对于在平面的地面发射的导弹而言的。证明过程如下。

在平面地球近似处理中,重力加速度不随高度而变。假设某导弹竖直向上发射,导弹的

质量为 m,发射速度为 v,那么它能达到的最大高度 h 可根据动能等于势能计算得出:

$$\frac{1}{2}mv^2 = mgh \Rightarrow h = \frac{v^2}{2g} \qquad (4.1.1)$$

到达远地点所需时间为

$$h = \frac{1}{2}gt_{\text{远地点}}^2 \Rightarrow t_{\text{远地点}} = \frac{v}{g} \qquad (4.1.2)$$

为了使导弹射程在平面地面上达到最大值,导弹要以 $45°$ 发射。如果导弹初始速度等于 v,那么竖向分量 v_v 和水平分量 v_h 都等于 $v/\sqrt{2}$。因此,导弹的射程就等于水平速度乘以导弹爬升至远地点然后落回地面所用的时间:

$$L_{\text{射程}} = 2t_{\text{远地点}}\, v_h = 2 \times \frac{v_v}{g} v_h = \frac{v^2}{g} \qquad (4.1.3)$$

由式(4.1.3)可知,此时射程等于最大高度的两倍。对于圆形地球而言,重力加速度会随高度而变。当竖直发射时,导弹能达到的最大高度也根据初始动能等于 h 高度处的势能计算得出。设导弹在地球表面的速度等于 v,则

$$GM_e m \left(\frac{1}{R_e} - \frac{1}{R_e + h} \right) = \frac{1}{2}mv^2 \qquad (4.1.4)$$

求解最大高度,可以得到

$$h = R_e \frac{(v/v_0)^2}{2 - (v/v_0)^2} \qquad (4.1.5)$$

式中,v_0 等于半径为 R_e 的圆轨道的轨道速度:

$$v_0 = \sqrt{\frac{GM_e}{R_e}} = 7.9 \text{ km/s} \qquad (4.1.6)$$

式(4.1.6)表明,当 $\sqrt{2}\,v_0 = 11.2 \text{ km/s}$ 时,$h \to \infty$,该速度值就是地球的逃逸速度。它还表明,此时 $v = v_0$,$h = R_e = 6371 \text{ km}$。

例如,当 $v = 3 \text{ km/s}$ 时(相当于 1000 km 射程的弹道导弹),由式(4.1.5)可得 $h = 0.0777R_e = 495 \text{ km}$;当 $v = 7.2 \text{ km/s}$ 时(相当于 10 000 km 射程的弹道导弹),由式(4.1.5)可得 $h = 0.7103R_e = 4525 \text{ km}$。计算结果表明,对于射程较短的导弹而言,"1/2"规则是成立的;而对于射程更大的洲际导弹而言,"1/2"规则也是大致成立的。

由"1/2"规则可以得出,如果改变导弹载荷的质量,那么就会改变它的最大射程,同时它的最高高度也随之改变。例如,如果一枚"飞毛腿"导弹携带 1 t 的载荷,那么它的最大射程为 300 km,由"1/2"规则可知,它能将此载荷送至距地面 150 km 的太空;若进一步降低载荷质量,"飞毛腿"导弹就可将载荷发射到更高的高度。

4.1.2 在轨总能量

航天器发射入轨成功,是指除了将航天器发送到预定轨道高度外,还要赋予它相应的轨道速度,如果没有足够的入轨速度,它最终还是会落回地球。以 300 km 高度的圆轨道航天器为例,将其送到这个轨道上的势能实际上还不到这个轨道上航天器动能的 3%。

航天器的势能表示将航天器送入轨道高度所需的能量大小,动能则表示使航天器获得轨道速度所需的能量大小。

对于高度 h 的圆轨道,质量为 m 的航天器以轨道速度运行,其动能为

$$E_k = \frac{1}{2}mv^2 = \frac{GM_e m}{2r} \tag{4.1.7}$$

式中,$r = h + R_e$。上面第二个等式采用了轨道速度。

为便于比较航天器发射入轨后获得多少动能与势能,这里以地球表面作为势能的零点,可知航天器具有的势能为

$$E_p = GM_e m \left(\frac{1}{R_e} - \frac{1}{R_e + h} \right) = GM_e m \, \frac{h}{R_e r} \tag{4.1.8}$$

由此可得航天器的势能与动能之比为 $2h/R_e$,如果 $h = R_e/2 = 3185 \text{ km}$,那么在轨道高度 $0 \sim h$ 范围内,航天器的动能大于其势能。

h 高度圆轨道航天器的总能量为

$$E_p + E_k = \frac{GM_e m}{2R_e} \times \frac{2\dfrac{h}{R_e} + 1}{\dfrac{h}{R_e} + 1} \times \frac{1}{2}mv_{逃逸}^2 \times \frac{1 + \dfrac{h}{r}}{2} \tag{4.1.9}$$

式中,$v_{逃逸}$ 为逃逸速度。

4.2 发射窗口

1999 年 11 月 20 日 06 时 30 分 07 秒,"神舟一号"飞船成功发射升空,揭开了我国载人航天的华丽篇章。2003 年 10 月 15 日 09 时 00 分 00 秒,杨利伟搭乘"神舟五号"飞船进入太空,标志着我国成为世界上第三个独立掌握载人航天技术的国家。特别是近几年,我国持续高密度航天发射成为常态,有时一个月内就有好几次发射。

如果仔细观察各个航天器的发射时间就会发现,各种火箭有的在凌晨发射,有的在夜里发射,而有的却在中午发射,这是为什么呢?这就涉及发射窗口,简单的四个字背后蕴藏着非常复杂的设计计算。

那么什么是发射窗口?航天器发射时机称为航天器发射窗口。为便于理解发射窗口,以乘车为例进行说明。比如你要乘坐长途大巴去会见朋友,而此趟长途大巴上午 9 时发车,你最好上午 9 时能够到达车站;如果你错过了这趟车,你就只能等候下一辆同路的汽车了。会面时间和地点与期望的轨道根数相似,长途大巴的时刻表与发射窗口相似。下面让我们来了解一下航天器发射窗口有哪些,以及如何确定发射窗口。

4.2.1 发射窗口的类型

由于轨道平面在惯性空间是固定不变的,所以发射窗口就是地面发射点旋转通过预定轨道平面的某一时刻。不过,由于运载火箭具有一定的机动能力,当适当提前或推迟发射时火箭进行机动飞行,仍然能将航天器送入预定轨道,故实际发射时可以不必局限于某一时刻,而是有一个允许发射的时间范围,即发射窗口可以有一定的宽度。

发射窗口有宽有窄,宽的以小时计,甚至以天计,窄的仅有几十秒,甚至为零。与乘坐长途大巴一样,如果未能在规定的发射窗口发射,那么就必须等到下次发射窗口。例如,"嫦娥

四号"任务的发射窗口在 2018 年只有 2 个发射日 4 个窄窗口,窗口最长 4 min、最短 1 min,每天两个窗口间隔不到 50 min。一旦错过,就只能等到下一年了,这样将对发射任务产生重大影响。

根据航天发射活动的不同,发射窗口一般有四种:年计窗口、月计窗口、日计窗口和零窗口。

年计窗口是指一年甚至是几年才能遇到一次的发射时机。一般星际探测任务的发射窗口为年计窗口,例如,"天问一号"火星探测器搭载的祝融号火星车(如图 4-2-1 所示),它的发射窗口就是年计窗口。因为地球与火星之间距离最近的时候每 26 个月才出现一次,如果这时发射火星探测器则更快速,也更节省燃料,同时能够借助火星引力来帮助其抵达预定轨道。

月计窗口是指每月都有几天适合发射。一般行星与月球探测任务的发射窗口为月计窗口,例如我国嫦娥月球探测器,基本上都是在一个月的月初或是月下旬发射,如图 4-2-2 所示。

图 4-2-1　"天问一号"火星探测器发射升空

图 4-2-2　"嫦娥五号"月球探测器发射升空

日计窗口是指每天都有适合发射的时机。一般近地轨道、地球同步转移轨道(geostationary transfer orbit,GTO)任务的发射窗口为日计窗口。如果是卫星发射任务,只要轨道倾角、气象等条件因素满足就可发射,因此它的发射窗口较长,一般在几个小时左右。例如长征三号乙火箭发射"北斗三号"卫星任务的发射窗口就是日计窗口,如图 4-2-3 所示。如果是载人航天任务,则还要考虑飞船正常工作条件以及航天员的安全救生要求等,它的发射窗口更为精确。如图 4-2-4 所示为"神舟十二号"载人飞船发射升空。

图 4-2-3　"北斗三号"卫星发射升空

图 4-2-4　"神舟十二号"载人飞船发射升空

零窗口是指要求火箭点火起飞的时间与预计时间偏差不能超过 1 s。一般交会对接任务为零窗口发射。零窗口发射任务的发射时间几乎没有调整的余地,通常采用定时控制火箭点火的方法来实现零窗口发射。例如长征七号火箭发射"天舟一号"货运飞船,与"天宫二号"空间站交会对接任务的发射窗口就是零窗口。零窗口追求"零失误、零差错、零故障、零缺陷、零遗漏",可见,要实现"零窗口"发射难度很大。

还有一种零窗口为前沿窗口,虽然火箭在发射窗口内发射,并将航天器送入预定轨道都是成功的,但在发射窗口前沿发射时,航天器燃料用量将会大幅减少。例如"嫦娥一号"任务的发射窗口宽度为 35 min,但在零窗口发射与在第 35 min 发射,航天器燃料将节省 120 kg,占总燃料质量的 10%,可以极大地延长航天器在轨寿命。

火箭发射前,航天工作者一般要同时计算出两种或三种最适合的发射窗口。例如发射哈雷彗星探测器时,应选择在哈雷彗星回归的年份内发射,这就需要同时计算年计窗口和月计窗口;发射光学侦察卫星、地球资源卫星时,要避开地球阴影与不良气象条件对卫星的影响,需要选择合适的月计窗口和日计窗口。

航天轶事:时间定义

建立发射窗口意味着为发射选择一个特定的发射时间。那么,时间是怎么定义的? 实际上,人们将地球当作一个很大的时钟,按照英国的格林尼治时间确定发射时间,所以需要了解如何测量太阳时间。起初人们用天来计算时间,通过观察日晷的影子,可以计量太阳轨迹连续通过一个确定点之间的间距,通常称它为一个视太阳日。

由于地球的公转轨道是微椭圆形($e = 0.017$),因此视太阳日的长度一年内会略有变化。为补偿这个变化,取太阳日一年的平均值得到平均太阳日,这就是我们在手表上看到的时间,一个平均太阳日包括 24 个平均太阳时。因为全世界的人们都喜欢让自己的表与太阳同步,所以将地球分成了 24 个时区。为了避免跨越时区时产生混淆,选择格林尼治或者零度经线(本初子午线)作为国际参考点。

4.2.2 发射窗口确定

乘车去哪里、什么时候出发,是由乘客决定的。同样,对于运载火箭而言,任何时间点火发射都行,没有特殊要求,除非遇到刮风、雷电等恶劣天气,真正对发射时间有要求的是火箭搭载的航天器,如卫星、飞船等。

确定发射窗口,首要目标是要保证航天器能够进入预定轨道。为便于理解,我们可以设想一辆汽车正行驶在周长为 4 km 的圆形跑道上,如图 4-2-5 所示。如果汽车离出发点有 2 km,而去加油站的岔路口位于出发点之前 1 km 处,利用简单的计算,可以知道汽车处于岔路口前 1 km 处。如果已知汽车的行驶速度,那么就可以知道汽车到达岔路口处还需要多长时间。

图 4-2-5 汽车行驶在圆形跑道

所有这些与发射窗口有什么关系呢? 由

于地球在预定轨道上的自转是周期性的,因此发射窗口也是周期性的,我们可以使用同样的方法确定它们何时出现。首先需要确定一个参考方向,以此判断发射地点与轨道平面的位置,就像在跑道上利用一个起点来判断汽车位置一样,这里可以使用春分点指向来解决发射问题。春分点指向是地心赤道坐标系中的主方向,以此来描述绕地球轨道运行的航天器。因此,轨道平面和发射地点之间的角距是一个很方便的参考值,这个角距和汽车与岔路口之间的距离类似,得到这个角距和地球自转角速度,便可确定发射时机。

对于某次具体的发射任务而言,航天器的运行轨道是预先确定的。因为地球在不停地自转,使得发射场和预定轨道平面之间的相对位置不断变化。当在规定的日计发射窗口发射时,航天器发射后进入预定轨道;如果在日计发射窗口以外的时间发射,航天器将无法进入预定轨道,而是形成另一轨道,因此航天器发射均要确定日计发射窗口。

对发射窗口的计算,要借助几何图形来理解它的原理。前面已经介绍过,轨道平面总是通过地心,轨道倾角等于它向南和向北扩展到纬线的角度。因此,从某一固定发射点将航天器送入预定轨道,就必须等发射点转到预定轨道的平面下,这样才有正确的几何关系并能找到合适的角度来发射。也就是说,发射窗口和发射点的纬度 L、航天器的轨道倾角 i 以及轨道升交点赤经 Ω 有关。

若发射场的纬度为 L,那么对轨道倾角 i 有如下限制:

(1) 对于顺行轨道,若 $L > i$,或对于逆行轨道,若 $L > 180° - i$,则发射窗口不存在;

(2) 若 $L = i$ 或 $L = 180° - i$,则只存在一个发射窗口;

(3) 若 $L < i$ 或 $L < 180° - i$,则存在两个发射窗口。

发射方位角 β 是从北向到速度矢量的夹角,沿顺时针方向为正。如果存在一个发射窗口,则从纬度为 L 的发射场发射,事先设计确定的轨道倾角 i 所需发射方位角 β 由下式计算:

$$\sin\beta = \frac{\cos i}{\cos L} \tag{4.2.1}$$

当发射点在升交点附近时,β 位于第一或第四象限;而当发射点位于降交点附近时,β 位于第二或第三象限。

发射时刻为当地恒星时,设 LST 为发射时刻从春分点到发射点所在经线之间的角度,其计算公式如下:

$$\text{LST} = \Omega + \delta \text{(在升交点发射)} \tag{4.2.2}$$

$$\text{LST} = \Omega + 180° - \delta \text{(在降交点发射)} \tag{4.2.3}$$

式中,Ω 为轨道升交点赤经;δ 为赤道平面内由离发射点最近的交点到发射点所在经线之间的角度,计算公式为

$$\cos\delta = \frac{\cos\beta}{\sin i} \tag{4.2.4}$$

当轨道为顺行轨道时,δ 为正;当轨道为逆行轨道时,δ 为负。

航天器发射窗口的确定,除了考虑发射地点和航天器运行轨道之间的物理关联外,还应兼顾火箭系统、测发系统、测控系统的准备情况;同时,还要考虑地面观测、空间碎片规避以及任务的实际需要,如多颗航天器组网、载人飞船要考虑返回时间等。其中,天气因素是发射窗口选择时必须要考虑的重要因素之一。运载火箭在直冲云霄的几分钟内会在不同高度

遭受各种天气因素的考验。下面说明哪些天气因素会影响航天发射。

1. 浅层风

浅层风就是从地表到距离地表 100 m 高度之间的风,其风速和风向随高度的变化较大。浅层风对火箭的垂直转运影响很大,例如我国 CZ-2F 运载火箭在转运时(见图 4-2-6),火箭头部会装载加注了推进剂的载人飞船,而火箭自身却没有加注推进剂,一旦风速过大,火箭很可能会因头重脚轻而失去平衡,从而引发事故。

图 4-2-6   CZ-2F 运载火箭转运

为了解决这一问题,航天发射场中建有一种高约 80 m 的气象塔,气象塔上安装着超声波测风仪、平均场测风仪等设备,能够获取风向、风速、温度、湿度等气象信息,为浅层风的预报提供数据。为了使预报结果更加准确,发射场还会统计历年的测量资料,分析浅层风的变化规律以及大风、浅层风和阵风特征等。

2. 高空风

高空风就是从地面到 30 km 高度范围内的风场。其中,距离地面 8~15 km 的高空风是大气层中风速最高、切变风(指风向、风速在水平或垂直距离上的变化)风力较大的风。运载火箭飞到这段高度时,气动力可分解为轴向力和横向力。轴向力可通过发动机推力予以抵消;横向力主要是在风有攻角时对火箭产生危害,增加载荷,在跨声速段产生气动抖振,严重时甚至会使箭体弯曲变形、损坏火箭结构,最终导致解体,造成飞行失败。因此,火箭弹道设计时应充分考虑气动力的影响,保证火箭飞行在大气中的气流攻角处于火箭结构性能承受的范围内。在高空风风速较大时,要考虑推迟发射,或者进行风攻角修正,以减少气动力的影响。

因此,每次发射任务前都要计算 $q\alpha$ 值,该值反映了气动载荷的影响程度,并判断其是否小于某一规定值,其计算公式如下:

$$q\alpha = \sqrt{(q \times \alpha')^2 + (q \times \beta')^2} \tag{4.2.5}$$

式中,q 为动压,单位为 Pa;α 为合成攻角,α' 为气动攻角,β' 为气动侧滑角,单位均为 rad。其中,$q = \frac{1}{2}\rho v^2$。式中,ρ 为空气密度,单位为 kg/m^3;v 为气流速度,单位为 m/s。

1995 年 1 月 26 日,搭载着香港亚太 2 号卫星的 CZ-2E 运载火箭在起飞后 50 s 发生爆炸,爆炸后产生的碎片落入周围 7 km 范围的村庄中。从这次夜间发射的录像资料看,爆炸起始于运载火箭的顶部,那时火箭的速度已经达到了超声速,气动压力达到了最大。中国长城公司认为,发射地点位于四川省南部山区,发射时又正处于冬季,发射过程中高空风切变速度达 150 km/h,由此引发了有效载荷接口的共振,导致火箭爆炸。

3. 温度

温度主要对火箭的元器件性能产生影响。这些元器件都有适宜各自正常工作的温度范围,如果温度超出范围,便会导致元器件性能下降,甚至造成元器件损坏,进而影响火箭的发射。从表面上看,温度对航天发射的不利影响似乎没有风力大,但同样不容小觑。

1986 年 1 月 28 日,美国"挑战者号"航天飞机发射升空,起飞后仅 73 s 就发生爆炸,如图 4-2-7 所示,机上 7 名航天员全部丧生。经调查发现,原因是发射时环境温度过低,导致火箭一个助推器装配接头上的橡胶密封圈发生破裂,使火箭喷射的高温气流进入助推器,推进剂贮箱爆炸,从而造成了悲剧。

4. 雷电

火箭箭体采用金属材料,如果发射过程中遭遇雷电天气,就特别容易诱发高压电击,进而造成火箭元器件损坏,引发灾难性事故。被雷电击中的俄罗斯"联盟号"如图 4-2-8 所示。针对此,发射场基于高空电场探测系统、雷电定位系统、地面电场仪网、卫星气象探测数据及相关数据管理设备构建了雷电监测预警系统,以便能够准确地监测、预报和预警雷电的发生。

图 4-2-7　美国"挑战者号"航天飞机发生事故

图 4-2-8　被雷电击中的俄罗斯"联盟号"

另外,选择发射窗口时,还要考虑航天器的日照和日阴时间以及太阳光入射方向。

定义 t_s 为航天器的受晒因子,它是航天器在轨运行一圈时,日照的时间 τ 与周期 T 之间的比值,即

$$t_s = \frac{\tau}{T} \tag{4.2.6}$$

一般要求 $0.5 < t_s \leqslant 1$。选择发射窗口就是确定 t_s 在某个允许或要求的范围之内。

4.3　航天器入轨过程

航天器进入太空有多种发射方式,本节以目前最常用的地面固定发射场发射方式为基础,首先介绍航天发射过程,然后分析火箭的飞行程序选择,最后阐述航天器的几种入轨形式,并以发射地球静止轨道航天器为例,描述此类轨道航天器的入轨过程。

4.3.1　航天发射过程

设想我们要去某地会见一位朋友,由于步行速度较慢,我们通常会乘坐汽车到达会面地点。由前文可知,物体只要飞行速度足够快,就能够摆脱地球引力,进入太空。那么,怎样才能将"行走能力"有限的航天器以足够的速度送入太空呢?目前进入太空的运载工具主要是运载火箭。运载火箭就像汽车,而航天器就相当于乘客。

很多人可能在电视上看到过火箭发射升空的震撼景象。运载火箭发动机点火后,几十米高的火箭随着浓烟冲向蔚蓝的天空,将航天器送入预定轨道,如图 4-3-1 所示。这听起来是件容易的事,实际上航天发射是一个长期、复杂的系统性工程。下面先简要了解一下航天发射的过程。

图 4-3-1　火箭将航天器送入太空

运载火箭和航天器研制出厂后,采用铁路或飞机运输方式送到航天发射场开展地面测试和加注工作,如同开车出发前要对车辆进行状态检查和加油,以确保其能够顺利进入太空。

当火箭携带航天器耸立在发射台上后,按照指挥程序进入发射前最后准备阶段。随着发射指令"5、4、3、2、1、发射",火箭一级发动机点火垂直起飞,并飞离发射塔架。火箭越飞越高,飞行一段时间后开始程序转弯,最终消失在我们的视野中,如图 4-3-2 所示。

一级发动机继续工作 100 多秒后,当火箭飞行速度和高度达到预定值时,一级发动机关机并分离;同时,二级发动机点火,推动火箭继续加速飞行。当飞行两三分钟后,火箭距地面高度 150～200 km,此时火箭已基本飞出稠密大气层,大气层对火箭飞行的影响已经很小,这时整流罩分离(见图 4-3-3)。当火箭飞行速度和高度达到预定值时,二级发动机关机并分离。

图 4-3-2　火箭程序转弯

图 4-3-3　整流罩分离

二级发动机分离后,火箭在地球引力作用下开始惯性飞行,当火箭与航天器预定轨道相切时,三级发动机点火,推动火箭继续加速飞行。当火箭飞行速度提高至预定值时,三级发动机关机,星箭分离,航天器进入预定轨道。

另外,发射场测控系统对起飞后的运载火箭和航天器进行跟踪观测以及飞行安全判断,直至航天器进入轨道。如果运载火箭和航天器在起飞后出现异常情况,则及时启动运载火箭自毁按钮,让运载火箭在空中自毁,以保证航区下方设施或人员的安全。

航天轶事：第一位飞入太空的宇航员

1961 年 4 月 12 日,世界上第一艘载人宇宙飞船——苏联的"东方一号"宇宙飞船腾空而起,航天员加加林(见图 4-3-4)乘坐飞船进入太空,环绕地球飞行 108 min 后安全返回地面。加加林成为世界上第一位环绕地球进入太空飞行的航天员,第一位从宇宙中看到地球全貌的人。1964 年,加加林被授予"苏联英雄"称号,后又荣获列宁勋章。1968 年,加加林参加训练时因飞机失事而不幸遇难。为缅怀加加林首次进入太空的壮举,俄罗斯将每年 4 月 12 日定为宇航节,并在这一天举行隆重的纪念活动。如图 4-3-5 所示为"东方一号"宇宙飞船。

图 4-3-4　航天员加加林

图 4-3-5　"东方一号"宇宙飞船

4.3.2　火箭飞行程序

运载火箭飞行程序的选择是弹道设计中的重要组成部分,运载火箭的弹道优化设计主要是对飞行程序参数进行优化。

1. 飞行程序的分析

火箭发动机工作期间飞行的轨道段称为主动段；发动机关机后不产生推力的轨道段称为滑行段，又可称为惯性飞行段。运载火箭主动段程序分为两部分，一部分是在大气层内飞行，另一部分是在真空中飞行。通常情况下，运载火箭一级是在稠密大气层内飞行，运载火箭二级以上是在稀薄大气层或真空中飞行。

运载火箭在真空中飞行时受到的空气阻力可以忽略不计，它主要是受到发动机推力和地球引力的作用，因此航天器的运动主要取决于发动机的工作状态。在设计火箭飞行程序时，首先要确保在火箭发动机关机时航天器能够达到预定的运动状态，在此前提下，还要尽量减小运载火箭的重力损失以及攻角速度损失。其中，攻角速度损失主要是由发动机推力偏离速度方向而造成的。火箭在稠密大气层中飞行时，其飞行程序设计除尽量减少重力损失及攻角速度损失外，还要尽量减小气动阻力损失以及作用在火箭上的气动载荷。

那么如何进行火箭飞行程序的设计？其实就是对火箭主动段弹道飞行俯仰角的变化规律进行设计。下面以主动段弹道倾角 $\theta_k = \theta_{kopt}$ 的火箭为例，对三种不同主动段的飞行程序进行对比分析，如图4-3-6所示。

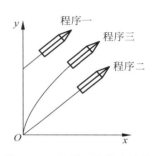

图 4-3-6　不同飞行程序比较

飞行程序一：运载火箭垂直上升，接近主动段终点时使弹道倾角快速转到 θ_{kopt}。这种弹道在稠密大气层内的飞行时间较短，空气阻力造成的速度损失较小，但垂直上升的时间较长，重力造成的速度损失很大。另外，在较大的关机点速度时将弹道倾角由90°快速变到 θ_{kopt}，角度变化很大，会造成很大的法向力，使得运载火箭结构及部件横向受力过大，要求控制系统提供很大的控制力矩，因此这种飞行程序既不合理，也不科学。

飞行程序二：运载火箭从发射点火就按照不变的弹道倾角飞行，直至主动段结束。这种弹道虽可减少重力造成的速度损失，但在稠密大气层内的飞行时间相对较长，因而使得火箭速度损失较大。同时，火箭还受到较严重的空气动力加热，若采取防热措施则又会增加火箭质量。另外，这种弹道还要求倾斜发射，因此它的发射装置非常复杂。

飞行程序三：运载火箭先垂直起飞，然后逐渐转弯，达到主动段终点所需要的速度倾角。运载火箭首先利用芯级与助推器共同产生巨大推力，使得火箭迅速获得极高的升空速度，在尽可能短的距离内穿过稠密大气层，随后开始逐渐倾斜，沿着弯曲的轨迹移动，直至到达预定轨道。火箭逐渐转弯，具有较小的法向过载和控制力，可以充分减小速度的阻力损失和重力损失，另外垂直发射装置最为简易，因此这是一种最佳的发射方案。

由此可知，运载火箭的飞行性能与飞行弹道设计有着直接关系。在实际设计中，主要是通过对运载火箭姿态角程序的控制改变弹道形状的。由程序机构产生事先规定好的俯仰程序角变化率 $\dot{\varphi}_{pr}(t)$，使运载火箭飞行时的俯仰角 $\varphi(t)$ 按 $\varphi_{pr}(t)$ 的变化规律变化，从而间接控制 $\theta(t)$ 以改变弹道的形状。

2. 运载火箭一级俯仰程序角设计

运载火箭一级飞行程序包括垂直起飞段、转弯段和常值段,如图 4-3-7 所示。

垂直起飞段($0\sim t_{11}$):运载火箭刚起飞的一段时间内保持垂直向上,即 $\varphi_{\mathrm{p}}=90°$。工程上,一般利用下式计算:

$$t_{11}=\sqrt{40\Big/\Big(\dfrac{P_1}{G}-1\Big)} \tag{4.3.1}$$

式中,P_1 为运载火箭一级发动机推力;G 为运载火箭发射时的重力。

转弯段($t_{11}\sim t_{12}$):该段是运载火箭一级飞行的主要阶段,在保证射程的前提下,控制最大攻角,以减小气动阻力和保证跨音速段的安全飞行。此段的攻角变化规律一般利用下式计算:

$$\alpha_{\mathrm{t}}=-4\alpha_{\mathrm{m}}\mathrm{e}^{-\alpha(t-t_1)}\big[1-\mathrm{e}^{-\alpha(t-t_1)}\big] \tag{4.3.2}$$

常值段($t_{12}\sim t_{13}$):在该段,接近关机时刻时保持俯仰角为常值,即

$$\varphi_{\mathrm{p}}=\varphi_{\mathrm{p}}(t_{12}) \tag{4.3.3}$$

3. 运载火箭真空段俯仰程序角设计

运载火箭二、三级在稠密大气层以外的真空中飞行,所受空气动力影响很小。利用变分原理,可得到真空飞行段的最优俯仰程序角。不过,在工程中往往采用简化形式,即俯仰程序角随时间的线性关系。对于三级火箭而言,其二级一般只包括一个匀速转弯段,游机与主机的关机时间固定,如图 4-3-8 所示。有

$$\varphi_{\mathrm{p}}=\varphi_{\mathrm{p}1}+\dot{\varphi}_2(t-t_{21}),\ t_{21}\leqslant t\leqslant t_{22} \tag{4.3.4}$$

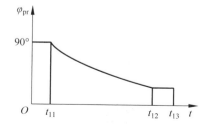

图 4-3-7 三级火箭一级俯仰程序角

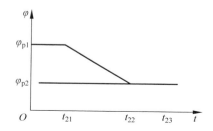

图 4-3-8 三级火箭二级俯仰程序角

运载火箭三级包括一次动力段和二次动力段两种情况。一次动力段包括一个匀速转弯段,俯仰程序角如图 4-3-9 所示。有

$$\varphi_{\mathrm{p}}=\varphi_{\mathrm{p}2}+\dot{\varphi}_3(t-t_{31}),\ t_{31}\leqslant t\leqslant t_{32} \tag{4.3.5}$$

如果火箭三级包括二次动力段,则包含三个匀速转弯段,其中一个匀速转弯段安排在中间的滑行段。俯仰程序角如图 4-3-10 所示。有

$$\varphi_{\mathrm{p}}=\varphi_{\mathrm{p}2}+\dot{\varphi}_{31}(t-t_{31}),\ t_{31}\leqslant t\leqslant t_{32} \tag{4.3.6}$$

$$\varphi_{\mathrm{p}}=\varphi_{\mathrm{p}31}+\dot{\varphi}_{3\mathrm{h}}(t-t_{33}),\ t_{33}\leqslant t\leqslant t_{34} \tag{4.3.7}$$

$$\varphi_{\mathrm{p}}=\varphi_{\mathrm{p}3\mathrm{h}}+\dot{\varphi}_{32}(t-t_{35}),\ t_{35}\leqslant t\leqslant t_{36} \tag{4.3.8}$$

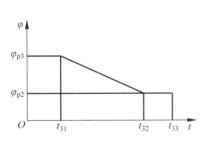

图 4-3-9　三级一次动力段俯仰程序角

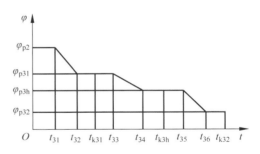

图 4-3-10　三级二次动力段俯仰程序角

4.3.3　航天器入轨形式

发射轨道入轨段根据轨道高度的不同,分为直接入轨、滑行入轨和过渡转移入轨三种方式。

直接入轨是指通过运载火箭各级发动机的接力工作,最后一级火箭发动机工作结束后,将航天器直接送入预定轨道。这种入轨方式适用于发射近地轨道航天器。

滑行入轨是指运载火箭各级发动机工作结束,脱离航天器后,航天器依靠惯性自由飞行一段的入轨方式。这种入轨方式包括发射段、自由飞行段和加速段,适用于发射中高轨道以及高轨道航天器。

过渡转移入轨是指运载火箭各级发动机工作结束,脱离航天器后,航天器有一段时间处于停泊状态,然后再通过加速过渡到预定轨道。这种入轨方式包括发射段、停泊轨道段、加速段、过渡轨道段和远地点加速段,适用于发射地球同步轨道航天器。

为充分了解航天器入轨形式,这里以 CZ-3A 运载火箭发射地球静止轨道航天器的入轨过程为例进行描述。CZ-3A 运载火箭为三级火箭,其发射地球静止轨道航天器的过程如图 4-3-11 所示,可分为三个阶段。

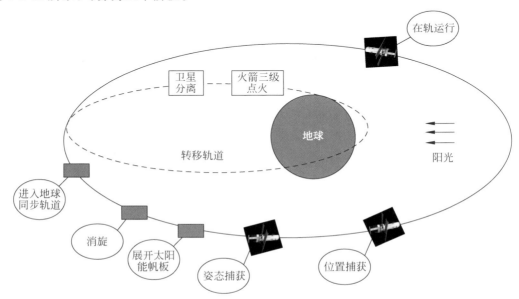

图 4-3-11　地球静止轨道航天器发射过程

第一阶段：火箭点火发射后，携带着航天器飞向太空，随后火箭一、二级分离，火箭二级将火箭三级连同航天器发射到高度为 $200\sim300$ km 的停泊轨道上。在停泊轨道上飞经赤道上空时，火箭三级再次点火加速，进入到一个轨道平面接近赤道平面的椭圆转移轨道上。该转移轨道的远地点高度约为 35 800 km，而且位于赤道上空。进入转移轨道后航天器与火箭三级分离，航天器沿着转移轨道继续飞行。此时，地面测控站向航天器发送遥控指令，将航天器的姿态调整到远地点发动机点火所要求的姿态，并确定远地点发动机点火时刻。

第二阶段：当运行于转移轨道上的航天器具有需要的点火姿态后，启动远地点发动机，使航天器在转移轨道上的速度矢量与远地点发动机给出的速度增量矢量所合成的矢量恰好等于赤道上静止轨道航天器所需的速度矢量，使航天器运行的轨道平面转到赤道平面内，合成速度接近地球静止轨道速度，且是圆轨道，从而初步满足地球静止轨道的条件，如图 4-3-12 所示。最后关闭发动机，航天器进入准同步轨道。

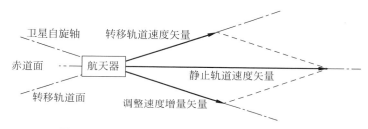

图 4-3-12　航天器进入地球静止轨道速度矢量

第三阶段：此阶段是航天器定点调整阶段。航天器虽进入了准同步轨道，但仍会在赤道上空南北两侧或向东、向西漂移，且航天器的入轨点不一定是经批准的定点，这个阶段就需对其轨道参数进行精确调整，使航天器在规定的位置上满足静止轨道的所有条件。航天器定点调整，首先由航天测控网对航天器的准同步轨道进行精确测轨和测姿，然后由卫星测控中心向航天器发出遥控指令，对航天器的姿态、高度、速度进行精确调整，并将航天器漂移到规定经度位置的赤道上空。这个调整往往需要长达十几天甚至更长的时间才能完成。

航天轶事："螺旋发射"首秀

2021 年 11 月 10 日，美国航天发射初创公司宣布，在美国太空港，他们使用亚轨道加速器原型机把一枚无动力"抛射体"成功送入预定轨道，这是"螺旋发射"概念的首次成功试验。这次试验主要是为了验证空气动力学和释放机制方面的基本概念。

据了解，"螺旋发射"就是将航天器固定于数十米长的旋臂末端，逐步加速转动后，使航天器获得超过马赫数 23 的初速度。然后航天器和旋臂分离，从发射口将其抛入高层大气，同抛掷链球原理一致，最终进入轨道。可以说，这种发射方式为动能发射方式，完全颠覆了以往化学火箭送航天器入轨的发射方式，降低了对火箭的依赖。

4.4　运载火箭

目前，运载火箭是航天发射的主要运载工具。类似于汽车、火车、飞机等交通工具，驾驶人可以根据地图和导航工具选择合理路线，通过这些交通工具把人和货物送到地球上的某个地方，而火箭是采用无人驾驶的方式把人和载荷送到太空或外太空的预定轨道。人们不禁要问,火箭是怎么实现无人驾驶的?这就需要用到火箭技术。本节我们将揭开火箭技术的神秘面纱。

4.4.1 火箭的原理

火箭前进需要动力,就像汽车、火车、飞机一样,发动机必不可少,火箭发动机是如何工作的?当我们想到发动机时,会认为它与旋转有关,比如汽车发动机会产生转动能量并驱动车轮。然而,火箭发动机是一种反作用力式发动机,它以牛顿第三定律为基本驱动原理,即由发动机向某方向抛射物质后,就会在相反方向上获得一个大小相等的反作用力。

开始时你可能很难理解"抛射物质,获得反作用力"这个概念,因为这好像和真实情况不大一样。火箭发动机似乎只会发出火焰和噪声,制造压力,而与"抛射物质"没什么关系。我们来看几个例子,以便更好地了解真实情况。

可能你会有这样的生活体验:当你吹起一个气球,然后再将它放开时,它就会在空中到处乱飞,直至内部的空气全部跑光。这就类似于一个发动机,由于气球内抛射出去的空气分子是有质量的,当空气从气球的开口处喷出时,便会推动气球朝着相反方向运动。

设想你处于太空中,此时手中拿着一个铁球。如果你将铁球抛出去,由于反作用力的存在,你就会朝着与铁球相反的方向运动。根据牛顿第二定律,此时铁球受到的力的大小与这个铁球的质量和它的加速度有关,且作用力大小为 $f_1 = m_1 a_1$。其中,m_1 为铁球的质量,a_1 为铁球的加速度。根据牛顿第三定律,铁球所受到的力与你所受到的反作用力是一对大小相等的力,即 $m_1 a_1 = m_2 a_2$。这里我们假设铁球质量为 0.5 kg,你自身的质量为 75 kg。若以 9.8 m/s 的速度将铁球抛出去,那么你将会受到反作用力;由于你的质量是铁球的 150 倍,因此,你朝着相反方向的运动速度为铁球的 1/150,即 0.065 m/s。若你想让铁球产生更大的推力,可选择质量更大的铁球或多个铁球,并将它们抛出去,也可增大铁球的抛出速度。

火箭发动机通常抛射的是高压气体形成的物质,发动机向某个方向喷出气体物质,以获得相反方向的反作用力,这些物质来自火箭发动机燃烧的燃料。燃烧过程使燃料物质得以加速,使之以极高的速度从火箭喷口喷出。燃料在燃烧过程中由固态或液态转化为气体,但并不会使其质量发生变化。如果燃烧 1 kg 火箭燃料,那么就有 1 kg 排出物以高温高速的气体形式从喷口喷出;形态发生了改变,但质量则保持不变,而燃烧过程会加快物质的喷射速度。

火箭发动机推力主要靠推进剂燃烧,产生高温高压气体经喷管喷出,反作用于火箭。火箭发动机推力公式如下:

$$F = \dot{m} u_e + A_e (P_e - P_a) \tag{4.4.1}$$

式中,F 为发动机推力,单位为 N;$\dot{m}$ 为发动机推进剂秒耗量,单位为 kg/s;u_e 为火箭发动机的喷气速度,单位为 m/s;A_e 为火箭发动机喷管出口处的截面面积,单位为 m^2;P_e 为火箭发动机喷管出口处截面的压强,单位为 Pa;P_a 为当地的大气压,单位为 Pa。

由上文可知,真空状态下,没有大气压,发动机推力为

$$F = \dot{m} u_e + A_e P_e \tag{4.4.2}$$

所以,发动机在真空状态下推力大于海平面时的推力。

例如,某个小固体火箭发动机的燃料质量为 500 g,某次点火试验中发动机工作了大约

3 s。根据以往经验和相关数据,该类型燃料的比冲为 100 s,估算该测试中火箭的平均推力。

只要发动机喷管设计合理,喷管出口截面的压强等于当地大气压,则发动机推力为

$$F = \dot{m}u_e \qquad\qquad (4.4.3)$$

发动机平均质量流量为 $\dot{m} = \dfrac{m}{t} = \dfrac{0.5}{3}$ kg/s ≈ 0.167 kg/s,可以认为发动机喷气速度约等于比冲值的 9.8 倍,即 $u_e = 9.8 \times 100$ m/s $= 980$ m/s。因此,可估算出该发动机的平均推力为 $F = \dot{m}u_e = 0.167 \times 980$ N $= 163.66$ N。

对于火箭而言,其发动机抛射的燃料是有质量的,而火箭必须携带这些燃料。我们仍以抛铁球为例,假设每秒抛出一个相对速度为 3528 km/h 的铁球来产生 500 N 的推力,并持续抛 1 h,那么你就需要携带总质量为 1800 kg 的一个或多个铁球;而你的质量只有 75 kg,"燃料"的质量远远大于你的质量(即有效负荷)。也就是说,要将质量较小的航天器送入太空,需要使用携带大量燃料的运载火箭。

由此,我们可以得出如下结论:火箭发动机是利用物理学中的冲量原理,将火箭贮箱内的推进剂变成高速射流,由牛顿第三运动定律——作用力和反作用力产生推力,从而推动火箭运动。

4.4.2　火箭技术

这一节我们谈谈技术在火箭中的贡献。汽车、火车、飞机靠人驾驶到达他们想要去的地方,火箭靠什么呢?当然是技术。火箭用到了哪些技术呢?

首先,要使火箭正常工作,电是最基本的动力。没有电,它就如同人没有能量一样。前进的动力当然是必需的,如同汽车、火车、飞机前进一样,火箭离不开发动机提供的动力。火箭能实现无人驾驶,靠的是与人的大脑一样能处理信息并发出指令的计算机、与人的眼睛和耳朵等一样能感知外界环境的传感器(测量加速度的加速度计、测量姿态角的陀螺等传感器)、与人的腿一样能控制行动方向的执行机构。

火箭测试如同人的体检,人要定期检测血压、血糖、心电图等指标,同时还要检测各个器官的功能以及它们之间的协调性。火箭点火起飞前,也要检测电压、电流、频率等指标,还要检测各个系统之间的协调性、匹配性。通过检查,确保点火起飞前火箭"健康",各个仪器的功能及性能正常,仪器之间协调匹配。

1. 供配电

火箭是如何供配电的?火箭的箭上母线采用 28 V 直流电压,来源有两个:一个是地面电源,另一个是箭上电池。地面测试时,使用地面电源;飞行时,使用箭上电池。地面电源由 220 V 交流市电转成 28 V 直流,给箭上母线供电;电池直接输出 28 V 直流电压,给箭上母线供电。箭上的仪器使用的电压并不都是 28 V 直流,除了大功率用电(执行机构)外,很多仪器用电电压是小于 28 V 的直流或交流,这些小于 28 V 的直流或交流是由母线电压 28 V 直流经直流/直流、直流/交流变换器转换来的。下面简单梳理一下火箭的供配电过程:220 V 交流市电经地面电源输出 28 V 直流,给箭上母线供电,箭上母线电压经直流/直流、直流/交流变换器转换为各个仪器的工作电压;箭上电池输出 28 V 直流给箭上母线供

电,箭上母线电压经直流/直流、直流/交流变换器转换为各个仪器的工作电压。如图 4-4-1 所示,地面电源、箭上电池是一次电源,输出 28 V 直流电压,主要为箭上母线供电(火箭部分仪器由母线直接供电);DC/DC(直流/直流)、DC/AC(直流/交流)是二次电源,由一次电源经变换器转换成小于 28 V 的交流或直流电压,主要为箭上部分仪器供电。图 4-4-1 的 + M 和 - M 是地面母线, + B 和 - B 是箭上母线。

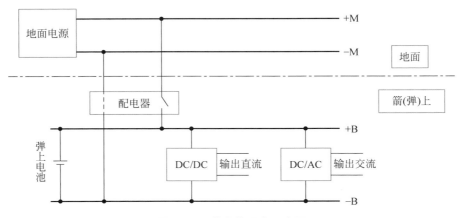

图 4-4-1　箭上供配电示意图

日常生活中用电时,我们经常会遇到跳闸、起火、烧坏设备等,这通常是由漏电引起的,火箭用电同样也会遇到类似问题。火箭的两根母线大都为浮地设计,也就是说,箭上正负母线与壳之间是不通的,火箭壳与地是连在一起的,因此箭上正负母线与地是不通的。如果正负母线与地不正常地接通或它们之间存在阻值,则称为漏电。若发生漏电,可能会造成火箭上一些仪器不能正常工作,甚至可能烧坏仪器,因此检测漏电很有必要。

如何检测漏电呢? 图 4-4-2 所示为某型火箭漏电检测原理图。

箭上母线由地面母线供电,其电压标称值为 28 V。为确保箭上母线获得额定的电压值,地面母线电压需调高一些,一般情况下,地面母线电压 U 调为 30 V。正负母线之间串联两个 30 kΩ 的电阻,两个电阻间的节点与地之间连接一个内阻为 250 Ω 的微安表,通过微安表的读数来判断母线漏电与否。正常情况下不漏电,微安表读数为零。实际上,微安表会有零偏,即使不漏电,微安表也可能有微小的输出。

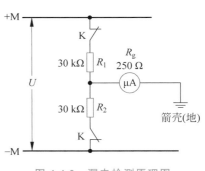

图 4-4-2　漏电检测原理图

漏电分两种情况:一种是正母线漏电,另一种是负母线漏电。每个母线漏电又有两种情况:一是母线与地直接相通,即母线与地之间阻值为零;二是母线与地之间存在阻值。

图 4-4-3 所示为正母线与地直接相通漏电检测原理图,当正母线与地之间相通时,相当于 R_1 电阻被短路, R_1 上流过的电流为零,所有电流从正母线经地、微安表、R_2 电阻到达负母线,形成漏电通道。根据欧姆定律可以算出微安表上的漏电电流大小。

欧姆定律公式为 $U = iR$,其中 U 为电压,i 为电流,R 为电阻。地面母线电压 U 为 30 V、电阻 $R = R_g + R_2 = (250 + 30\,000)\,\Omega$,由于微安表内阻 250 Ω 相对于电阻 $R_2 = 30\,000$ Ω 很

小，可忽略不计，所以电阻 $R \approx 30\,000\ \Omega$。由此可得 $i = U/R = 30/30\,000\ \text{A} = 30/0.03\ \mu\text{A} = 1000\ \mu\text{A}$。

从图 4-4-3 中可以看出，电流从右至左流经微安表，指针指向左边，定义为负值。所以，正母线与地直接相通而漏电，微安表显示为 $-1000\ \mu\text{A}$。也就是说，当微安表显示约为 $-1000\ \mu\text{A}$ 时，可判断正母线与地直接相通。

图 4-4-4 所示为正母线与地之间有一定阻值的漏电检测原理图。当正母线与地之间存在一定阻值 R_{x+} 时，相当于 R_1 电阻上并联一个阻值为 $250\ \Omega + R_{x+}$ 的电阻，正母线与负母线之间存在两路电流通道：一路为从正母线经电阻 R_1、R_2 到达负母线；另一路从正母线经电阻 R_{x+}、地、微安表、电阻 R_2 到达负母线，这一路为漏电通道。下面计算漏电阻值 R_{x+} 与漏电电流 i_o（微安表输出）之间的关系。

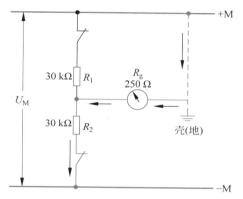
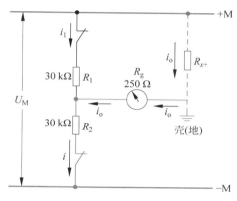

图 4-4-3　正母线与地直接相通漏电检测原理图　　图 4-4-4　正母线与地之间有一定阻值漏电检测原理图

计算思路为：先计算出 R_1 两端的电压 U_1，U_1 就是微安表内阻与电阻 R_{x+} 串联后两端的电压，然后用 U_1 除以阻值 $(250 + R_{x+})$，得到漏电电流 i_o 与 R_{x+} 的关系。计算步骤如下：

（1）计算电阻 R_1 与电阻 $(250 + R_{x+})$ 并联后的阻值，用 $R_1 /\!/ (250 + R_{x+})$ 表示。

设电阻 R_1 两端电压为 U_1，流经电阻 R_1 上的电流为 i_1，流经微安表、漏电电阻 R_{x+} 上的电流为 i_o。根据欧姆定律，可得

$$i_1 = U_1/R_1 \tag{4.4.4}$$

$$i_\text{o} = U_1/(250 + R_{x+}) \tag{4.4.5}$$

又

$$i_1 + i_\text{o} = U_1/[R_1 /\!/ (250 + R_{x+})] \tag{4.4.6}$$

可得

$$U_1/R_1 + U_1/(250 + R_{x+}) = U_1/[R_1 /\!/ (250 + R_{x+})] \tag{4.4.7}$$

约去 U_1 得

$$1/R_1 + 1/(250 + R_{x+}) = 1/[R_1 /\!/ (250 + R_{x+})] \tag{4.4.8}$$

得并联电阻

$$R_1 /\!/ (250 + R_{x+}) = 1/[1/R_1 + 1/(250 + R_{x+})] = R_1(250 + R_{x+})/(R_1 + 250 + R_{x+})$$

$$\tag{4.4.9}$$

（2）计算整个电路的总阻值，用 R 表示。

总阻值相当于并联电阻 $R_1 /\!/ (250 + R_{x+})$ 与电阻 R_2 串联后的阻值，即

$$R = R_1 /\!/ (250 + R_{x+}) + R_2 = R_1(250 + R_{x+})/(R_1 + 250 + R_{x+}) + R_2 \tag{4.4.10}$$

（3）计算整个电路的总电流，用 i 表示。

根据欧姆定律，$i = U/R$，可得总电流为

$$i = U_M/R = U_M/[R_1(250 + R_{x+})/(R_1 + 250 + R_{x+}) + R_2] \tag{4.4.11}$$

（4）计算电阻 R_2 两端电压，用 U_2 表示。

根据欧姆定律，$U = iR$，可得

$$U_2 = iR_2 = U_M R_2/R = U_M R_2/[R_1(250 + R_{x+})/(R_1 + 250 + R_{x+}) + R_2] \tag{4.4.12}$$

（5）计算电阻 R_1 两端电压，用 U_1 表示。

$$U_1 = U_M - U_2 \tag{4.4.13}$$

$$i_o(250 + R_{x+}) = U_M - U_M R_2/[R_1(250 + R_{x+})/(R_1 + 250 + R_{x+}) + R_2] \tag{4.4.14}$$

（6）计算 R_{x+} 与漏电电流 i_o 之间的关系式。

微安表内阻 250 Ω 相对于千欧级别的阻值可以忽略不计，将 $U_M = 30$ V，$R_1 = R_2 = 30$ kΩ 代入式（4.4.14），化简，并考虑到漏电电流为负值，得如下关系式：

$$i_o = -15\,000/(R_{x+} + 15) \tag{4.4.15}$$

式中，i_o 为微安表的输出，表征漏电电流，μA；R_{x+} 为漏电阻值，MΩ。

由式（4.4.15）可以看出，漏电电流 i_o 与漏电阻值 R_{x+} 成反比关系，漏电电流越大，漏电阻值越小；反之，漏电电流越小，漏电阻值越大。可以考虑两种极端情况：一种是漏电阻值为 0 的情况，当漏电阻值 R_{x+} 为 0 时，漏电电流为 $i_o = -15\,000/(0 + 15)\,\mu A = -1000\,\mu A$，这种情况就是正母线与地直接相通的情况；另一种是漏电阻值为无穷大的情况，当漏电阻值为无穷大时，漏电电流为 $i_o = \dfrac{-15\,000}{(\infty + 15)}\mu A = \dfrac{-15\,000}{\infty}\,\mu A \approx 0\,\mu A$，即不漏电，也就是正母线与地不通。

正母线漏电电流 i_o 与漏电阻值 R_{x+} 关系曲线如图 4-4-5 所示，从图中可以看出，当漏电阻值 R_{x+} 逐渐增大时，漏电电流 i_o 的绝对值逐渐减小。开始时，随着漏电阻值 R_{x+} 的增大，漏电电流 i_o 的绝对值急剧减小，漏电阻值 R_{x+} 达到 100 MΩ 之后，漏电电流 i_o 减小缓慢。

负母线漏电情况（见图 4-4-6、图 4-4-7）与正母线类似，这里不具体推导计算过程了，下面直接给出结果。

负母线漏电电流 i_o 与漏电阻值 R_{x-} 之间的关系曲线如图 4-4-8 所示，其关系式如下：

$$i_o = 15\,000/(R_{x-} + 15) \tag{4.4.16}$$

2. 传感器

火箭中用到的传感器很多，传感器主要用于测量参数，类似于人的眼睛、耳朵可以感知外界环境。有的传感器测得的数据仅仅是为了进行监测，不作为控制信息，比如温度、振动、

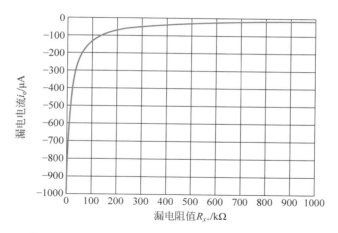

图 4-4-5　正母线漏电电流 i_o 与漏电阻值 R_{x+} 关系曲线

冲击、电压、电流、频率等参数。有的传感器测得的数据经处理后,作为控制信息,比如加速度计测得的火箭加速度经处理用于控制火箭关机,陀螺仪测得的姿态角经处理用于控制火箭姿态等。下面主要介绍火箭上使用的加速度计和陀螺仪是如何测量的。

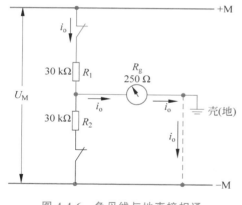

图 4-4-6　负母线与地直接相通

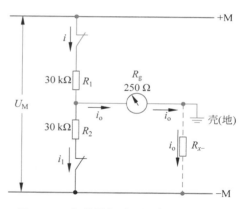

图 4-4-7　负母线与地之间存在一定阻值

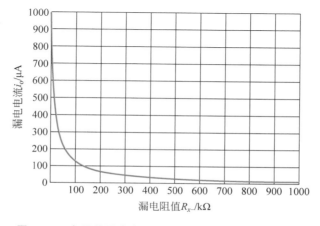

图 4-4-8　负母线漏电电流 i_o 与漏电阻值 R_{x-} 关系曲线

1）加速度计

加速度计主要用于测量加速度。有人要问，为什么不直接测量速度和位置呢？这样还省了不少计算。汽车行驶距离和行驶速度的测量主要通过轮胎在一定时间内转了多少圈来进行，火箭不具备这种功能，其速度和位置测量需要外部参考系，而加速度无法直接测量，可由内部装置间接测量，不依赖外部环境。加速度计测量采用什么原理呢？下面介绍一种简单的加速度计。

图 4-4-9 所示为一种简单的加速度计，图中的比力指单位质量的非万有引力。加速度计的工作原理主要依据牛顿第二定律。力 F 作用在质量为 m 的物体上，会使物体相对于惯性空间做加速运动，其加速度 a 由下式给出：

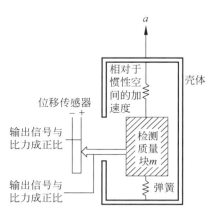

图 4-4-9　一种简单的加速度计

$$F = ma \qquad (4.4.17)$$

虽然不容易通过测量火箭的总受力来确定火箭的加速度，但可以测量火箭包含的一块小质量所受的力，这个小质量块称为检测质量块或测震质量，它构成加速度计这种仪表的一部分。

当仪表的壳体沿敏感轴有一个向上的加速度时，检测质量块由于自身的惯性，趋于抵制这种运动的变化。结果，该质量块相对于壳体产生一个向下的位移。在稳态条件下，作用在该质量块上的力与弹簧的拉力相平衡，根据胡克定律，弹簧的净伸长（或净压缩）可以用来测量所受的力，该力与加速度成正比，公式为

$$F = -kx \qquad (4.4.18)$$

式中，k 为弹簧系数，它是常数，由弹簧本身的特性决定，当弹簧做成后该系数就不变了，可以测量出来；x 为弹簧的净伸长或净压缩量，可以测量出来；负号表示弹簧所产生的弹力与其伸长或压缩的方向相反。

作用在空间中质量块 m 上的力 F 可用下式表示：

$$F = ma = mf + mg \qquad (4.4.19)$$

式中，F 为物体所受的合力；f 为视加速度，即除重力以外的力产生的加速度。

加速度计对重力加速度 g 不敏感，即当加速度计仅受重力时，其输出为零。因此火箭上的加速度计测量的是火箭的视加速度，而火箭的真实加速度还要考虑重力加速度。

2）陀螺仪

火箭在飞行中不是做直线运动，而是需要转弯、左右偏转、上下滚动。因此，需要知道火箭转了多少角度，才能控制火箭稳定飞行，陀螺仪就具有这种功能。使用陀螺仪可以测量火箭的旋转角度（位移陀螺），也可以测量火箭绕某条轴线的旋转角速度（速率陀螺）。

（1）机械陀螺

陀螺仪具有稳定性（或定轴性）和进动性，下面分别进行介绍。

法国物理学家莱昂·傅科于 1850 年发现转子在高速转动过程中，其旋转轴永远都指向一个固定方向，这是由于惯性存在而导致的，这种特性就是陀螺的稳定性。

我们来看看儿童玩的陀螺，用鞭子连续抽打陀螺，陀螺转速越快，稳定性越好；停止用

鞭子抽打,陀螺在空气阻力作用下转速逐渐下降,当转速下降到一定程度时,陀螺就摇摇欲倒,最终倒地不起。这说明转子转速越大,也就是角速度越大,稳定性越好。

下面用两个形状和大小相同、质量相差较大的陀螺做一个实验:在同一场地上,两个孩子分别用鞭子抽打各自的陀螺,让它们的转速大致相同,然后停止抽打,观察两个陀螺的运动情况。可以发现,当陀螺转速逐渐下降时,质量较轻的陀螺先出现摇摇欲倒,并先倒地;质量较重的陀螺后倒地。这说明转子质量越大,稳定性越好。转子质量并不能描述这一特性,比如陀螺很重,但不是轴对称的,那么转动时间也不会太长。可以这样说:轴对称的陀螺,转子质量越大,稳定性越好。转动惯量用于表征陀螺绕其轴转动时惯性的特性,与陀螺形状、结构、材料相关。转动惯量为构成转子的质量微元与它们到给定转轴距离的平方的乘积的总和。因此转动惯量越大,稳定性越好,也就是说其转动状态越不容易改变。

为了更好地理解转动惯量,我们用细线牵一个质量很小的小球围绕一个轴转动,让细线拉直,见图4-4-10。

假定小球的质量为 m,细线长度为 L,转动惯量用 I 表示。根据转动惯量的定义,可以得到小球的转动惯量为 $I = mL^2$。如果小球质量取 1 kg,细线长度取 2 m,则小球的转动惯量 $I = 1\ kg \times (2\ m)^2 = 4\ kg \cdot m^2$。

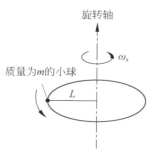

图 4-4-10　旋转的小球

现实中用到的陀螺不是这么简单的,陀螺转子不是一个点,而是质量分布均匀的旋转体,可以看作由无数个连续的小质量块组成,小质量块用质量微元表示。每个质量微元到旋转轴的距离是不同的,将每个质量微元的转动惯量计算出来,累加后就得到整个转子的转动惯量。

假设每个质量微元的质量为 m_i,质量微元到旋转轴的距离为 L_i,$i = 1, 2, 3, \cdots$,则转动惯量可用下式表示:

$$I = m_1 L_1^2 + m_2 L_2^2 + \cdots = \sum_{i=1}^{\infty} m_i L_i^2 \qquad (4.4.20)$$

因为转子质量微元有无数个,因此用上面的公式无法计算出整个转子的转动惯量,需要用到积分,计算比较复杂,此处不再介绍。需要强调的是,转动惯量是相对于某个转动轴的,如果转动轴变了,转动惯量相应地也会变化。

上文说明陀螺的稳定性与转动惯量和转速相关。用什么量来描述稳定性呢?物理上用角动量,自转物体的角动量 H 就是其转动惯量 I 与其绕同一转轴的角速度 ω_s 的乘积,用下式表示:

$$H = I\omega_s \qquad (4.4.21)$$

角动量是根据转子的质量分布及其角速度来定义的。角动量是矢量,不但有大小,还有方向;其大小等于转动惯量与自转角速度大小的乘积,方向与自转角速度方向一致。转子自转角速度的方向沿自转轴方向,它的指向可以用右手螺旋定则(简称右手定则)确定。

陀螺进动是指陀螺被抽动之后,除了本身自旋之外,还在地面上绕行,直至倒地为止的这种绕行运动。

如图4-4-11所示,假设陀螺以角速度 ω_s 绕其对称轴 s 高速旋转,其转动惯量为 I,角动量为 H。经研究发现,陀螺在绕对称轴旋转的同时,其对称轴还以角速度 ω 绕 z 轴旋转,这种运动称为进动。进动是如何产生的呢？又有什么用呢？

下面从物理原理角度来解释进动是如何产生的。设 t 时刻陀螺对称轴 s 与 z 轴的夹角为 θ，角动量在 z 轴上投影的大小为 $H\cos\theta$，方向沿 z 轴正向；经过短时间 dt 后，由于重力矩 M 的作用，陀螺将会下倾，角动量在 z 轴上投影的大小变为 $H\cos(\theta+d\theta)$，方向不变，由此可得 z 轴方向上的角动量增量为

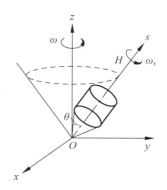

$$dH_z = H\cos(\theta+d\theta) - H\cos\theta$$
$$= H(\cos\theta\cos d\theta - \sin\theta\sin d\theta - \cos\theta) \quad (4.4.22)$$

式中，$d\theta$ 是小量，接近零，因此 $\cos d\theta$ 可近似为 $\cos0$，即 $\cos d\theta\approx 1$，$\sin d\theta\approx d\theta$。所以得角动量在 z 方向上的增量 $dH_z = -Hd\theta\sin\theta$。可以看出，增量是负值，表明在重力矩作用下角动量 H 在 z 轴上的分量变小。

图 4-4-11　进动示意图

因为重力方向在 z 轴方向上，重力矩在 z 轴方向上无分量，所以，在 z 轴方向上陀螺的角动量是守恒的，即陀螺会产生一个角动量，大小为 $Hd\theta\sin\theta$，方向为 z 轴正方向。这个角动量是怎么产生的呢？只能靠陀螺绕 z 轴的转动产生，这就是陀螺进动产生的原因。转动方向可以通过右手定则确定，因为要产生沿 z 轴正向的角动量，根据前面提到过的角动量方向的定义，可以判定陀螺绕 z 轴正向以角速度 ω 逆时针转动。如果没有空气阻力、大地摩擦力的作用，陀螺在绕自转轴 s 以角速度 ω_s 高速旋转的同时，还会以 O 点为支点，绕 z 轴正向以角速度 ω 逆时针"公转"。这个进动角速度可以通过物理和数学知识定量地计算出来，由于公式推导过程比较复杂，这里就不推导了。计算公式如下：

$$T = \omega H \quad (4.4.23)$$

式中，T 为施加在转子上的力矩；ω 为转子进动的角速度；H 为转子绕自身对称轴的角动量。

下面说明进动在火箭中是如何应用的。利用进动原理可以非常精确地测量转动角度或转动角速率，因为只有当一个力矩加到自转轮或转子上的时候，它才会发生进动，否则靠框架悬挂在仪表壳体上的转子将保持它的自转轴在空间的方向不变，这是由陀螺稳定性决定的。于是框架角度的变化将会反映壳体相对于自转轴方向的任何变化。

此外，如果把一个可控力矩加到转子上，使它的自转轴保持与仪表壳体所定义的方向一致，那么测量这一力矩即可测出这个仪表的角速度，从而也就测出携带这个仪表的火箭的角速度。对角速度进行积分就可以得到角度，这就是利用陀螺仪可以测量火箭姿态角的原理。

（2）光学陀螺

光学陀螺有两种：一种是激光陀螺，另一种是光纤陀螺。

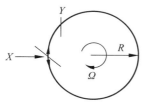

图 4-4-12　环形旋转（萨格纳）干涉仪

光学陀螺利用干涉仪或者干涉测量的方法来检测角运动，其基本原理为当两条光束绕一个封闭的环路分别沿相反方向传播时，一条光束沿顺时针方向，另一条光束沿逆时针方向，当环路绕垂直于环路平面的轴线旋转时，两条路径的视在光学长度就会出现差异，从而可以检测两条有效光程的差。

如图 4-4-12 所示，光束从一台环形干涉仪的 X 点进入环路，在半径为 R 的圆周上传播，经分束器分为方向相反的两束光线，

然后在分束器处重新汇合。光束绕整个环路传播一周所需的时间称为传输时间。在环路固定不动的情况下,两条光束的传输时间相同。可用下式表示:

$$t = \frac{2\pi R}{c} \qquad (4.4.24)$$

式中,t 为传输时间;c 为光速。

当干涉仪绕垂直于光路平面的轴线以角速率 Ω 转动时,两条光束的传输时间是不同的,这就形成了光程差。当光束沿环路传播时,分束器移到了位置 Y,因此沿顺时针方向传播的光束走过的路程更长,而沿逆时针方向传播的光束走过的路程更短。相对于惯性空间而言,与转动方向同向传播的光束走过的路程更长,与转动方向逆向传播的光束走过的路程更短。两条光束传输时间的计算公式如下:

$$\begin{cases} 顺时针: t_1 = \dfrac{2\pi R + \Delta L_+}{c} \\[3mm] 逆时针: t_2 = \dfrac{2\pi R - \Delta L_-}{c} \end{cases} \qquad (4.4.25)$$

式中,$\Delta L_+ = R\Omega t_1$,$\Delta L_- = R\Omega t_2$,分别为光程的增加量和减小量。

将 $\Delta L_+ = R\Omega t_1$ 代入式(4.4.25)的第一式,得

$$t_1 = \frac{2\pi R + R\Omega t_1}{c}$$

解得

$$t_1 = \frac{2\pi R}{c - R\Omega}$$

同理,将 $\Delta L_- = R\Omega t_2$ 代入式(4.4.25)的第二式,得

$$t_2 = \frac{2\pi R - R\Omega t_2}{c}$$

解得

$$t_2 = \frac{2\pi R}{c + R\Omega}$$

传输时间差 Δt 可用下式表示:

$$\Delta t = t_1 - t_2 = 2\pi R \left(\frac{1}{c - R\Omega} - \frac{1}{c + R\Omega} \right) = \frac{4\pi R^2 \Omega}{c^2 - R^2 \Omega^2} \qquad (4.4.26)$$

式中,R 和 Ω 相对于光速 c 很小,其乘积项也很小,故可以将 $R^2 \Omega^2$ 忽略不计,则上式变为

$$\Delta t = \frac{4\pi R^2 \Omega}{c^2} \qquad (4.4.27)$$

由于光程差 $\Delta L = c\Delta t$,故光程差可表示为

$$\Delta L = \frac{4\pi R^2 \Omega}{c} \qquad (4.4.28)$$

由于光程所包围的面积(A)为 πR^2,故式(4.4.28)可改写为

$$\Delta L = \frac{4A\Omega}{c} \qquad (4.4.29)$$

基于干涉仪产生光程差的原理可研制出各种各样的光学陀螺,不同之处在于光束的产

生和光程差的测量方式。具体介绍如下：

① 环形激光陀螺

环形激光陀螺的运行原理为：用不少于 3 个镜面组成连续的光路即可把一个光学频率的振荡器组装成激光器，如图 4-4-13 所示。特殊地，可用 3 面镜子组成三角形光路。在光路的任意一点发出一条光束，它便会沿着三角形光路传播，并在镜面处发生反射，最终回到起点。当返回的光束与发出的光束相同时，就会发生持续的光学振荡。环形激光陀螺中的两条独立激光束，一条沿顺时针方向，另一条沿逆时针方向。

激光管

图 4-4-13　激光陀螺的工作原理

当激光陀螺在惯性空间中固定时，方向相反的两条光束频率相同，当激光陀螺绕垂直于光束平面的轴线旋转时，两条光束的光程就会发生变化。光程较长的光束频率降低，而光程较短的光束频率提高。不过，两条光束的光程差相当小，不超过 1 nm，因此对激光源的光谱纯度和稳定性要求很高，如氦-氖气体激光器，才能制作出激光陀螺。

设 L_a 为逆时针光程，L_c 为顺时针光程，则谐振条件可以表示为

$$\begin{cases} L_a = p\lambda_a \\ L_c = p\lambda_c \end{cases} \tag{4.4.30}$$

式中，p 为模数，典型值为百万量级；λ_a 和 λ_c 为两束激光的波长。

当激光陀螺以角速率 Ω 旋转时，两条光程存在差异，光程计算公式如下：

$$\begin{cases} L_a = p\lambda_a = L + \dfrac{2A\Omega}{c} \\ L_c = p\lambda_c = L - \dfrac{2A\Omega}{c} \end{cases} \tag{4.4.31}$$

式中，L 为周长。

设 f_a 和 f_c 为两条光束的光学频率，则 $f_a\lambda_a = f_c\lambda_c = c$。将波长代入上式，可得

$$\begin{cases} f_a = \dfrac{cp}{L_a} \\ f_c = \dfrac{cp}{L_c} \end{cases} \tag{4.4.32}$$

因而光程的微小变化导致频率的微小变化 Δf，可用下式表示：

$$\Delta f = f_c - f_a = \frac{cp}{L_c} - \frac{cp}{L_a} = \frac{cp(L_a - L_c)}{L_a L_c} = \frac{cp\Delta L}{L_a L_c} \tag{4.4.33}$$

设干涉仪静止时激光波长为 λ，频率为 f，光程为 L，则 $c = \lambda f$，$L = p\lambda$。将 $c = \lambda f$，$L = p\lambda$ 代入上式，可得

$$\Delta f = \frac{\lambda f p \Delta L}{L_a L_c} = \frac{fL\Delta L}{\left(L + \dfrac{\Delta L}{2}\right)\left(L - \dfrac{\Delta L}{2}\right)} = \frac{fL\Delta L}{L^2 - \left(\dfrac{\Delta L}{2}\right)^2} \tag{4.4.34}$$

由于 ΔL 相对于 L 很小且是二阶项,故可以忽略不计,因此上式变为

$$\Delta f = \frac{f \Delta L}{L} \qquad (4.4.35)$$

将 $\Delta L = 4A\Omega/c$ 代入上式,得

$$\Delta f = \frac{4A\Omega f}{cL} = \frac{4A}{\lambda L}\Omega$$

那么,旋转角速率可以表示为

$$\Omega = \frac{\lambda L}{4A}\Delta f \qquad (4.4.36)$$

式中,L 为谐振腔光程;λ 为激光源波长;A 为谐振腔光路所围的面积;Δf 为两束光的频率差。

如果检测出频率差 Δf,便可根据式(4.4.36)求出旋转角速率 Ω。频率差的变化范围可从几赫兹到上兆赫兹,容易检出,通过频率差能计算出旋转角速率。

为了检测出旋转运动,可通过一个镜面使每条光束“逸出”一部分光线,利用一个棱镜使两束光汇合在一组光电二极管上,形成一个干涉图案。当两条光束之间存在频率差时,其干涉条纹会以一定的速度向某个方向持续移动,可通过对单位时间内移动过的条纹数进行计数,来计算频率差 Δf。

如果以氦-氖激光器作为光源,其光波波长 $\lambda = 0.6328 \ \mu m$,陀螺谐振腔光程 $L = 40 \ cm$,地球自转角速度 $\omega_{ie} = 15(°)/h$,用图 4-4-13 所示的激光陀螺,则产生的拍频 Δf 的计算过程如下:

首先计算图中激光陀螺光路围成的面积 A:

$$A = \frac{1}{2} \times \frac{L}{3} \times \frac{L}{3} \times \sin 60° = \frac{1}{2} \times \frac{40}{3} \times \frac{40}{3} \times \frac{\sqrt{3}}{2} \ cm^2 \approx 76.98 \ cm^2$$

再统一单位:$\lambda = 0.6328 \ \mu m = 0.6328 \times 10^{-4} \ cm$,$\omega_{ie} = 15(°)/h = 15 \times \pi/(180 \times 3600) \ rad/s \approx 0.727 \times 10^{-4} \ rad/s$。

将 $A = 76.98 \ cm^2$,$\lambda = 0.6328 \times 10^{-4} \ cm$,$\omega_{ie} = 0.727 \times 10^{-4} \ rad/s$,$L = 40 \ cm$ 代入 $\Delta f = \frac{4A}{\lambda L}\Omega$,可得

$$\Delta f = \frac{4 \times 76.98}{0.6328 \times 10^{-4} \times 40} \times 0.727 \times 10^{-4} \ Hz \approx 8.84 \ Hz$$

用上面的激光陀螺测量地球自转角速率,得到频率差为 8.84 Hz。

激光陀螺的灵敏度用一条干涉条纹扫过检测器表示,其物理意义为检测最小转动角度的能力,用 $\Delta\theta$ 表示:

$$\Delta\theta = \frac{\Omega}{\Delta f} = \frac{\lambda L}{4A} \qquad (4.4.37)$$

设一个器件的光路为等边三角形,周长为 L,则其面积为

$$A = \frac{1}{2}\left(\frac{L}{3}\right)^2 \sin 60°$$

将其代入式(4.4.37),可知灵敏度与光程成反比,即 $\Delta\theta = \frac{3\sqrt{3}\lambda}{L}$。激光陀螺的灵敏度值越

小仪表越灵敏,越能检测更小的转动。

以氦-氖激光器为例,波长为 $0.6328~\mu m$、光程为 40 cm 的器件灵敏度为

$$\Delta\theta = \frac{3\sqrt{3}\times0.6328\times10^{-4}}{40}~\text{rad} \approx 0.822\times10^{-5}~\text{rad} \approx 1.7''$$

② 光纤陀螺

光纤陀螺的工作原理为:宽带光源发出的激光被分成两条光束,在一个光纤线圈中沿相反的方向传播;这两条光束在第二个分束器处被合成,形成一幅干涉图案,合成强度用光电检测器来观察。当干涉仪固定不动时,向两个方向传播的光束的光程是相同的,不会产生相位差。但是,当光纤线圈绕垂直于自身平面的轴线旋转时,与旋转方向同向传播的那条光束要比反向传播的那条光束的相位超前。所以当两条光束重新汇合时,由此产生的相位差将导致干涉图案幅值的变化。

假设一个单匝线圈的光纤陀螺绕垂直于光路平面的旋转轴旋转,两个方向传播的光束之间的相位差 $\Delta\Phi$ 的计算公式如下:

$$\Delta\Phi = 2\pi\frac{\Delta L}{\lambda} \tag{4.4.38}$$

式中,$\Delta\Phi$ 为两条光束之间的相位差;ΔL 为器件旋转引起的光程差;λ 为光束波长。

将前面的光程差公式代入式(4.4.38),得

$$\Delta\Phi = \frac{8\pi A\Omega}{c\lambda} \tag{4.4.39}$$

式中,A 为光纤线圈所包围的面积;Ω 为输入的旋转速率;c 为光速。

设线圈有 N 匝,则此式变为

$$\Delta\Phi = \frac{8\pi AN\Omega}{c\lambda} \tag{4.4.40}$$

此式可化为光纤长度($L = 2\pi RN$)的函数,则

$$\Delta\Phi = \frac{4\pi RL\Omega}{c\lambda} \tag{4.4.41}$$

例如,已知线圈半径为 40 mm,光纤长度为 100 m,激光波长为 850 nm,当旋转速率分别为 15(°)/h 和 500(°)/s 时,产生的相位差分别为

$$\Delta\Phi = \frac{4\times\pi\times40\times10^{-3}\times100\times15°/3600}{3\times10^{8}\times850\times10^{-9}} \approx 0.0008°$$

$$\Delta\Phi = \frac{4\times\pi\times40\times10^{-3}\times100\times500°}{3\times10^{8}\times850\times10^{-9}} \approx 98.5°$$

显然,要使一个光纤陀螺能够检测到地球的自转速率或类似量级的转动,必须使光纤长度达到高度稳定。

3. 瞄准

火箭瞄准是对火箭在发射前进行初始方位的定向,也就是将火箭方位轴对准射向。瞄准可以使火箭在最低燃料消耗下准确进入预定轨道。这种直接对准射向的瞄准最省燃料,但是对于射向不同、射向角相差不大的火箭发射任务,地面瞄准设备需要变换地点,不利于瞄准间的固定和建设。这种情况可以固定发射点和瞄准点,采用一种大地方位角,当射向角

与大地方位角不同时,火箭起飞后滚转一个角度(射向角与大地方位角的差值),将火箭方位轴对准射向,这种方式稍微浪费一点儿燃料,但对火箭影响不大,可以接受。

什么是射向角? 射向角是指火箭方位轴指向与北向的夹角,射向角范围为 $0° \sim 360°$,主要由发射点、航天器轨道确定。瞄准的目的就是将火箭方位轴对准射向,让火箭一直朝射向飞行;或者知道火箭方位轴与射向的偏差角,火箭起飞后滚转该偏差角,将方位轴对准射向,再朝射向飞行。

火箭是怎么瞄准的? 目前有两种方式:一是利用外部光学设备进行瞄准,称为光学瞄准;二是利用火箭惯组自身进行瞄准,称为自瞄准。

1) 光学瞄准

光学瞄准采用瞄准仪和标杆仪进行。下面介绍一种光学瞄准方法,如图 4-4-14 所示,具体流程如下:

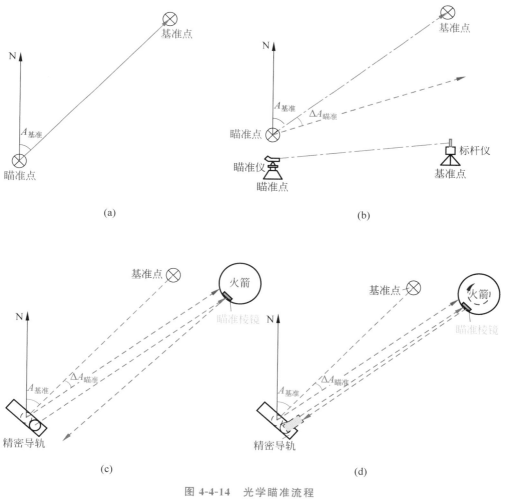

图 4-4-14 光学瞄准流程

(a) 建立大地测量基准点;(b) 确定基准方向;(c) 指向火箭瞄准棱镜;(d) 完成光学准直

（1）建立大地测量基准点

在火箭发射点附近选择两个点：瞄准点和基准点。基准点离发射点近一些，瞄准点离发射点远一些，并测量这两个点的经纬度、高程信息。

（2）确定基准方向

在瞄准点和基准点经纬度、高程信息确定的情况下，就能计算出瞄准点与基准点连线与北向的夹角，即基准角。将瞄准仪架设在瞄准点上并进行调平、对心，将标杆仪架设在基准点上并进行调平、对心，瞄准仪与标杆仪精确对准，即可获取经大地测量标定的基准方位。

（3）指向火箭瞄准棱镜

在基准方位基础上转动瞄准仪、调节瞄准仪仰角、在导轨上平移瞄准仪，将瞄准光指向火箭瞄准棱镜。

（4）完成光学准直

当瞄准返回光与瞄准入射光不平行时，对于惯性平台，可对其加矩，通过转动与其固连的棱镜使返回光与入射光平行，实现瞄准；对于捷联惯组，则需要转动发射台使返回光与入射光平行，实现瞄准。

瞄准仪转动的角度可以通过瞄准仪上的读数得到，火箭方位轴与瞄准棱镜垂直。因此，瞄准仪转动的角度加上基准角，就是火箭方位轴与北向的夹角。当方位轴与射向一致时，火箭直接朝射向飞行；当方位轴与射向不一致时，火箭起飞后滚转一个角度（方位轴与射向的偏差角），使方位轴对准射向，再朝射向飞行。

2）自瞄准

自瞄准又称自主式瞄准，不利用外部设备，由安装在火箭上的惯组实现，它是通过地球自转角速度在陀螺测量轴上的分量值确定方位的。

地球以恒定的自转角速度 ω_{ie} 绕地轴逆时针旋转。对于地球上纬度为 Φ 的某点，地球自转的角速度可以分解为两个分量：水平分量 $\omega_N = \omega_{ie}\cos\Phi$ 沿地球经线指向真北，垂直分量 $\omega_U = \omega_{ie}\sin\Phi$ 沿地球垂线垂直向上，如图4-4-15所示。

如图4-4-16所示，火箭竖在纬度为 Φ 的发射点，惯组安装在火箭上，惯组内三个陀螺相互垂直，x 陀螺和 z 陀螺敏感轴方向在水平面内，y 陀螺敏感轴方向在沿地球垂线方向上。利用水平面内的 x 陀螺、z 陀螺敏感地速，就能计算出 x 陀螺敏感轴方向与北向的夹角，通常也称为射向角。射向角范围为 $0°\sim360°$，沿北向逆时针方向逐渐变大。

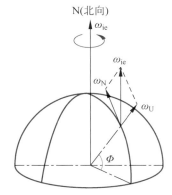

图4-4-15　地球转速分量示意图

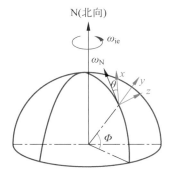

图4-4-16　陀螺仪寻北示意图

为了便于理解,我们将位于水平面内的 x 陀螺地速、z 陀螺敏感地速分量用平面表示,如图 4-4-17 所示。

设 x 陀螺敏感轴方向与北向夹角为 θ,则 x 陀螺敏感到的地球自转角速度的分量为 $\omega_x = \omega_N \cos\theta = \omega_{ie}\cos\Phi\cos\theta$,$z$ 陀螺敏感到的地球自转角速度的分量为 $\omega_z = -\omega_N\sin\theta = -\omega_{ie}\cos\Phi\sin\theta$。可得 x 陀螺敏感轴方向与北向的夹角为

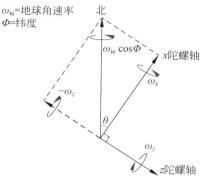

图 4-4-17　陀螺寻北示意图(平面)

$$\frac{\omega_z}{\omega_x} = \frac{-\omega_{ie}\cos\Phi\sin\theta}{\omega_{ie}\cos\Phi\cos\theta} = -\tan\theta \qquad (4.4.42)$$

$$\theta = \arctan\left(-\frac{\omega_z}{\omega_x}\right) \qquad (4.4.43)$$

由此可见,只要测出水平面内两个相互垂直陀螺的输出,就能算出 x 陀螺轴方向与北向的夹角,这就是自瞄准的原理,且这两个陀螺的输出满足下式:

$$\omega_x^2 + \omega_z^2 = (\omega_{ie}\cos\Phi)^2 \qquad (4.4.44)$$

假设发射点的纬度为 $30°$,x 陀螺测量值为 $6(°)/\text{h}$,地球自转角速度为 $15(°)/\text{h}$,则 z 陀螺测量值 $\omega_z = \pm\sqrt{(\omega_{ie}\cos\Phi)^2 - \omega_x^2} = \pm\sqrt{(15\times\cos30°)^2 - 6^2} \approx \pm 11.52(°)/\text{h}$,则射向角为

$$\theta = \arctan\left(-\frac{\omega_z}{\omega_x}\right) = \arctan\left(-\frac{11.52}{6}\right) = \arctan(-1.92) \approx -62.49°$$

或

$$\theta = \arctan\frac{\omega_z}{\omega_x} = \arctan\frac{11.52}{6} = \arctan 1.92 \approx 62.49°$$

由于射向角范围为 $0°\sim360°$,当计算出的角度为负值时,如何确定射向角呢? 可以通过 x 陀螺、z 陀螺输出值的正负判定,下面给出判定方法:

(1) 当 $\omega_x>0$,$\omega_z<0$ 时,$0°<\theta<90°$;

(2) 当 $\omega_x<0$,$\omega_z<0$ 时,$90°<\theta<180°$;

(3) 当 $\omega_x<0$,$\omega_z>0$ 时,$180°<\theta<270°$;

(4) 当 $\omega_x>0$,$\omega_z>0$ 时,$270°<\theta<360°$;

(5) 当 $\omega_x>0$,$\omega_z=0$ 时,$\theta=0°$;

(6) 当 $\omega_x=0$,$\omega_z<0$ 时,$\theta=90°$;

(7) 当 $\omega_x<0$,$\omega_z=0$ 时,$\theta=180°$;

(8) 当 $\omega_x=0$,$\omega_z>0$ 时,$\theta=270°$。

通过上述判定方法,即可判定 $\theta = -62.49°$ 对应的射向角为 $360° - 62.49° = 297.51°$。

4. 导航

我们开车去某个地方时,通常会用手机进行导航定位。选择一个地图软件,输入目的地,手机地图软件就会提供几条不同的路径,你可以选择其中一条路径到达目的地。行驶过程中,手机导航会经常提示你距离目的地还有多远。当你偏离了方向时,手机导航还会提示你纠正方向,直至到达目的地。火箭要把航天器送入预定轨道,同样也离不开导航。目前,

火箭导航以惯性导航为主,卫星导航为辅。由于惯性导航不依赖外部环境,抗干扰性强,因此又称为自主导航。

火箭导航,除了要知道火箭的实时位置,还要知道火箭的实时速度,因为航天器入轨要达到一定速度,速度达不到或超过了预定的速度,航天器都不会平稳地运行在预定轨道上。

下面用一个简单的一维导航的例子来说明惯性导航的原理:确定平面上两地之间一辆火车的位置,通过测量火车沿铁轨运动的加速度,就可以确定火车的瞬时速度和从已知起始点行走的距离。加速度计能够提供关于车辆自身运动的加速度信息,如果将加速度计固定在一列行驶的火车上,它就能够测量出该火车的加速度。只要火车的初始速度已知,对测量出的加速度值进行时间积分便能得出火车的瞬时速度;二次积分就可得出火车行驶的距离。因此,可将加速度计与积分器件组合成一个简单的一维导航系统。

一般来说,一个导航系统需要给出运载体相对于参考坐标系的位置指示。例如,它可能需要用直角坐标系中的 x 坐标和 y 坐标来给出运载体的位置。下面以火车沿铁轨运动为例说明如何确定火车相对于坐标系的位置。

如图 4-4-18 所示,假设火车沿铁轨直线运动,铁轨与 x 轴的夹角为 45°,火车从 O 点出发,出发时初始速度为零,火车以 5 m/s^2 的加速度运动;当速度达到 100 m/s 时,转为匀速运动。由此可以算出火车在参考坐标下的实时位置与速度,以及与原点的距离。

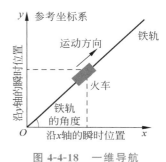

图 4-4-18 一维导航

设初始速度为 v_0,t 时刻的速度为 v_t,则 v_t 满足如下公式:

$$v_t = v_0 + at \qquad (4.4.45)$$

可得做匀加速度运动物体的位移 S_t,计算公式如下:

$$S_t = v_0 t + \frac{1}{2} a t^2 \qquad (4.4.46)$$

由式(4.4.45)可以计算出火车达到 100 m/s 所需要的时间为 $t = \dfrac{v_t - v_0}{a} = \dfrac{100 - 0}{5} \text{ s} =$ 20 s,此时火车的位移为 $S_t = v_0 t + \dfrac{1}{2} a t^2 = \left(0 \times 20 + \dfrac{1}{2} \times 5 \times 20^2\right) \text{ m} = 1000 \text{ m}$。

下面用参考坐标系的 x、y 来表示火车的速度和位置:

$$v_{xt} = v_t \cos 45° = (v_0 + at) \cos 45°$$

$$v_{yt} = v_t \sin 45° = (v_0 + at) \sin 45°$$

$$S_{xt} = S_t \cos 45° = \left(v_0 t + \frac{1}{2} a t^2\right) \cos 45°$$

$$S_{yt} = S_t \sin 45° = \left(v_0 t + \frac{1}{2} a t^2\right) \sin 45°$$

已知初始速度、加速度、时刻以及运动方向,就能计算出火车在参考系中的实时速度和位置。当 $t = 20 \text{ s}$ 时,火车在参考坐标系中的速度和位置为

$$v_{x20} = v_{20} \cos 45° = 100 \times \frac{\sqrt{2}}{2} \text{ m/s} \approx 70.71 \text{ m/s}$$

$$v_{y20} = v_{20}\sin45° = 100 \times \frac{\sqrt{2}}{2} \text{ m/s} \approx 70.71 \text{ m/s}$$

$$S_{x20} = S_{20}\cos45° = 1000 \times \frac{\sqrt{2}}{2} \text{ m} \approx 707.1 \text{ m}$$

$$S_{y20} = S_{20}\sin45° = 1000 \times \frac{\sqrt{2}}{2} \text{ m} \approx 707.1 \text{ m}$$

上面给出了一种比较简单的一维导航的例子。现实中,火车不会一直沿直线运动,也不会一直做匀加速度运动,常见的情况是铁轨有转弯,如图 4-4-19 所示。

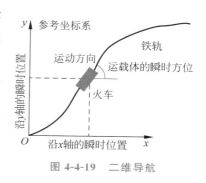

图 4-4-19　二维导航

这时需要安装两个加速度计,用于测量火车沿铁轨和垂直于铁轨两个垂直方向的平移运动变化情况。同时,还需要一个测定转动的敏感器,用于测量火车沿垂直于运动平面的坐标轴的转动。陀螺仪可以直接测定火车相对于坐标系的方位,或者测定火车的转弯速率。在测定转弯速率情况下,只要导航的初始方位角已知,就可以通过对陀螺测量值进行积分计算出火车的角度指向。有了这些信息,就可以把加速度测量值与参考坐标系联系起来。这样,就可以将加速度的瞬时测量值沿参考坐标系进行分解并对时间进行积分,从而确定火车相对于参考坐标系的瞬时速度和位置。

用一台陀螺仪、两个加速度计和一台计算机就可以组成一个简单的二维导航系统。实际中,惯性敏感器可以安装在一个空间稳定的平台上,与运载体的转动隔离开;也可以直接安装在运载体上,与运载体固连,构成捷联系统。测量值由计算机进行处理,连续提供运载体位置、速度和方位的估算值。需要强调的是,惯性导航是建立在位置、速度和方位的准确初始数据基础上的,它使用推算法,该方法依赖于初始输入以及随后的估算值的不断更新。

由上可知,运载体的导航可利用装在运载体上的适用敏感器来实现。通常,需要确定运载体相对于一个三维参考坐标系的位置。这样,如果使用单轴敏感器,就需要 3 个陀螺来测量运载体绕 3 个轴的转动速率,因此需要 3 个加速度计来测量运载体沿 3 个轴的加速度分量。为了方便和准确起见,所选的 3 个轴通常相互垂直。

目前,火箭导航就利用安装在火箭上的惯性组合来实现。惯性组合内有 3 个相互垂直的加速度计、3 个相互垂直的陀螺仪。敏感轴定义的轴系与安装惯性组合的箭体轴相一致或相对安装关系确定,陀螺仪提供的测量值用于确定火箭相对于导航参考坐标系的姿态和方位。然后,姿态和方位信息用于把加速度测量值分解到参考坐标系中,将分解后的加速度值做积分即可获得箭体在参考坐标系中的速度和位置。

陀螺仪测量箭体相对于惯性空间的姿态变化或转动速率,但加速度计并不能把箭体的总加速度(相对于惯性空间)与由引力场引起的加速度分开。实际上,加速度计能测量空间真实加速度与引力加速度之差,该测量值是作用在加速度计上的每单位质量的非万有引力,简称比力。

为了确定箭体相对于惯性空间的加速度,加速度计给出的测量值必须结合引力场的影响,尤其是靠近大型天体(如地球)时。利用这些信息,就可以推导出箭体相对于天体的加速度。

因此,火箭导航就是把箭体转动和比力的测量值与引力场的影响相结合,估算出箭体相对于预定参考坐标的姿态、速度和位置。图 4-4-20 给出了一种火箭惯性导航系统的原理图。

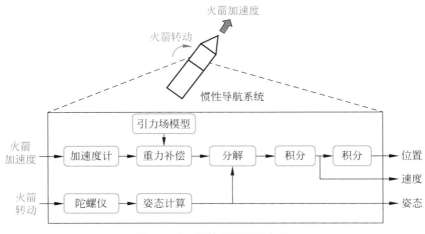

图 4-4-20　惯性导航原理框图

5. 伺服机构

汽车通过改变前轮转向改变行驶方向,轮船通过改变舵的转向改变行驶方向。火箭一般通过两种方式来实现转弯:一种是在火箭外表面安装空气舵,转动空气舵,利用空气动力实现火箭转弯;另一种是利用火箭喷管摆动改变推力方向,实现火箭转弯。在大气层外空气舵就失去控制力,无法实现火箭转弯。空气舵转动、喷管摆动靠什么实现呢?主要靠伺服机构,类似于生活中大家经常见的千斤顶。千斤顶靠人工加压,就能让伸缩杆伸长,顶动汽车或重物。伺服机构不用人工加压,主要依据控制指令使伸缩杆(也称为作动器)伸长或缩短,拉动喷管前后左右摆动,改变火焰喷射方向,从而改变推力方向,达到控制火箭转弯的目的。

如图 4-4-21 所示,火箭控制系统向伺服控制回路发出相应指令,使得作动器活塞杆上下运动,进而对火箭发动机喷管摆角的大小及方向实施控制。具体工作过程如下:当火箭程序转弯或克服干扰纠正姿态时,飞行控制系统向伺服控制回路输入电压指令信号,并通过伺服放大器变换放大成电流信号,传输至伺服阀的力矩马达线圈,使伺服阀的阀芯产生位

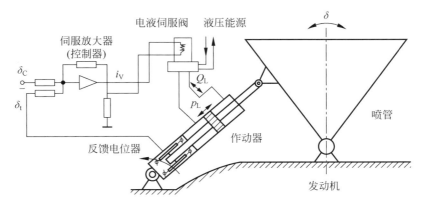

图 4-4-21　伺服控制回路工作原理图

移,阀芯位移打开伺服阀的输出口,高压流体进入作动器对应的腔推动活塞杆运动,活塞杆带动喷管绕定轴摆动,形成转角,从而产生侧向控制力,实现火箭转弯。

4.4.3　运载火箭的发展

1. 火箭的由来

"火箭"一词最早出现在我国的三国时期。《三国志·魏书·明帝纪》中记载,公元228年,魏国第一次在射出的箭上装上火把,当时蜀国丞相诸葛亮率军进攻陈仓时,魏守将郝昭用"火箭"焚烧了蜀军攻城的云梯,守住了陈仓。"火箭"一词自此出现。不过当时火箭的含义是"带火的箭",用弓弩把火送到敌军易燃物上,削弱敌军战斗力。这个"火箭"严格意义上来讲不是火药助推的火箭,与现代火箭含义不同。

随着火药的出现,"火箭"才渐渐有了雏形。宋代兵家打仗时把火药筒绑在筒杆上,点燃引信后,靠火药喷火产生的反作用力使箭飞得更远,如图4-4-22所示。中国明代学者万户(本名陶成道,元末—1390)把自制的47支"火箭"绑在椅子上,自己坐在上面,两手各拿一个大风筝,然后把这些"火箭"同时点燃,想要借助"火箭"的推力和风筝上升的力量飞起来。虽然这个试验没有成功,"火箭"发生了爆炸,万户因此献出了生命,但他被公认为世界上第一个试图利用"火箭"升空飞行的人。

图 4-4-22　古代的火箭

2. 国外运载火箭的发展

1919年,美国火箭专家罗伯特·戈达德(1882—1945)发表了著名论文《到达极高空的方法》,阐述了火箭运动的基本数学原理,并讨论了火箭到达月球的可行性,他被公认为现代火箭技术之父。当时,《纽约时报》社论嘲笑戈达德欺骗世人,连基本的物理常识都不懂。1926年3月16日,戈达德在美国马萨诸塞州的奥本发射了世界上第一枚液态燃料火箭,获得成功(火箭长约3.4 m,飞行时间约2.5 s,最大高度约12.5 m,飞行距离约56 m),这使得他成为液体火箭的发明人。

现代火箭的鼻祖是V2火箭,后来的运载火箭都是基于V2火箭发展起来的。V2火箭是德国在1942年研制的,由德国火箭专家冯·布劳恩(1912—1977)主持研制,能够将1000 kg的高能炸药弹头送到300 kg远的目标。V2火箭是单级的,由于它的飞行速度达不到第一宇宙速度7.9 km/s,只能作为投送炸药到地球上某一地方的工具,所以还不能将航天器送入太空。苏联航天之父齐奥尔科夫斯基(1857—1935)于 1929 年在他的著作《宇宙航行》中提出了多级火箭构造设想,为研制克服地球引力的运载工具提供了依据。

1957 年 10 月 4 日,苏联使用洲际导弹改造的运载火箭将人类第一颗卫星送入近地轨道,从此运载火箭作为航天运载工具正式登上历史舞台。截至目前,世界各国已研制成功几十种大、中、小型运载火箭,例如美国"宇宙神""土星""德尔塔""猎鹰"等系列运载火箭,俄罗斯"东方号""质子号"等系列运载火箭,欧洲阿里安系列运载火箭以及日本 H 系列运载火箭等。

宇宙神系列运载火箭由宇宙神洲际导弹演变而来(见图 4-4-23),1958 年 12 月 18 日首次飞行,发射过世界上第一颗通信卫星、美国第一艘载人飞船等。"土星 5 号"运载火箭(见图 4-4-24)是美国专门为阿波罗登月计划研制的,1967 年 11 月 9 日首次飞行,近地轨道运载能力达 97 t,能把重达 47 t 的阿波罗飞船送入登月轨道。

图 4-4-23 "宇宙神 5"火箭

图 4-4-24 "土星 5 号"火箭

德尔塔系列运载火箭是在"雷神"基础上发展起来的,1960 年 5 月 13 日首次发射,其中"德尔塔 4"重型火箭(见图 4-4-25)的近地轨道运载能力 28.8 t,地球同步轨道运载能力 11 t。猎鹰系列运载火箭是由美国 Space X 公司研制的,其中"猎鹰 9 号"重型运载火箭(见图 4-4-26)的近地轨道运载能力 63.8 t,地球同步轨道运载能力 26.7 t;2018 年 2 月 6 日,猎鹰重型运载火箭首飞成功,并成功回收了三枚推进器中的两枚。

图 4-4-25 "德尔塔 4"火箭

图 4-4-26 "猎鹰 9 号"重型火箭

　　东方号系列运载火箭由苏联设计制造,创造了世界上多个第一,如第一颗人造卫星、第一颗月球探测器、第一艘载人飞船等。1961年4月12日,"东方号"火箭(见图4-4-27)把世界上第一位航天员加加林送入太空,绕地球飞行一圈后安全返回地面,开创了人类航天新纪元。

　　阿里安系列运载火箭是由欧空局研制的,其中"阿里安5"火箭(见图4-4-28)于1997年首次发射,近地轨道运载能力25 t,地球同步转移轨道运载能力7.5 t。

图4-4-27　"东方号"火箭

图4-4-28　"阿里安5"火箭

3. 我国运载火箭的发展

　　我国自1956年开始开展现代火箭的研制工作。长征一号运载火箭(见图4-4-29)是由钱学森主持设计的我国第一枚火箭,是长征火箭家族的奠基者,1970年4月24日首次发射,成功将我国第一颗卫星"东方红一号"送入预定轨道,标志着中国航天技术迈出了重要一步。长征二号运载火箭是我国研制的一种两级火箭,主要承担近地轨道卫星和载人航天等发射任务,1975年11月26日发射成功,将我国第一颗返回式卫星准确送入轨道;1999年11月19日采用长征二号F运载火箭(见图4-4-30),首次成功发射我国第一艘实验飞船"神舟一号"。

　　长征三号运载火箭是我国最早采用液氢、液氧作为推进剂的火箭,它在长征二号二级火箭上面加了一个液氢液氧的第三级,主要承担通信卫星、探月工程和深空探测等发射任务,1984年成功发射了"东方红二号",它是我国第一颗地球同步试验通信广播卫星。长征四号丙运载火箭(见图4-4-31)是在"风暴一号"基础上增加第三级发动机而成,主要承担极地轨道卫星和太阳同步轨道卫星等发射任务,1988年9月7日首次发射,成功将我国第一颗气象卫星"风云一号"送入太阳同步轨道。

　　长征六号运载火箭是我国新一代小型低温液体运载火箭,2015年9月20日在太原卫星发射场"一箭20星"首飞成功,是我国新一代运载火箭的首次发射。长征六号甲运载火箭(见图4-4-32)是我国新一代固液混合中型低温液体运载火箭,2022年3月29日在太原卫星发射场首飞成功。

图 4-4-29　长征一号火箭

图 4-4-30　长征二号 F 火箭

图 4-4-31　长征四号丙火箭

图 4-4-32　长征六号甲火箭

　　长征五号运载火箭（见图 4-4-33）是我国新一代大型低温液体运载火箭，也是我国重型火箭的起跑线，主要承担空间站建设和深空探测等任务，2016 年 11 月 3 日在文昌卫星发射场首飞成功，使我国进入空间的能力得到了很大提升。长征七号运载火箭（见图 4-4-34）是我国新一代中型低温液体运载火箭，其前身是长征二号 F 火箭，主要承担载人航天货运飞船等发射任务，2016 年 6 月 25 日在文昌卫星发射场首飞成功。

图 4-4-33　长征五号火箭

图 4-4-34　长征七号火箭

第 5 章

利用太空

近现代以来,随着航天器的问世,人类进入开发太空、利用太空的时代。对于太空资源,最先利用的就是轨道资源,而原因是再浅显不过的"站得高、看得远"。在远离地表的空间轨道上,人类利用航天器能够在不同高度和以不同角度俯视地球。因此,利用太空轨道资源的各类型航天器被先后送入太空。例如,通信卫星本质上是位于卫星上的无线电中继站,与地面中继站相比,具有更广的覆盖面积、更远的传输距离、更高的通信质量和更强的抗破坏性,是通信技术史上的一次质的飞跃;导航卫星通过将基准点设在太空,能够克服地面无线电导航传播距离有限等缺点,从而显著提高导航设备的性能;遥感卫星通过将各类型的探测器置于高空,能够使得观测范围更广、观测次数更多、时效性更快、连续性更好,因此被广泛应用于气象预报、陆地资源开发、海洋资源开发等方面。由于太空中没有大气层的干扰,所以在太空中进行全波段天文观测的效果更好,在太空"制高点"上除了可以观地,还能望天。

除了轨道资源的充分利用,人类还基于空间站探索微重力、高真空、强辐射、大温差等环境资源的利用,以及利用深空探测器开展月球、火星、彗星等星体资源的探测和开发。近年来,随着民用航天业的兴起,大型商业航天公司还将太空旅游作为一门新兴产业进行布局,相信在不远的将来,每一个怀揣航天梦的人都可以像在地球上旅游一样乘坐航天器来一次航天旅游,去感受太空带给我们的神奇。

5.1 卫星通信

"通信"通常被用来描述人与人或人与自然之间通过某种行为或媒介进行的信息交流与传递,因此这个词听起来专业,但是我们并不感到陌生。

在遥远的过去,我们的祖先就已经利用各种手段或者通过各种工具来进行信息的交流、传递和传播。比如,东周时期,在我国出现的烽火台就是一种最古老的光焰通信方式。古代战争中,士兵们就是在这种高出地面 7 m 左右且呈方形的砖砌建筑内,通过点燃的柴草和狼粪等发出的火光和黑烟向邻近的烽火台传递信息,从而让军队做好出兵迎敌准备。此外,从秦至清"邮驿"作为我国传递信件最为常用的通信方式之一,很好地满足了官方信息和军事情报传递的需要。在清代末期"邮驿"又通过承担民间信件传递业务,而逐渐演变为"官办

"民享"的国家邮政系统,直至现在发展为各种实物和信息传递的庞大系统。

19世纪以来,科学家在电磁理论发展的基础上先后发明了电报、电话等通信设备,使得人类远距离通信得到迅猛发展。1835年,美国人摩尔斯成功利用电流"通断"和时间"长短"实现了信息的传递,由此发明的电报机正式拉开电信时代的序幕。1876年,贝尔和其助手成功利用电信号实现了语言传送,标志着电磁电话机的诞生。与通过电线传递电信号不同,19世纪末,波波夫和马可尼分别利用电磁波实现了信息的传递,这标志着无线电通信时代的到来。

进入20世纪,电磁学和电子学的结合极大地推动了通信技术的发展。这一时期,有线通信从明线、对称电缆、同轴电缆、波导发展到光缆,无线通信从长波、中波、短波、超短波、分米波、微波、毫微波发展到激光。随着1958年12月18日美国成功发射世界上第一颗通信卫星"斯科尔号",人类首次将中继设备由地面带入太空,从此正式进入卫星通信时代。

5.1.1 卫星通信基础

简单来说,卫星通信就是地球上的无线电通信站间利用人造地球卫星作为中继站而进行的通信,其本质还是基于无线通信原理。因此,无线电在空间的传播方式以及频段的选择是卫星通信的基础。

1. 空间无线电通信

根据1971年国际电信联盟(International Telecommunication Union,ITU)世界无线电行政会议的规定,以地球大气层外空间飞行体为对象的无线电通信称为空间无线电通信,简称空间通信或深空通信,又称宇宙通信或深空通信。空间通信通常是依靠地球站和空间站之间的转发或中继来实现的,主要有三种形式:地球站与空间站之间的通信、空间站与空间站之间的通信以及地球站与地球站之间的通信。前两种属于广义上的卫星通信(如图5-1-1所示),最后一种仅需要通过空间站转发或反射来进行的地球站相互间的通信属于狭义上的卫星通信。这三种形式紧密相连,还可以组成更大的通信系统。

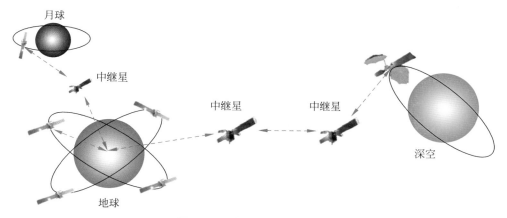

图 5-1-1　广义卫星通信系统

图5-1-2所示为卫星通信系统进行通信的过程,图中A、B、C等表示卫星通信系统中的地球站。以地球站A与B之间的通信为例,其信息传递过程如下:通信卫星天线接收A通

过定向天线发射的无线电信号,经通信卫星上的
转发器放大和变换后,再由卫星天线转发到地球
站 B,当地球站 B 接收到信号时,就意味着从 A
站到 B 站的信息传递过程完成。

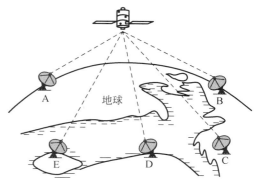

图 5-1-2　卫星通信过程示意图

作为面向地面和空中用户的狭义卫星通信
系统,主要包括提供宽带业务的宽带卫星通信系
统、提供手持/便携等移动业务的卫星移动通信
系统以及面向特殊应用的抗干扰卫星通信系统
等。当通信卫星轨道较低时,由于卫星的覆盖面
较小,运行速度较快,为了使相距较远的两个地
球站能够实现通信,就必须通过增加同轨道通信
卫星间的星间链路或不同轨道通信卫星间的星际链路来实现远距离实时通信,否则只能采
用延迟转发方式进行通信。

2. 卫星通信的频段

无线电通信作为一种利用无线电磁波在空间传播信息的通信方式,其电磁波是声音、文
字、数据、图像等信息的载体。电磁波按照频率的不同,可以划分为无线电波、红外线、可见
光、紫外线、X 射线和 γ 射线等。

微波作为电磁波的一种,在空间中的传播特性与光波相近,均为直线传播,其主要通信
方式为视距通信,因而长距离传送信号需要采用中继器进行转发。由于卫星位置高,可与地
球上相距极远的地面站可视,因此适合被选为长途通信中继器的安装点。卫星通信是在微
波通信和航天技术发展基础上新兴的一门无线通信技术,是地面微波中继通信的继承和发
展,是微波接力通信向太空的延伸。如图 5-1-3 所示为电磁波传递方式。

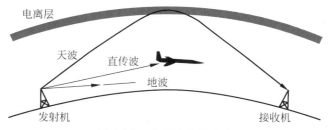

图 5-1-3　电磁波传递方式

由于无线电波在外太空传播时不会受到大气层的阻隔,因此卫星之间可以畅通无阻地
进行通信。但是对于卫星与地球站之间的通信,则需要充分考虑所选频段电磁波穿透大气
层的能力。

总体而言,在一定频段内,无线电的频率越高,穿透性越差,这也类似于天空呈现蓝色的
原因。早在 1666 年牛顿就采用三棱镜将太阳光分解成红、橙、黄、绿、蓝、靛、紫七种颜色。
这七种可见光的频率依次增加,当太阳光线入射大气层,遇到悬浮在大气中的微粒后,波长
较长的红、橙、黄光的穿透能力较强,直接穿透大气层到达地面,而波长较短的蓝、紫光与微
粒发生折射和散射现象,因而天空呈现蔚蓝色。

具体来讲,频率极高的 X 射线、γ 射线由于被上层大气强烈吸收而无法穿透大气层,多

数的红外谱段都将被大气吸收；频率低的无线电信号，由于会被电离层反射回地面而无法使用。因此，只有波长在 1 mm～1 m，即频率为 300 MHz～300 GHz 的微波频段最适合卫星通信。

5.1.2　卫星接收天线

卫星天线作为收集卫星微弱信号的重要设备，是卫星通信系统可靠工作的保证。影响卫星接收天线工作性能的因素有卫星的倾角和仰角以及接收天线的方位角、仰角等。

1. 倾角和仰角

倾角是指卫星轨道平面与赤道平面之间的夹角，0°倾角表示卫星位于赤道正上方。仰角是指卫星与观察者所处地平面之间的夹角，通常用它来描述卫星在某时刻经过观察者上方的位置。因为仰角与地面观察者所处位置有关，所以对于地面上不同的观察者来说，观察同一个卫星的仰角是不同的，另外仰角还随着卫星在其轨道上的运动而不断变化。

影响某一时刻卫星仰角的参数有很多，包括观察者所处位置的经纬度、卫星距离地面的高度、卫星的轨道倾角以及卫星的经纬度等。因此，对于地球上的观察者，卫星仰角可以表示为

$$\varepsilon = \arctan \frac{\cos\theta - R_e/(R_e+h)}{\sin\theta} \qquad (5.1.1)$$

式中，R_e 为地球半径；h 为卫星海拔高度。其中，$\cos\theta$ 的计算公式为

$$\cos\theta = \cos(\psi-\gamma)\cos\rho\cos\varphi + \sin\rho\sin\varphi \qquad (5.1.2)$$

式中，ρ、ψ 分别为观察者的纬度和经度；φ、γ 分别为卫星的纬度和经度。

对于赤道圆形轨道，$\varphi=0°$。观察者所看到的最大卫星仰角为 ε_{max}，这种情况下如果卫星和观察者处于同一经度（$\psi=\gamma$），则式(5.1.2)可简化为 $\cos\theta = \cos\rho$。因此，当观察者的纬度为 ρ 时看到的赤道圆形轨道卫星的最大仰角为

$$\varepsilon_{max} = \arctan \frac{\cos\rho - R_e/(R_e+h)}{\sin\rho} \qquad (5.1.3)$$

当位于零纬度（即位于赤道上）的任意一个观察者观察一个倾角为 0°的卫星时，由上述公式可知，当卫星沿着其轨道运行时，卫星将从该观察者的头顶正上方经过，此时仰角先从 0°增加到 90°，然后再减小到 0°。只有在卫星正下方观察，卫星的仰角才为 90°。因此，如果观察者不在赤道上，则对于赤道上空的卫星的仰角永远不会达到 90°。例如，观察者所处纬度为 45°，且卫星与观察者处于同一经度时，赤道圆形轨道上高度为 500 km 的卫星的最大仰角只有 17°。此时，最大仰角会随着卫星高度的增加而增加，如轨道高度 35 786 km 的地球同步轨道卫星，对同一纬度的观察者而言，最大仰角会达到 38°。

由于卫星的星下点轨迹不会到达纬度大于其轨道倾角的地区，因此在纬度高于卫星倾角的地区，虽然有可能看到卫星，但是卫星永远不会经过其头顶，即卫星的最大仰角小于 90°。不同轨道周期内，星下点轨迹均重合的卫星只有两种，一种是任意高度的赤道轨道卫星，另一种则是地球同步轨道卫星。对于不在它们星下点轨迹上的观察者来说，这两种卫星的仰角永远都不会达到 90°。

卫星在某些特定地点的仰角会对其应用产生关键性的影响，所以通过一个卫星的仰角经常能够看出其用途。例如，在一段时间内，卫星地面测控站无法收到某个低仰角卫星的信

号,这主要有两个原因:首先,与来自高仰角卫星的信号相比,低仰角卫星的信号穿过稠密大气的路径更长,这就使信号强度衰减的更为严重;其次,地平线上的某些物体(如高层建筑物或高山)可能位于地面站和卫星之间,这就阻断了卫星信号的传输。在建筑物密集的城市中,高层建筑物会阻挡地面通信站与低仰角的卫星通信信号的传送,最严重的情况甚至能阻挡仰角为70°的卫星与测控站间的通信,因此城市中的卫星信号接收机和发射器一般都安装在建筑物的顶端。

地球同步轨道通信卫星对于美国比对俄罗斯更有应用价值,因为近赤道轨道卫星不能很好地覆盖地球的两极和高纬度区域,而俄罗斯的许多重要军事设施都位于北极圈附近。因此,俄罗斯一般使用轨道倾角较大的卫星,这类卫星在其轨道的相应位置可以很容易地覆盖北半球高纬度地区。当这类卫星的轨道为大椭圆且其远地点位于北极附近上空时,对这些地区来说这些卫星就能够在头顶停留很长的时间,也就能够发挥更大的作用。

2. 天线视角

地面站天线的视角主要指方位角和仰角,这两个角用来确定天线对卫星的指向。视角的计算需要考虑椭圆轨道的影响,为了跟踪卫星,需要及时调整这些角度。

对于地球静止轨道卫星,由于卫星相对于地球静止,这些角度不会改变。因此,商业通信系统采用大型地面站,天线的波束宽度非常窄,但同时需要跟踪机制来补偿卫星对地相对静止位置的移动。对于家用天线,天线波束宽度相当宽,因此无须跟踪,这样天线的位置就可以是固定的。

如图 5-1-4 和图 5-1-5 所示,确定地球静止轨道的视角需要利用下列信息:地面站纬度 λ_E;地面站经度 Φ_E;卫星星下点经度 Φ_{SS};地面站位置 ES;卫星星下点 SS;卫星 S;ES 到 S 的距离 d;角度 σ。

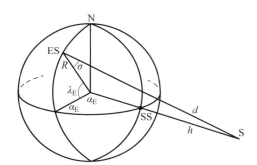
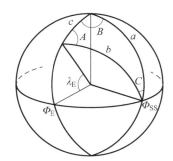

图 5-1-4   确定静止轨道卫星视角的几何方法   图 5-1-5   与图 5-1-4 有关的球形几何

如图 5-1-5 所示,这个球面三角形的所有边都是大圆的一段弧线,可通过其对应的球心角进行确定。a 边对应于北极与星下点之间的球心角,b 边对应于地面站与星下点之间的球心角,c 边对应于地面站与北极之间的球心角。

当 $a = 90°$ 时,这个球面三角形称为象限三角形,故有

$$c = 90° - \lambda_E \tag{5.1.4}$$

角 B 是 c 所在平面与 a 所在平面形成的夹角,故有

$$B = \Phi_E - \Phi_{SS} \tag{5.1.5}$$

角 A 是 b 所在平面与 c 所在平面形成的夹角。

角 C 是 a 所在平面与 b 所在平面形成的夹角,故有

$$a = 90°$$
$$c = 90° - \lambda_E$$
$$B = \Phi_E - \Phi_{SS}$$

根据球面三角形余弦定理 $\cos b = \cos a \cos c + \sin a \sin c \cos B$,有

$$b = \arccos(\cos B \cos \lambda_E) \tag{5.1.6}$$

根据球面三角形正弦定理 $\sin a / \sin A = \sin b / \sin B$,有

$$A = \arcsin(\sin|B|/\sin b) \tag{5.1.7}$$

利用平面三角形余弦定理求解图 5-1-6 所示的三角形,得到 d 的近似值为

$$d = \sqrt{R^2 + a_{GSO}^2 - 2Ra_{GSO}\cos b} \tag{5.1.8}$$

得到仰角为

$$El = \arccos\left(\frac{a_{GSO}}{d}\sin b\right) \tag{5.1.9}$$

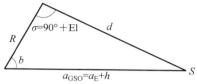

图 5-1-6　由图 5-1-4 得到的平面三角形

例如,地球静止轨道卫星位于 90°W,求纬度 35°N、经度 100°W 的地面站天线的方位角。

解:已知

$$\Phi_E = -100°, \quad \Phi_{SS} = -90°, \quad \lambda_E = 35°$$

可得

$$B = \Phi_E - \Phi_{SS} = -100° - (-90°) = -10°$$

$$b = \arccos(\cos B \cos \lambda_E) = \arccos[\cos(-10°) \cdot \cos 35°] \approx 36.2°$$

$$A = \arcsin(\sin|B|/\sin b) = \arcsin(\sin 10°/\sin 36.2°) \approx 17.1°$$

由于 $\lambda_E > 0$,$B < 0$,于是利用图 5-1-7(c)和表 5-1-1,得到方位角:

$$A_Z = 180° - A = 180° - 17.1° = 162.9°$$

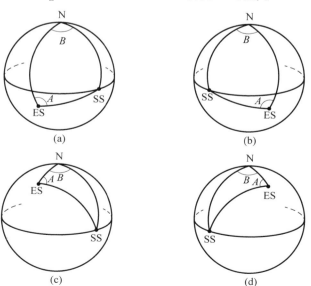

图 5-1-7　表 5-1-1 中与 A 角相关的方位角

表 5-1-1　图 5-1-7 的方位角 A_Z

图 5-1-7	λ_E	B	A_Z
(a)	$<0°$	$<0°$	A
(b)	$<0°$	$>0°$	$360° - A$
(c)	$>0°$	$<0°$	$180° - A$
(d)	$>0°$	$>0°$	$180° + A$

3. 极轴天线

极轴天线是一种绕极轴转动寻星的卫星天线,极轴是指经过天线所在地与地球自转轴平行的一根轴线,它垂直于地球同步卫星轨道的圆平面。这类天线一直指向一颗卫星,如图 5-1-8 所示。

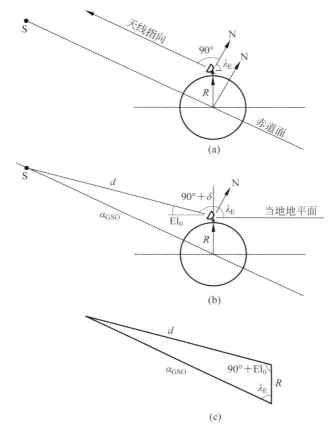

图 5-1-8　极轴天线模型

极轴座架与当地地平面之间的夹角等于地面站纬度 λ_E,这样天线指向就与赤道面平行。在对准卫星位置之前,天线指向相对于极轴的倾斜角度为 δ,即

$$\delta = 90° - \text{El}_0 - \lambda_E \tag{5.1.10}$$

式中,El_0 为保持卫星位置所需的仰角,则

$$\cos\text{El}_0 = (a_{\text{GSO}}/d)\sin\lambda_E \tag{5.1.11}$$

故
$$\delta = 90° - \arccos[(a_{GSO}/d)\sin\lambda_E] - \lambda_E \tag{5.1.12}$$

例如,对于位于北纬49°的地面站,求极轴所需的倾斜角度。已知地球平均半径为 6371 km,并忽略地面站的纬度。

解:已知
$$\lambda_E = 49°, a_{GSO} = (35\ 786 + 6371)\ km = 42\ 157\ km, R = 6371\ km$$

可得
$$d = \sqrt{R^2 + a_{GSO}^2 - 2Ra_{GSO}\cos\lambda_E}$$
$$= \sqrt{6371^2 + 42\ 157^2 - 2 \times 6371 \times 42\ 157 \times \cos49°}\ km \approx 38\ 240\ km$$

保持卫星位置所需的仰角为
$$El_0 = \arccos\left(\frac{a_{GSO}}{d}\sin\lambda_E\right) = \arccos\left(\frac{42\ 157}{38\ 240}\sin49°\right) \approx 33.7°$$

故极轴所需的倾斜角度为
$$\delta = 90° - El_0 - \lambda_E = 90° - 33.7° - 49° = 7.3°$$

5.1.3 通信卫星的轨道布设

由于地球的形状为椭球体,因此当我们驻足眺望远方的时候,即使利用最先进的望远镜也不可能看到地球的全貌,这是因为远方的大地由于地球表面呈弧线落到我们的视线下面去了。那么观察者所处的位置与所观测的地球表面具有什么样的数学关系呢? 我们可以通过以下的计算得到。

在这里,我们将地球看作平均半径为 $R = 6371$ km 的球体,当卫星与地球表面之间的直线距离为 h 时,卫星所能观测到的地球表面积 A 可用下式表示:
$$A = 2\pi R h_x \tag{5.1.13}$$

其中,h_x 为球冠的高度,由下式求得:
$$\frac{h + h_x}{\sqrt{(h+R)^2 - R^2}} = \frac{\sqrt{(h+R)^2 - R^2}}{h + R} \tag{5.1.14}$$

地球的表面积为
$$S_{地球} = 4\pi R^2 \tag{5.1.15}$$

综合以上三式,距离地面 h 高度的卫星可观测区域面积占地球总面积的百分比 k 可以表示为
$$k = \frac{1/2}{1 + R/h} \tag{5.1.16}$$

因此,我们站在高度为 8848 m 的珠穆朗玛峰上理论上能观察到 0.07% 的地球表面;在离地面 200 km 高的轨道上就可以看到 1.52% 的地球表面;在距地面 35 786 km 的地球静止轨道上就可以观察到约 42% 的地球表面。可以说,距离地面越高,我们会看得越远,所作观察受地面起伏影响也就越小。

根据通信需求的不同,通信卫星的轨道可以为地球静止轨道、近地轨道、中地球轨道和大椭圆轨道等,其中最常用的是地球静止轨道。

1. 地球静止轨道

根据式(5.1.16)，可知单颗 GEO 卫星能够覆盖约 42% 的地球表面。此外，由于卫星悬于赤道上空，还可以据此计算出地球静止轨道卫星所能覆盖的纬度 θ 的范围，即

$$\theta = \arccos \frac{R}{R+h} \tag{5.1.17}$$

因此，在赤道上等间隔放置 3 颗 GEO 通信卫星，如图 5-1-9 所示，可以在 $-81° \sim 81°$ 的纬度范围内实现全球通信。可以看出，地球静止轨道通信卫星具有两个显著的优点：一是覆盖范围大，使用 3 颗卫星即可解决除两极地区之外的全球通信；二是相对地面固定，地面天线对准后就不必转动，不存在跟踪问题。

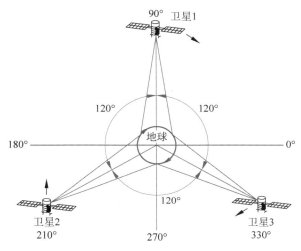

图 5-1-9   地球静止轨道通信卫星

静止轨道上的通信卫星虽然有很多优势，但是由于距地面较远，通信信号微弱，因此不得不常利用抛物面天线对信号进行聚焦和放大，才能收到通信卫星转播的电视节目信息。

2. 近地轨道

近地轨道上的通信卫星高度低，飞行速度快，无法对固定区域的地面站进行通信，因而必须发射数十颗甚至更多卫星组成星链，才能实现全球通信。例如美国铱星移动通信系统便由 6 条轨道上的 66 颗卫星组成星链，以用于手机全球通信。

此外，由于近地轨道卫星离地高度相对较低，近地轨道通信星座的通信距离就较短，其优点就是信号延迟较低和信号损耗比较小。由于通信卫星信号的损耗很小，可以直接为手机等通信终端提供通信接入，而无须再安装大尺寸的锅盖天线用以通信信号的汇聚放大，这样就使得地面通信终端具有了良好的机动灵活性。

除了"铱星"星链外，典型的低轨通信卫星星座还有"全球星"和"轨道通信"等。目前，最受关注的是美国马斯克 SpaceX 公司正在实施的"星链"近地轨道通信卫星计划，该计划第一期在距地面 550 km 高度的轨道上部署 4408 颗通信卫星，第二期将在 340 km 高度的轨道上部署 7518 颗卫星，第三期将继续部署约 3 万颗卫星。截至 2022 年 8 月，已有 3000 余颗星链卫星发射入轨。

3. 中地球轨道

中地球轨道比地球静止轨道低,而又远高于近地轨道,其覆盖性能也介于其间。如果通信卫星采用中地球轨道,那么只需要适中的数量就可以实现全球覆盖。例如轨道高度为 13 000 km 的通信卫星,其轨道覆盖率约为 34%,中地球轨道卫星只需要 10 颗左右就可实现全球通信。

目前,已经投入商业运营的美国 O3b 星座就是典型的中地球轨道卫星通信系统。O3b 星座系统的第一代卫星均位于赤道上空 8062 km 高度几乎零倾角的中地球轨道上,它能够覆盖赤道附近南北纬 45°范围内的所有区域,但是缺乏对中高纬度区域的覆盖。

4. 大椭圆轨道

大椭圆轨道是近地点很低,而远地点很高的一类卫星轨道。位于大椭圆轨道的卫星在远地点附近运动得很慢,而在近地点附近又运动得很快,因此卫星对远地点下方地面区域的覆盖时间可超过 12 h。俄罗斯、加拿大等高纬度国家如果使用地球静止轨道通信,则地面天线仰角很低;而使用大椭圆轨道,则可以大大增加天线仰角。

5.2 卫星导航定位

"东有启明,西有长庚""夫乘舟而惑者,不知东西,见斗极则寤矣",类似这种利用天上的星辰和方向来确定方位的情况在我国古代并不鲜见(见图 5-2-1)。但是,这种通过星象进行导航存在一定的风险,一旦遇到阴雨天气,还得依靠人造导航工具。

图 5-2-1 北斗星和北极星辨方位

实际上,最原始的人造导航工具就是道路。在古代人们出门时,沿着官道走就能到达想去的地方,而为了丈量路程,人们还在官道旁边每隔一段距离堆个石堆或土堆作为标记,达到既辨识走向又计量路程的目的。但是,身处荒郊野岭或在海上航行的时候,定位和导航就不可能再依靠官道了,这时就需要司南、指南针等专业工具。20世纪初,无线电技术的发展为导航带来了质的飞跃,传统的磁罗盘被无线电导航仪所取代。

1958年年初,美国科学家在跟踪卫星运行时偶然发现,当卫星逐渐飞近地面接收机时,地面接收到的无线电信号频率将逐渐升高;而当卫星逐渐远离时,其频率则会逐渐变低。这就是无线电信号的多普勒效应,从此人类进入了利用卫星进行导航定位的新纪元。卫星导航就是由地面设备通过无线电信号与卫星进行联系,计算出设备与卫星之间的距离,再由距离变化率推算出设备在地球或空间的实时位置。目前,卫星导航在日常生活中使用已较为普遍,如我们利用手机终端在外出时进行路径导航等。

5.2.1 卫星导航定位基础

卫星导航系统是如何为人类提供导航定位服务的呢?这就不得不提三球交汇定位、距离测量、精确时间获取、卫星位置获取和误差校正这五个方面的内容。

1. 三球交汇定位

目前,中国北斗系统(Beidou Navigation Satellite System,BDS)、美国GPS系统、俄罗斯GLONASS系统和欧盟Galileo系统是国际上的四大全球卫星导航系统,其定位原理基本相同,均是基于三球交汇实现定位,该原理可以采用如下几何学知识进行理解。

假如你站在地球上的某个位置,该位置与第一颗卫星的距离为R_1,与第二颗卫星的距离为R_2,那么以这两个距离为半径、以两颗卫星为球心画球,这两个球的相交面会形成一个圆形(见图5-2-2(a)),你的位置可能在这个圆形上任意一点。这时引入第三颗卫星。假如你与第三颗卫星的距离为R_3,以此为半径绕该卫星画球,这个球和之前的圆就相交在两个点上,这两个点有一个在地球上,另外一个在高空中,显然地球上的那个交点就是你当前所处的位置(见图5-2-2(b))。换句话说,通过以上三颗卫星,就能确定你在地球上的坐标(x,y,z)。但是,有一个问题可能大家已经注意到了,那就是这三颗导航卫星不能处于同一个轨道面上,否则是无法实现交汇定位的。

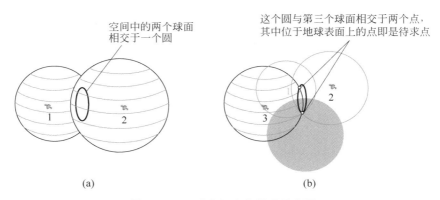

图 5-2-2　三球交汇定位原理示意图

2. 距离测量方法

正如前文所述,通过三个球面交汇进行定位时,必须要解决的问题之一便是求出导航卫星与定位点的距离,可由速度乘以时间获得。在全球定位系统中,导航卫星会发出无线电信号,该无线电信号的理论传输速度为光速 c,那么问题就可以简化为传输时间的确定。

以美国 GPS 导航卫星为例,其卫星轨道高度约为 20 200 km。假如卫星正好在我们头顶,如果无线电波的传播速度取光速 3×10^8 m/s,那么无线电波传播的理论时间就约为 0.07 s,对于如此短的时间就需要非常精确的时钟来进行量度。那么如何测量信号的传播时间? 下面以一个生动的比喻来进行解释。

假设让卫星和某处的接收机同时播放一段音乐,如果音乐可以从太空中传到我们的耳边(卫星先将音乐转换为无线电波的形式,传输至地面后再转化为音乐),但是相比接收机而言,卫星距离我们更为遥远,存在信息传输延迟,此时我们将会听到两个不同步的音乐。如果要获知卫星传输的音乐延迟了多长时间,可以将接收机播放音乐的时间延迟,让这两个音乐实现同步,这个延迟时间即为卫星上播放的音乐在太空中

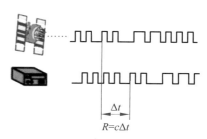

图 5-2-3　确定卫星到接收机的距离

传输的时间,然后将延迟时间与光速相乘,就可得到接收机到卫星的距离(见图 5-2-3)。实际上,卫星向接收机传递的信息是一种叫作“伪随机码”的数据。

3. 精确时间获取方法

无线电信号的传播时间是否可用手表计时? 答案是否定的。这是因为无线电以光速传播,即使时间只偏差 0.001 s,也会造成约 300 km 的距离误差。那么如何获取精确的时间?

由于在卫星上安装有非常精确且昂贵的原子钟,所以卫星上的时间几乎是精确的,而费用动辄几十万元的原子钟安装在地面接收机上显然是不太现实的,也就是说地面接收机不能像卫星那样进行精确的计时。为了解决该问题,最好的方法就是接收机通过接收 4 个或更多卫星的传入信号来实现对自身误差的测量。这是为什么呢? 下面我们通过简单的计算对其进行解释。

接收机时钟由于精度较差,与卫星原子钟不同步,较之慢或快 Δt_0。当接收机时钟较快时,Δt_0 为正。时间误差 Δt_0 造成信号时延 Δt,从而引起卫星到用户的距离 R 测量不准确。测得的不准确距离称为伪距(pseudo range,PSR),有

$$\Delta t_{\text{measured}} = \Delta t + \Delta t_0 \tag{5.2.1}$$

$$\text{PSR} = \Delta t_{\text{measured}} c = (\Delta t + \Delta t_0)c \tag{5.2.2}$$

$$\text{PSR} = R + \Delta t_0 c \tag{5.2.3}$$

式中,R 为卫星与接收机之间的真实距离;c 为光速;Δt 为从卫星到接收机的信号行程时间;Δt_0 为卫星时钟与接收机时钟之差;$\Delta t_{\text{measured}}$ 为测得的卫星到接收机的信号行程时间。

在地心笛卡儿坐标系中,卫星$(x_{\text{sat}}, y_{\text{sat}}, z_{\text{sat}})$与接收机$(x_{\text{user}}, y_{\text{user}}, z_{\text{user}})$之间的距离 R 计算如下:

$$R = \sqrt{(x_{\text{sat}} - x_{\text{user}})^2 + (y_{\text{sat}} - y_{\text{user}})^2 + (z_{\text{sat}} - z_{\text{user}})^2} \tag{5.2.4}$$

将式(5.2.4)代入式(5.2.3)得

$$\text{PSR} = \sqrt{(x_{\text{sat}} - x_{\text{user}})^2 + (y_{\text{sat}} - y_{\text{user}})^2 + (z_{\text{sat}} - z_{\text{user}})^2} + \Delta t_0 c \tag{5.2.5}$$

为确定 4 个未知量$(x_{\text{user}}, y_{\text{user}}, z_{\text{user}}, \Delta t_0)$,需要 4 个独立方程。

我们知道,用 3 个方程是无法确定 4 个未知量(x_{user},y_{user},z_{user},Δt_0)的,也就是说利用 3 颗已知空间坐标的卫星是无法实现接收机定位的。解决该问题最简单的方法就是继续增加导航卫星的数量,即通过 4 个不精确的测量建立 4 个方程,从而实现 4 个未知量的求解。

卫星导航系统通过 4 个或以上不精确测量实现目标定位的原则,可以很好地解决成本问题,但同时也要求接收机必须有至少 4 个通道,才能同时进行 4 个距离测量。

4. 卫星位置获取方法

在进行前文讨论的时候,我们总假设导航卫星的空间坐标是已知的。但是,导航卫星距离接收机有几万千米,它们的空间坐标如何获取呢?通过轨道知识的学习,可能你已经有了答案。没错,就是将每颗卫星送入精确的轨道,并由其不停地向地面接收机发出位置信息。

为了尽可能准确地知道卫星的实时位置,减小月球和太阳引力以及太阳辐射等太空环境对卫星轨道的影响,地面部分需要采用雷达等设备不断地监测导航卫星,从而获取每颗卫星的确切高度、位置和速度等状态信息,并将修正后的位置信息实时传递给地面接收设备。因此,卫星发出的导航电文至少应包括时间信息和自身精确轨道数据。

5. 误差校正方法

基于各种假设,采用抽象方法可以很好地解释卫星导航定位系统的计算方法,但是现实世界要比理论解释复杂得多,也就是说会有很多因素影响导航定位的精度。例如,卫星发出的无线电信号在穿越地球大气层时的大气延迟效应、无线电信号经周围物体(如高楼大厦)多次反射后的多径效应、卫星星历误差、卫星时钟误差等。为了得到非常高的定位精度,卫星导航系统通常采用差分定位技术。

差分定位技术的原理是在位置已精确测定的已知点上配备一台卫星导航信息监测接收机作为基准站,并和用户同时进行观测,将得到的单点定位的结果与基准站坐标比较,求解出实时差分修正值,以广播或数据链传输方式将差分修正值传送至附近用户,以修正其定位解,提高其局部范围内用户的定位精度(见图 5-2-4)。

目前,差分定位技术主要有伪距差分和载波相位差分两种。

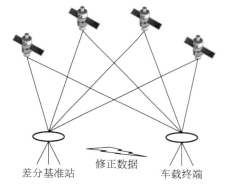

差分基准站　　修正数据　　车载终端

图 5-2-4　差分定位技术

1)伪距差分定位技术

由于受到大气折射等因素的影响,通过接收机测量的距离并不等于卫星到地面接收机的真正距离,该测量距离称为伪距。伪距差分是指在基准站上观测所有卫星,根据基准站和各卫星的坐标求出每颗卫星每一时刻到基准站的真实距离,然后再与测得的伪距比较,得出伪距修正值,并将其传输至流动站接收机来修正测量的伪距,从而可使定位精度提高至米级。

2)载波相位差分定位技术

载波相位差分定位技术是实时处理两个观测站载波相位观测量的差分方法,即将基准站采集的载波相位发给用户接收机,将本机和基准站的载波相位观测值进行求差,解算坐标。由于本机和基准站的大部分误差都有时间和空间的相关性,绝大部分误差可以被抵消或降低,当二者相距较近时,其定位精度可达到厘米级,因此广泛应用于高精度位置动态测量领域。

5.2.2 导航卫星的轨道布设

根据前文知识,卫星导航定位需要接收机在同一时刻最少接收到4颗卫星的信号才能实现导航。那么怎么据此布置卫星轨道呢?一般而言,卫星轨道设计时通常需要考虑轨道半长轴、轨道偏心率、轨道倾角、升交点赤经、近地点幅角、近地点、平近点角等参数(见图5-2-5),其中前两个用来确定卫星轨道的形状,后4个用来确定卫星轨道的位置。下面仅介绍其中3个参数。

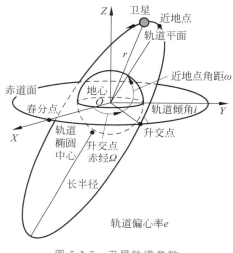

图 5-2-5 卫星轨道参数

1. 轨道半长轴

实质上轨道半长轴体现了轨道高度。前文已经介绍,站得高看得远,轨道低了其覆盖区域就小,需要的卫星数量就多,而且稀薄的空气摩擦会导致卫星轨道降低,影响卫星的寿命。想想看,为了同时接收4颗卫星的信号,成本会有多高?轨道既然不宜过高,也不宜过低,那么就只能折中。怎么折中呢?我们知道,在地球同步轨道布置3颗卫星就可以覆盖除南北极外地球表面几乎所有的区域,但是由于其轨道过高,信号延迟无法解决,那么就考虑比它低的轨道。

目前,四大导航系统中GPS导航卫星的轨道高度为20 200 km,这一轨道高度的卫星尽管覆盖区域比35 786 km的地球同步轨道卫星要小,但是在23 h 56 min内导航卫星将会重返地面上同一位置一次,在兼顾信号延迟的同时,还能方便地面站对卫星的控制和管理。

2. 轨道偏心率

通俗地讲,轨道偏心率用于描述轨道是圆还是椭圆,如果是椭圆那么多扁才好。导航卫星最主要的任务是给接收机发送稳定的信号,因为距离越远,信号衰减就越大,信号就越弱。此外,运动速度不稳定也会造成额外的多普勒频移。因此,导航卫星最好选择圆轨道,或者说偏心率较小的轨道。

3. 轨道倾角

假设轨道过极点,那么导航卫星信号就能够实现全球均匀分布,也就是说在所有区域的定位精度都一样,但是人类主要在南北纬60°周边进行活动,而在南极、南太平洋、北极和西伯利亚格陵兰岛则几乎没有人类活动。因此为了利用有限的资源,满足热带和南北温带人口稠密区域的导航需求,BDS、GPS和Galileo导航卫星的倾角都选择55°附近。对于疆域广袤的俄罗斯而言,为了满足北至西伯利亚广大区域的使用需求,GLONASS则将轨道倾角设计为64.8°。

为了保证地面接收机每时每刻都至少收到4颗及以上卫星信号,就要求将卫星置于不同的轨道面上,这样不仅能保证稳定的对地覆盖率,还能保证高的定位精度。目前,BDS和GPS将卫星布置在6个轨道面上,GLONASS和Galileo将卫星布置在3个轨道面上。

在卫星导航系统中,当测距误差一定时,用户与参与定位解算的卫星之间几何关系的差异将直接影响定位的误差。如果选用不同组合的卫星星座,其定位与否以及定位精度都有很大的不同。为了表征卫星几何结构对定位精度的影响,引入几何精度因子(geometric dilution of precision,GDOP)的概念,它反映了由于卫星几何关系的影响造成的伪距测量误差与用户位置误差间的比例系数,是对用户测量误差的放大程度。

GDOP包括PDOP(positional dilution of precision)、HDOP(horizontal dilution of precision)、VDOP(vertical dilution of precision)和TDOP(time positional dilution of precision)四个参数。其中,PDOP包括经度、纬度和高程等因子,称为三维位置精度因子;HDOP包括经度和纬度等因子,称为水平位置精度因子;VDOP包括高程因子,称为垂直精度因子;TDOP包括钟差,称为时间精度因子。它们之间存在以下关系:

$$HDOP^2 + VDOP^2 = PDOP^2 \tag{5.2.6}$$

$$PDOP^2 + TDOP^2 = GDOP^2 \tag{5.2.7}$$

为什么GDOP值会影响定位精度呢?下面通过两颗卫星由于分布不同,从而引起不同定位精度的简单例子对其进行说明。在图5-2-6中,可以看到当测距误差相同时,第三种情况下黄色区域最为集中,即定位精度最好。在多数情况下,当用户利用卫星导航系统进行定位时,可以同时接收多于4颗卫星的信号,而定位解算只需要4颗卫星即可。因此,可以根据计算GDOP值大小进行导航卫星星座的选择。

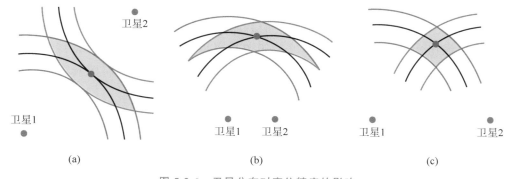

图 5-2-6　卫星分布对定位精度的影响

由几何精度因子的定义可知

$$GDOP = \sqrt{trace(\boldsymbol{H}^T\boldsymbol{H})^{-1}} \qquad (5.2.8)$$

式中,$\boldsymbol{H}$ 为导航系统观测方程的系数矩阵,该矩阵可以通过初始概位和 4 颗卫星的坐标进行构造。

工程上广泛采用最大四面体体积法对 GDOP 值进行计算,该方法不需要对矩阵 $\boldsymbol{H}$ 进行求逆,可以大大减少计算量。具体的计算公式如下:

$$GDOP = \frac{1}{6}\frac{\sqrt{trace(\boldsymbol{H}^T\boldsymbol{H})^*}}{V} \qquad (5.2.9)$$

式中,trace(*)为矩阵的迹(即矩阵特征值之和);(·)* 为求矩阵的伴随矩阵;V 为 4 颗卫星到用户单位矢量的端点所围成的四面体的体积。

5.3　卫星遥感

人类文明自产生以来,人们就从未停止对地球的探索。古代的人们由于受到活动范围的限制,在很长一段时间里,就连地球的形状都只能通过直觉和臆想去推测。直至 1519 年大航海家麦哲伦成功环游地球一圈,地球是球体的认知才被大众接受。19 世纪中叶至 20 世纪初,随着达盖尔从气球上拍摄第一张巴黎鸟瞰照片以及莱特兄弟发明飞机,人类对地球的观测方式逐渐由近观感知和实地测量发展到从遥远的地方进行观测,我们将这个阶段描述为航空遥感时代。1957 年 10 月 4 日,苏联发射了世界上第一颗人造卫星,开始利用装在卫星上的遥感装置对宇宙空间进行侦察和探测,标志着卫星遥感时代的来临。

遥感卫星轨道高,不受国界和地理条件的限制,可以充分发挥"站得高、看得远"的优势,并在资源调查、测绘、天气与海况预报、防灾减灾和军事侦察等领域发挥重要作用。

5.3.1　卫星遥感基础

卫星遥感是指借助于遥感卫星自身携带的专门仪器,探测遥远目标所辐射或反射的电磁波信号并将其记录下来,经过加工处理后,变成可直接识别判读的图像,从而分析出目标的性质及其变化规律。遥感是利用地物电磁波的理论来远程非接触式识别对象的,遥感图像必须按一定的空间坐标、投影、比例尺来进行处理,遥感信息提取与分类识别需遵循地学规律与生物学原理。

1. 电磁辐射

电磁辐射是指电磁能量以电磁波或光量子形式发射到空间的过程。电磁能量照射到物体上后将被透射、反射、散射或吸收,透射、反射、散射或吸收的比例主要取决于介质的成分及物理性质、电磁波的波长或频率以及入射辐射的角度等因素。电磁波透射、反射、散射或吸收的基本能量交互作用如图 5-3-1 所示。

1)透射

透射是入射辐射经过折射穿过物体而不发生显著衰减的过程,被透射的物体一般是透明的或半透明的。如图 5-3-1 所示,当太阳光以入射角 θ_1 从密度较低的空气进入密度较高的水中时,将靠近垂直方向偏转 θ_2,而太阳光从密度较高的水中射出时,则又会远离垂直方向偏转 θ_1。

折射率反映了电磁辐射速度的变化,折射率一般用 n 表示。它是指真空中电磁辐射速度 c 与物质媒介中传播速度 v 的比值:

$$n = \frac{c}{v} \qquad (5.3.1)$$

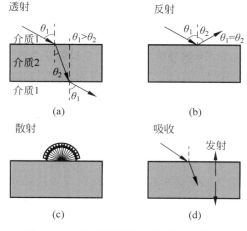

图 5-3-1　物质间的基本能量交互作用

由于光速在不同物质中的传播速度不同,而且 v 不可能超过 c,因此不同物质的 n 是不同的,而且都大于 1。比如,地球大气的折射率为 1.000 29,水的折射率为 1.33,钻石的折射率为 2.42。根据折射率可得到菲涅耳定律的表达式:

$$n_1 \sin\theta_1 = n_2 \sin\theta_2 \qquad (5.3.2)$$

2)反射

反射是指电磁波从一种介质射向另一种介质时,其部分电磁波或电磁能量由分界面返回第一种介质的传播现象。当平行入射的电磁波射向平整的界面时,反射波也是平行的,这种反射称为镜面反射。电磁波反射遵循反射定律,即电磁波射到两种介质的界面发生反射时,反射波在入射波和法线决定的平面内,且与入射波分别位于法线的两侧,反射角等于入射角。

根据电磁理论可以推导出电介质界面的理论振幅反射率:

$$\begin{cases} r_\perp = \dfrac{n_1 \cos\theta_1 - n_2 \cos\theta_2}{n_1 \cos\theta_1 + n_2 \cos\theta_2} \\ r_{/\!/} = \dfrac{n_2 \cos\theta_1 - n_1 \cos\theta_2}{n_2 \cos\theta_1 + n_1 \cos\theta_2} \end{cases} \qquad (5.3.3)$$

式中,r 为反射物振幅与入射场之比,该值的平方等于反射辐射的"强度";"$\perp$"表示 E 的极化与入射面垂直;"$/\!/$"表示 E 的极化与入射面平行;n、θ_1、θ_2 分别为介质的折射率、入射角和折射角。

3)散射

散射是指入射辐射以不可预见的角度弥漫地射向各个方向。不同的散射表现为不同特性的双向反射分布函数。对于理想的"朗伯面",这个函数名义上是余弦曲线,但实际上是有差别的。

4)吸收

吸收是指入射辐射被介质吸收的现象。若出现吸收现象,则物质对于入射辐射须是不透明的。被吸收的辐射一部分转化为物体内部的热能,然后以较长的热红外线波长发射或再次辐射出去。

2.几何光学

1)薄透镜成像

光学成像的基本公式,即薄透镜公式为

$$\frac{1}{f} = \frac{1}{P} + \frac{1}{P'} \qquad\qquad (5.3.4)$$

式中，f 为焦距，它是透镜的固有特性，取决于透镜的曲率以及透镜材料的折射率；P 为物距；P' 为像距。由上式可知，当物距 P 无穷大时，焦距等于像距。比如在图 5-3-2 中，物距等于焦距的 2 倍，像距也等于焦距的 2 倍（$P = P' = 2f$）。

2）光路图（相似三角形，放大倍数）

由几何学可知，相似三角形决定图像大小——放大倍数等于像距与物距之比，如图 5-3-3 所示。在卫星遥感应用中，物距通常很大，而像距则基本上等于焦距。例如，位于地球上空 150 km 处的宇航员早期使用的哈苏相机一般采用 250 mm 镜头，其图像大小与物体之比为 $250 \times 10^{-3} / 150 \times 10^{3} = 1.67 \times 10^{-6}$，显然这是一个很小的数值。因此，在一个长度为 32 mm 的小小胶片上就可以拍摄南北长约 20 km 的地面区域。

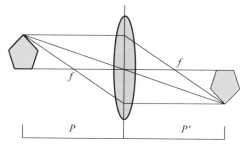

图 5-3-2　薄透镜定律

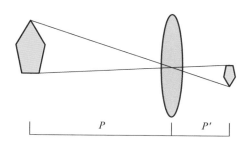

图 5-3-3　放大率：相似三角形

3）孔径

镜头的通光能力由其孔径决定，越灵敏的光学系统其孔径越大（成像越快）。孔径不变的情况下，其效果取决于焦距（放大倍数）。这种依赖关系用光圈数表示，光圈数也称光圈，表示为 $f/\sharp$，即焦距与镜头直径之比：

$$f/\sharp = 镜头焦距 / 主光学系统光孔直径 \qquad\qquad (5.3.5)$$

业余相机镜头的光圈一般介于 $f/4 \sim f/2.8$ 之间。对于 30 mm 相机，高质量的标准镜头则介于 $f/1.4 \sim f/1.2$ 之间。焦距越长（放大倍数越大），就需要越大孔径的镜头才能维持相应的通光能力；焦距越长，就越难获得快速成像的光学系统。

4）小孔成像

用一个带有小孔的板遮挡在墙体与物之间，墙体上就会形成物的倒立影像，这种现象称为小孔成像，也称针孔成像。小孔之所以可以成像是因为光沿直线传播，存在点对点的成像关系，因此在小孔后面会出现倒立的影像。但是由于小孔本身具有尺寸，那么某一点的光会投影在理想点附近范围内，如图 5-3-4 中红色的线，所以图像就会有些模糊。小孔的尺寸越大这一现象就越明显，最终当小孔大到一定程度时，像也最终会变得模糊。反之，小孔越小，图像越清晰。但是当衍射现象出现时，就达到了衍射极限。

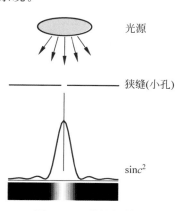

图 5-3-4　单缝衍射图

3. 瑞利判据

除从几何光学方面讨论外,还需要讨论光的波动性影响。光具有波动性的显著特征之一就是光的衍射,即光可以在棱角分明的边界周围扩散。实际上,除光的衍射外,我们可能对声音和海浪的衍射更为熟悉。

衍射通过瑞利判据定义所有遥感系统的角度(空间)分辨力。下面考虑无穷的单缝衍射,采用一维情况来介绍瑞利判据。

图5-3-4以近似比例展示了光线入射到狭缝的情况。只考虑几何光学角度,在下方平面上应当有一个与狭缝尺寸相当的白光点,但是却出现了中间极大现象,其宽度取决于光的波长、狭缝的宽度以及狭缝距下方平面的距离。

强度表示为

$$I \propto \left(\frac{\sin\varphi}{\varphi}\right)^2 \tag{5.3.6}$$

其中

$$\varphi = 2\pi\frac{ax}{R\lambda}$$

式中,a为狭缝的宽度;x为目标平面与中心线的距离;R为距离;λ为波长。

括号中的函数是正弦函数,当$\varphi = 0$时该函数等于1,当$\varphi = \pi$时该函数等于0。这发生在$2\pi\frac{ax}{R\lambda} = \pi$,即$\frac{x}{R} = \frac{\lambda}{2a}$对应的位置。

中间极大的宽度刚好等于该值的2倍,于是可以得出:第一条亮区的角幅等于

$$\Delta\theta = \frac{2x}{R} = \frac{\lambda}{a} \tag{5.3.7}$$

该区外的两个次极大也很重要,尤其是在雷达和通信领域。单缝衍射几何图如图5-3-5所示。

上述分析表明,对于有限的孔径,由于波长与孔径宽度或直径的影响,存在一个重要的角分辨力极限。对于矩形孔:

$$\Delta\theta = \frac{\lambda}{D} \tag{5.3.8}$$

式中,$\Delta\theta$为角分辨力;D为矩形孔的边长。

对于圆形孔,通过对孔径形状进行傅里叶变换,再采用贝塞尔函数公式就可以得到光的强度,其结果为

$$I \propto \left[\frac{J_1(w)}{w}\right]^2 \tag{5.3.9}$$

式中,$w = \frac{2\pi ar}{R\lambda}$;$J_1$为一阶贝塞尔函数。其中,$a$为镜头半径;$r$为所测点与中线的距离;$R$为镜头与屏幕的距离;$\lambda$为入射光的波长。

由该函数计算结果可知,中央是明亮的圆斑,在其周围是一组较弱的明暗相间的同心环状条纹,如图5-3-6所示。图中以第一暗色圆环为界限的中央亮斑称为艾里斑,其角度与波长及小孔的直径满足如下关系式:

$$\sin\theta = 1.22\lambda/d \tag{5.3.10}$$

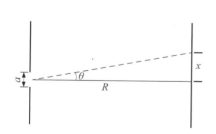

图 5-3-5　单缝衍射几何图

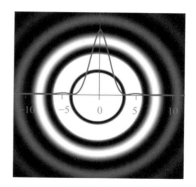

图 5-3-6　圆孔衍射产生的艾里斑

式中，θ 为第一暗环的衍射方向角；d 为镜头直径。由于 θ 非常小，因此对于光学成像系统 $\sin\theta \approx \theta = \Delta\theta$，镜头的角分辨力为 $\Delta\theta = 0.61\lambda/a$，即

$$\Delta\theta = 1.22\lambda/d \tag{5.3.11}$$

如图 5-3-7 所示，角分辨力越大，相邻物体越容易被区分，这个概念在天文学中最容易被理解。比如，当镜头的角分辨力等于双星的角距时，就正好能够分辨出双星。同样的道理适用于地面观测，只不过辨别的对象由天文学中的星体变为地面上的物体，其分辨距离等于 $\Delta\theta$ 与传感器离目标距离之积。

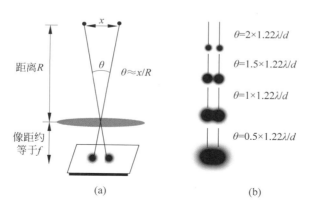

图 5-3-7　角分辨力提高后的观测

图 5-3-7(a) 表示两个相距 x 的物体，刚好满足圆筒光学瑞利判据时的情况；图 5-3-7(b) 表示距离观测点 400 km 外两个相距 10 m 的点状目标，其角距约等于 25 μrad，当波长等于 0.5 μm，光学镜头的口径分别选择 12.2 mm、24.4 mm、36.6 mm 和 48.8 mm 时，所观察到的图像的变化情况。其中，当镜头口径为 24.4 mm 时，角分辨力为 25 μrad，该值与物体角距正好相等，即对应瑞利判据，因此刚好能够将两物体分辨开，见从下往上数第二个图像。值得注意的是在主衍射线外还有次极大，它属于圆形天线的旁瓣。

例如，某望远镜系统在高度为 370 km 的轨道上运行，当它向地面观测时，观测距离就等于高度，假设镜子直径为 2.43 m，波长为 5×10^{-7} m，则其地面采样间距(ground sample distance，GSD)为

$$\mathrm{GSD} = \Delta x = 1.22 \times \frac{\lambda R}{d} = 1.22 \times \frac{5 \times 10^{-7} \times 370 \times 10^3}{2.43}\ \mathrm{m} \approx 9.3 \times 10^{-2}\ \mathrm{m}$$

5.3.2　卫星遥感的分辨率

遥感是指利用传感器对目标地物发射或反射的电磁波信息进行记录,从而形成遥感影像(或其他遥感数据)的一种技术。分辨率作为传感器成像系统输出影像细节辨别能力的一种量度,是评价遥感影像应用价值的重要指标之一。根据对"影像细节"量度的不同,有空间分辨率、辐射分辨率、光谱分辨率和时间分辨率等多种类型的分辨率。

1. 空间分辨率

空间分辨率是指卫星观测影像中一个像素所对应的地面范围,反映的是传感器能够分辨目标地物最小尺寸的能力,或者说是对遥感影像空间细节信息的辨别能力。影响遥感卫星空间分辨率的决定因素为采样密度,即选取采样点之间的间隔,采样间隔越小,空间分辨率越高,图像越清晰。

遥感卫星的空间分辨率的计算公式为

$$R = \frac{R_{\mathrm{s}} f}{H} \tag{5.3.12}$$

式中,R 为空间分辨率;R_{s} 为探测器像元间距;f 为成像系统的焦距;H 为轨道高度。可见,在探测器像元间距和轨道高度固定的情况下,焦距越长则空间分辨率越高。又

$$f = f_{数} D \tag{5.3.13}$$

式中,$f_{数}$ 即光圈数,D 为相机孔径。由此可知,反射式成像系统的空间分辨率随主镜口径和焦距的增加而增大。

对于任一目标而言,其在图像上的可分辨程度并不完全取决于空间分辨率,还与目标的形状、大小及其与周围物体的亮度、结构的相对差异等因素有关,因此空间分辨率重在体现影像细节的可见程度。

2. 辐射分辨率

辐射分辨率是指传感器对地物辐射能量微小变化的区分能力。比如,传感器的辐射度差为1,那么每相隔1辐射能量以上的光谱信号才能被传感器区分开,而不足的部分就会被量化为相同的灰度。当传感器辐射度差为 0.1 时,那么辐射能量每隔 0.1 就会量化为一种灰度。因此对于同一地区,区分辐射差越小,图像中灰度的区分度就越多。影响辐射分辨率的决定因素是量化能力,量化级越多,图像层次越丰富,传感器的灵敏度越高。

辐射分辨率的计算公式如下:

$$R_{\mathrm{L}} = \frac{R_{\max} - R_{\min}}{D} \tag{5.3.14}$$

式中,$R_{\max}$ 为最大辐射量值;$R_{\min}$ 为最小辐射量值;D 为量化级。

3. 光谱分辨率

光谱分辨率是指传感器能够探测的地物波谱的最小波长间隔。在同样的波谱范围下,通常影像波段数越多,光谱分辨率越高。光谱分辨率一般采用 $\lambda / \Delta\lambda$ 表示,根据光谱分辨率的不同,有多光谱成像、高光谱成像和超高光谱成像。

(1)多光谱成像:具有 $10 \sim 20$ 个光谱通道,光谱分辨率为 $\lambda / \Delta\lambda \approx 10$。

（2）高光谱成像：具有 100～400 个光谱通道,光谱分辨率可达 $\lambda/\Delta\lambda \approx 100$。

（3）超高光谱成像：光谱通道数在 1000 左右,光谱分辨率为 $\lambda/\Delta\lambda \geqslant 1000$。

4. 时间分辨率

时间分辨率是遥感系统对同一地点的重复观测能力,通常也称为重访周期。重访周期越短,时间分辨率越高。影响时间分辨率的决定因素是卫星的回归周期,该周期由遥感卫星决定。对于不同的应用,时间分辨率的高低不同,一般而言气象观测选择短周期,植物动态监控选择中周期,城市扩展及土地利用则选择长周期。

5.3.3　遥感卫星的轨道布设

根据遥感卫星的任务需求,通常需要从观测对象、观测范围和观测频次等方面考虑对轨道布设进行科学设计。目前,遥感卫星最常用的轨道为太阳同步轨道和地球同步轨道两种。

1. 太阳同步轨道

太阳同步轨道是指轨道平面绕地球自转轴,且与地球绕太阳公转方向和平均角速度相同的轨道。目前,我国的资源系列卫星、遥感系列卫星、海洋系列卫星,以及风云一号和风云三号气象卫星等都采用太阳同步轨道。

降交点地方时对于太阳同步轨道是一个重要的参数,它表示卫星由北往南降轨飞行时其星下点经过赤道的地方时刻。对于可见光成像遥感,卫星降交点地方时一般选择在上午 10：30 左右。由于太阳同步轨道卫星以相同的方向经过同一纬度的当地时间相同,因此为了获得同一地区不同地方时刻的地物信息,需要采用具有不同降交点地方时的多颗遥感卫星进行组网。

2. 地球同步轨道

地球同步轨道是指运行周期等于地球自转周期的顺行人造地球卫星轨道。地球同步轨道遥感卫星既可以实现大范围的对地观测,还可以对局部区域进行连续观测。由于地球同步轨道较高,遥感图像的空间分辨率一般为数百米或上千米。目前,我国的风云二号、风云四号气象卫星以及高分四号遥感卫星采用的就是地球同步轨道。其中,高分四号遥感卫星的空间分辨力为 50 m,处于国际领先水平。

3. 其他轨道布设

除了上述两类常用轨道,遥感卫星还会选择一些特殊的轨道。例如,为了对低纬度热带地区进行降雨测量,可以采用低倾角非太阳同步圆轨道,其轨道高度约为 400 km,轨道倾角为 35°;为了获取特定地区的遥感信息,我国采用中等倾角的非太阳同步轨道发射返回式遥感卫星;为了在近地点实现高分辨率详查,在远地点实现宽幅普查,美国的遥感卫星选择了近地点约 300 km、远地点约 1000 km 的椭圆轨道。

5.4　空间站与空间科学实验

空间站实际上就是位于地球卫星轨道位置的大型载入航天器,它的出现为新技术的开发搭建了实验平台,不仅使人类能够在太空微重力环境下开展基础科学、生物医学等领域的研究,还可以通过直接参与对地观测和天文观测,开展地球环境、探索宇宙世界等领域的研究,从而为全人类知识的扩展以及科学技术的突破奠定理论及技术基础。

5.4.1　空间站

空间站一般分为两大类:单舱段空间站和多舱段空间站。单舱段空间站用运载器一次就能送入太空轨道,而多舱段空间站则由运载器分批将组件送入轨道,然后将多组件在轨道上组装而成。空间站在轨运行期间通过飞船或航天飞机把物资、设备以及航天员等运往空间站,同时把情报、资料、航天员等带回地面。

截至目前,空间站的发展共经历了 4 个阶段:第一阶段的空间站为单舱结构,只有一个对接口,如苏联礼炮 1 号至 5 号;第二阶段依然为单舱结构,但是有两个对接口,如礼炮 6 号和 7 号;第三阶段为多舱、积木式结构,如和平号;第四阶段为多舱、桁架和积木式结构,如国际空间站。目前,在轨运行的空间站有两个:一是由美、俄等 16 国共同建造的国际空间站,二是我国的天宫空间站。

1. 国际空间站

国际空间站是目前在轨运行的最大空间平台,主要由美国国家航空航天局、俄罗斯联邦航天局、欧洲航天局、日本宇宙航空研究开发机构、加拿大空间局共同运营。该空间站从 1998 年开始建设至 2010 年转入全面使用,共计用时十多年,无论是规模、耗时还是参与国家均为历史之最。国际空间站作为一个拥有现代化科研设备、可开展多学科基础和应用科学研究的空间实验室,为微重力环境实验的开展创造了一流的条件与资源。

国际空间站主体结构由两部分组成,第一部分是空间站的核心,以俄罗斯的多功能舱为基础,连接了美国、日本和欧空局等国家的实验舱;第二部分是以美国的桁架结构为基础,其上安装有太阳能电池帆板、机械臂服务系统及舱外设备。这两部分结构相互垂直,既增强了空间站的整体刚度,又有利于各种仪器的正常工作,并为航天员出舱装配与维修提供了便利。

国际空间站,这个足足有几百吨重、十几层楼高的庞然大物,从 20 世纪末开始建设到现在已经有二十多年的历史,这意味着它将在不久的未来退役。作为它的接替,美、俄将合作建设新的空间站——深空之门月球轨道空间站。深空之门月球轨道空间站将位于三十多万千米外的月球轨道上,除肩负起国际太空站几乎所有任务之外,还要承担更多的小行星和月球的探索任务。

2. 天宫空间站

1992 年,我国提出了实施载人航天工程"三步走"的发展战略,按照计划将于 2022 年前后完成空间站在轨建造,实现第三步的任务目标。中国载人航天工程实施以来,始终坚持和平利用、平等互利、共同发展的原则,是此类项目首次向所有联合国会员国开放,包括法、德、意、俄、巴等国家以及联合国外空司、欧洲航天局等航天机构组织,达成了形式多样、成果丰硕的合作项目。

我国的天宫空间站轨道高度约 400 km,倾角约 42°,总质量达 180 t,主要由核心舱、实验舱梦天、实验舱问天、神舟号载人飞船和天舟号货运飞船五部分组成。其中,核心舱最为重要,其发射质量约 22 t,全长约 16.6 m,最大直径约 4.2 m,能够为航天员提供舒适的居住环境,可使航天员长期生活在太空中,并开展空间实验。

5.4.2 空间科学实验

在天宫空间站开展科学实验的目的主要体现在以下几个方面:一是观察微重力环境下的科学现象,促进并提高人们对世界的认知;二是助力地面科研,改进工艺水平;三是研究空间环境对生物体、材料等的影响;四是探索暗物质、行星起源等未知领域。

1. 太空冰雪实验

在天宫空间站有这样一个令人叹为观止的科学实验:液球秒变"冰球"实验。航天员王亚平用小棍触碰了一个悬浮在空中的透明液球,液球瞬间开始结冰,然后"摇身一变"几秒钟就成了雪白的"冰球"(见图5-4-1)。

图 5-4-1 太空冰雪实验

我们知道,在一定温度下,向一定量的溶剂里加入某种溶质,溶质首先会溶入溶剂,形成不饱和溶液。当添加的溶质达到一定量以后,就不再继续溶解,此时溶液达到饱和,形成饱和溶液;如果继续添加溶质,溶质就会析出,进而结晶沉淀。事实上,结晶是一种在外界因素影响下晶核形成和长大的过程。太空冰雪实验就是过饱和乙酸钠溶液在受到沾有晶体粉末的小棍这一外界"扰动"影响下出现的形核、结晶过程,而这一过程会释放热量,因此正如王亚平所说"冰球"是温热的。

在地面上进行结晶实验时,由于受重力以及容器壁面的约束,从容器底部开始往上结晶,晶体形状会受容器形状影响而有所差异;而在微重力环境以及不受容器壁面的约束时,结晶会比地面上看到的更为舒展,就像漫天飞雪一样,朝四面八方生长。

在材料生产过程中,特别是一些多元合金,由于各组分密度不同,在地面上进行熔炼、结晶等加工制造时就会出现分层;而在空间站微重力环境下,就不会受到这些因素的影响,而且如果再把容器影响去掉,就可能制造出纯度更高、晶格缺陷更少、组分更均匀的材料。因此,在空间站中一般设计有无容器的材料柜,采用它开展材料物性参数收集、材料性能提升以及特殊材料制造等相关科学研究。

2. 液桥实验

在空间站中,王亚平将水分别挤在两块液桥板上,会在板面形成状似倒扣碗的水球,将附着在两个液桥板上的水球相互接近、接触并融合后,再将板子分开,但水球却"不愿意"分开,于是就在两板之间形成了一座液体的桥,中间细、两头粗,继续将液桥板拉远,"液桥"将变得更细、更长(见图 5-4-2)。与之形成鲜明对比的是,在地面上做的"液桥"却十分微小。为什么在天宫空间站中的"液桥"可以那么雄伟壮观、巨大无比呢?

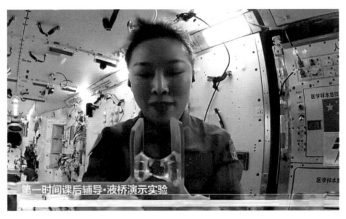

图 5-4-2　液桥实验

"液桥"的形成实质上是微重力环境与液体表面张力共同作用的结果。我们知道,液体界面间存在表面张力,这种表面张力会使液体表面如同有一层很薄的弹性薄膜,这层薄膜将使得液体表面形貌得以维持而不会垮塌。但在地面上,由于受到重力影响,液体表面张力很弱,因此地面上"液桥"的长度一般都很小,只有 2~5 mm,超过这个长度,"液桥"的表面张力将小于重力而垮塌。在空间站开展"液桥"实验则可以最大限度摆脱重力影响,从而极大地延长"液桥"的长度。与"液桥"实验类似,利用天宫空间站创造的微重力环境,研究人员可以摆脱地面重力的影响而专心研究流体的特性,要知道流体力学中的纳维尔·斯托克斯方程至今还是世界六大未解数学难题之一。

3. 水油分离实验

众所周知,在地面上水和油混合在一起的时候总是分层的,表现为水在下面、油在上面。但是,我们惊奇地发现,太空中的油水违背了我们的认知。当天宫空间站中的王亚平用力摇晃装有水和油的瓶子,将混合溶液静置一段时间后发现水油并没有分层,依然顽强地混合在一起,呈现一片黄色,直到叶光富利用细绳甩动瓶子以后,水油才成功地分离(见图 5-4-3)。

图 5-4-3　水油分离实验

　　由于油的密度比水小,在重力的影响下地面上的水油会出现分层。而在太空中,密度大的不再下沉,密度小的也不再上浮,水和油混在一起,看不出二者的界限,这是为什么呢?实质上这与天宫空间站创造的微重力环境密切相关,"天宫"微重力环境的形成是地球引力和离心力共同作用的结果。根据计算,距离地面大约 400 km 的"天宫"轨道高度产生的重力大约是水平面重力的 88.5% 左右,而天宫空间站的轨道速度为 7.7 km/s,此时重力正好等于离心力。那么,为何不称作"零重力",而要称作"微重力"呢?这主要是因为地球并不是一个均匀球体,各部分密度不同,因此它对于空间站在不同位置的引力大小也有所不同。另外,空间站受地球的稀薄大气的影响,速度也很难做到匀速恒定,因此称作"微重力环境"更为科学。当叶光富利用细绳甩动瓶子时,就会打破这种"微重力"环境。根据向心力公式 $F = mr\omega^2$,当角速度 ω 和半径 r 不变时,质量 m 越大,需要的向心力就越大,即等效的离心力也就越大。由于水比油的密度大,因此在离心力作用下水就会被甩到瓶底,这就是在太空中通过旋转实现水和油分层的原因。目前,科研人员已经利用上述原理,在微重力环境下向熔融合金中注入气体,制造出了泡沫金属,广泛应用于航天、能源和环保等领域。

4. 太空抛物实验

　　冰墩墩作为北京冬奥会的吉祥物,不仅受到了全世界人民的热捧,而且还经历了太空之旅的高光时刻。只见冰墩墩摆件从王亚平的手中抛出,在实验舱内划过一条笔直的直线,甚至还表演了几个空翻,最后落到了叶光富的手里(见图 5-4-4)。

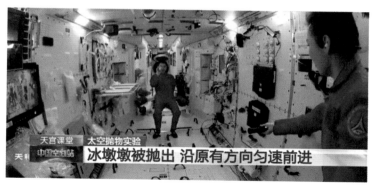

图 5-4-4　太空抛物实验

　　我们知道,在地面抛出的物体由于受到竖直向下重力的作用,它的运动轨迹将受到抛出速度和方向的影响,表现为:抛出速度在竖直方向时,不论上抛还是下抛都是直线变速运动;抛出速度不论是斜向还是水平方向,运动轨迹都将是曲线(即抛物线)。但是,在空间站舱内物体几乎不受重力作用,不论往哪个方向抛,物体的运动几乎都可以看作匀速直线运动,因为物体只受到微弱的空气阻力作用,速度方向和大小的变化都很微小。太空抛物实验充分展示了牛顿第一定律所描述的现象,人们眼中物体运动的这一理想状态,如今得以在太空中一窥全貌。

5. 太空转身实验

　　转身这个在地面上轻而易举可以完成的动作,在太空中会是什么样呢?在太空转身实验中,航天员叶光富给我们进行了一个梦幻般的展示。当叶光富尝试在太空中行走时,却飘了起来；当他尝试转身时，上半身与下半身却始终朝着相反的方向转动；当他尝试双臂划水，以及用嘴不停吹气的方式进行转身时，均未获得成功。直至最后，他用右臂快速划圈，并越划越快，身体才渐渐向左旋转，最终完成转身动作（见图5-4-5）。

图 5-4-5　太空转身实验

　　在地面上进行转身，由于地球引力的作用，人与地面间有压力和摩擦力，所以转身很容易。但是，在失重的环境中会失去地面的摩擦力，因此人在走路时会无处借力、寸步难行。当然，要实现太空转身就更难，此时必须找到一个着力点，在力的作用下才能实现转身。在没有着力点的情况下，只能利用角动量守恒来实现人体在太空的转身。

　　角动量是描述物体转动的物理量，它表示质点动量 p 对 O 点的动量矩 L。即

$$L = r \times p$$

式中，r 为质点相对 O 点的位矢（位置矢量）。

　　角动量 L 的大小 $L = rp\sin\varphi$，其中 φ 为 r 与 p 的夹角，方向垂直于位矢 r 和动量 p 所组成的平面，指向是由 r 经小于 180° 的角转到 p 的右手螺旋前进的方向。如果作用在质点上的外力对某给定点 O 的力矩（$r \times F$）为零，则质点对 O 点的角动量在运动过程中保持不变，这称为质点的角动量守恒定律。

　　太空转身实验中，航天员处于微重力环境中，又没有碰到空间站里的物体，十分接近没有外力矩的理想状态，验证了"没有外力矩，物体会处于角动量守恒"的定律。静止的航天员的总角动量为零，航天员要转身，他的身体需要一个非零的角动量。当航天员旋转手臂时，他的手臂就有了非零的角动量；相应地，他的身体就有了方向相反的角动量，从而完成翻身。但是在整个过程中，航天员保持他的身体和手臂的总角动量为零。

6. 浮力消失实验

　　乒乓球在太空中会浮在水面上吗？王亚平在"天宫课堂"上将乒乓球放入水杯中，然后再轻轻压进去，结果发现乒乓球悬浮在了水中间（见图5-4-6），而不是像地面实验一样漂浮在水面。那么在太空中球为什么会静止在水中呢？

　　公元前 245 年，阿基米德发现了浮力原理。浮力是指物体在流体（液体和气体）中各表面受流体压力的差（合力），物体所受的浮力 $F_浮$ 等于物体下沉静止后排开液体的重力 $G_排$。因此，浮力 $F_浮$ 可以通过以下公式求得

图 5-4-6　浮力消失实验

$$F_{浮} = \rho_{液}\, g V_{排}$$

式中,$\rho_{液}$ 为液体的密度,单位为 kg/m^3;g 为常量,是重力与质量的比值,在地面时取 $g = 9.8\ N/kg$;$V_{排}$ 为排开液体的体积,单位为 m^3。

　　由公式可以发现,地球引力是浮力产生的关键。在地面上,由于乒乓球下表面的压强大于上表面的压强,从而产生了向上的压力差,使乒乓球浮到了水面之上;在太空中,由于重力加速度几乎为零,乒乓球不分上下表面,各点的压强几乎相同,因此没有了压力差的产生,自然就没有了浮力,使乒乓球可以自由地悬浮在水中。

第 *6* 章

控 制 太 空

  1999 年,美国国会经过研究决定制订太空控制计划;2001 年,美国航天委员会的一份报告称太空控制行动刻不容缓,否则美国未来有可能在太空将经历第二次"珍珠港"事件。2001 年 2 月,美国参议员罗伯特·史密斯在接受《洞察》杂志专访时曾直言不讳地说:"谁控制了太空,谁就将控制地球的命运!"

  当然,不止美国,世界主要大国都非常重视太空资源,那么我们要如何控制太空,以帮助我们利用和开发太空资源呢? 控制太空的手段一般分为两类,第一类属于和平方式,第二类属于军事方式。

  首先简单介绍一下和平的控制太空手段,即通过建立国际太空安全治理协商机制,健全外层空间法立法,协调分配各个国家的太空资源空间。为了规范信息通信技术事务和合理分配太空的共有资源,联合国组织成立了专门的国际机构——国际电信联盟(简称 ITU)。ITU 制定了一系列的国际规则,包括《组织法》《无线电规则》《公约》《建议书》等,但归根结底总的分配原则只有两条:一是"先登记可优先使用"的抢占原则,二是"公平"规划的平等原则。

  考虑在极端情况下,当国际机构和平协商无果时,一些国家有可能将不得不通过太空军事技术为本国争取太空资源利用的空间,保护自己的太空资产。我们不希望看到在人类最后的"净土"上再次上演可怕的战争,但是我们不能完全抱着和平协商解决一切问题的希望。正所谓"居安思危,思则有备",当前的主要航天大国早已未雨绸缪进行了充分的准备,下面分别从太空监察、太空攻击、太空防御和交会拦截四个方面进行介绍。

6.1 太空监察

  太空监察的重要性不言而喻,因为只有提前监察到攻击,才能进行及时防护。同样,只有监察到太空中敌方目标,才能精准定位目标进行攻击。这里的太空监察侧重于介绍对空间的监视与侦察,建立空间态势感知。下面主要介绍红外探测和雷达探测两种太空监察方法。

6.1.1　红外探测

由于火箭或导弹发射时会产生高温的尾焰(见图 6-1-1),所以通过红外传感器可以轻松探测其飞行轨迹。

图 6-1-1　火箭或导弹发射时产生高温的尾焰

为什么通过红外探测可以轻松探测到火箭或导弹的飞行轨迹呢?这是因为火箭或导弹发射时会燃烧大量的燃料,发动机会喷出高温的尾焰,这时就会在特定的波段发出强烈的红外辐射,红外预警卫星通过探测其红外辐射就能发现发射的时机和飞行的轨迹。

那么红外预警卫星到底有多厉害呢?我们以美国新组建的"天基红外系统"为例,它的观察范围能够覆盖整个地球,连地球的南北两极都逃不过它的"眼睛",而且可以轻松穿透大气层,发现刚刚点火的导弹,在导弹发射 10~20 s 内就能够报告给指挥控制中心,定位精度可达约 1 km,然后卫星上的高分辨率可见光摄像机就会精确跟踪拍摄目标图像,并不停地向地面站发送图像。

红外探测技术的厉害之处就在于:导弹发射必须要燃烧推进剂,这样红外预警卫星就能不停地探测其位置信息,并拟合出一条飞行轨迹,然后通过不断更新弹道的参数,其拟合会越来越准确。不仅如此,使用红外探测技术还能捕捉到导弹发动机的关机点的位置和速度,进而根据导弹的惯性推测导弹落点参数,在一定程度上起到预测弹道轨迹的作用。

6.1.2　雷达探测

雷达可以定期扫视空间,以便维护轨道物体目录,包括已知的既定轨道上的卫星和未知的空间碎片,也可以探测在太空中飞行的弹道导弹。不过,雷达的探测范围是有限的,受到很多因素的影响,包括地球表面的曲率、大气层的折射率、雷达的性能等。那么,怎么知道雷达能探测多远的目标呢?这主要取决于雷达通视距离和与雷达性能有关的雷达作用距离。

1. 雷达通视距离

这里介绍一个非常有趣的概念,叫雷达通视距离,简称雷达视距。雷达视距是指因受地球表面曲率的影响,雷达所能发现目标的最大直视距离。通俗地讲,因为地球是球形的,而雷达发出的无线电波却沿直线传播,这导致部分无线电波势必会被地球曲面遮挡,出现无法探测的范围。如图 6-1-2 所示,图中 h_1 表示雷达高度,h_2 表示飞行器飞行高度,L 为雷达想要发现按此高度飞行的飞行器的最远距离,即为雷达通视距离。也就是说,当飞行器与雷达的距离小于 L 时,才可能被雷达发现,所以雷达视距的计算在实际应用中具有非常重要的意义,雷达视距与雷达本身的探测性能指标无关,它是仅受地球曲率影响的理论值。下面我们介绍如何计算雷达视距 L。

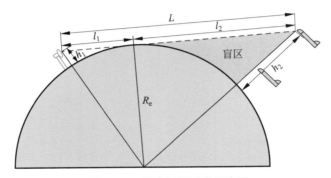

图 6-1-2　雷达通视距离示意图

已知雷达天线高度 h_1、飞行器飞行高度 h_2,两者连线与地球曲面相切,两者之间距离为 L,地球等效半径为 R_e,雷达天线与切点的距离为 l_1,飞行器与切点的距离为 l_2。以上参数满足如下几何关系:

$$l_1 + l_2 = L \tag{6.1.1}$$

$$l_1^2 + R_e^2 = (R_e + h_1)^2 \tag{6.1.2}$$

$$l_2^2 + R_e^2 = (R_e + h_2)^2 \tag{6.1.3}$$

由式 $l_1^2 + R_e^2 = R_e^2 + 2R_e h_1 + h_1^2$ 得

$$l_1 = \sqrt{2R_e h_1 + h_1^2} \tag{6.1.4}$$

由式 $l_2^2 + R_e^2 = R_e^2 + 2R_e h_2 + h_2^2$ 得

$$l_2 = \sqrt{2R_e h_2 + h_2^2} \tag{6.1.5}$$

所以得到通视距离

$$L = l_1 + l_2 = \sqrt{2R_e h_1 + h_1^2} + \sqrt{2R_e h_2 + h_2^2} \tag{6.1.6}$$

由于地球的等效半径 $R_e \gg h_1$,$R_e \gg h_2$,所以有

$$L \approx \sqrt{2R_e h_1} + \sqrt{2R_e h_2} = \sqrt{2R_e}(\sqrt{h_1} + \sqrt{h_2}) \tag{6.1.7}$$

值得注意的是,这里的 R_e 指的是地球等效半径,而非地球实际半径 R,由于虽然理论上雷达波沿直线传播,但实际上大气层对雷达波会产生少量的弯曲和折射影响,为了修正这一结果,根据经验可以采用虚拟地球代替实际地球来处理,两者之间的关系为

$$R_e = \frac{4}{3}R \qquad\qquad\qquad (6.1.8)$$

由于地球平均半径 $R = 6371$ km,代入式(6.1.8)可得地球等效半径 $R_e = 8495$ km。还有一点需注意的是,h_1 和 h_2 的常用单位为 m,L 和 R_e 的常用单位为 km,我们将地球等效半径的数值和常用单位代入上式可得

$$L = \sqrt{2 \times 8495}\left(\sqrt{\frac{h_1}{1000}} + \sqrt{\frac{h_2}{1000}}\right)$$

$$= \sqrt{\frac{2 \times 8495}{1000}}(\sqrt{h_1} + \sqrt{h_2})$$

$$\approx 4.12(\sqrt{h_1} + \sqrt{h_2})$$

式中,h_1 为雷达高度,h_2 为飞行器飞行高度,单位均为 m。此公式即为雷达通视距离的常用计算公式。

例如,已知雷达天线的高度 $h_1 = 100$ m,飞行器以 $h_2 = 1600$ m 的高度从远处向我方飞行,问雷达最远能够在多远距离探测并发现此飞行器?假如飞行器临时降低了 700 m 的飞行高度,雷达最远能够在多远距离探测并发现此飞行器?

根据雷达通视距离计算公式得

$$L_1 = 4.12(\sqrt{h_1} + \sqrt{h_2}) = 4.12(\sqrt{100} + \sqrt{1600})\ \text{km} = 206\ \text{km}$$

故雷达能够探测并发现 1600 m 高度的飞行器的最远距离为 206 km。

当飞行器降低了 700 m 的飞行高度时,$h_2 = (1600 - 700)$ m $= 900$ m,根据雷达通视距离计算公式得

$$L_2 = 4.12(\sqrt{h_1} + \sqrt{h_2}) = 4.12(\sqrt{100} + \sqrt{1600 - 700})\ \text{km} = 164.8\ \text{km}$$

所以,雷达能够探测并发现 900 m 高度的飞行器的最远距离是 164.8 km。

例如,已知雷达天线的高度 $h_1 = 100$ m,雷达能够探测并发现飞行器的作用距离最大为 200 km,问雷达在最远处能发现多少飞行高度以上的飞行器?反过来,若飞行器想要在接近我方 120 km 之前不被雷达发现,问该飞行器至少要低于多少高度飞行?

已知雷达通视距离计算公式 $L = 4.12(\sqrt{h_1} + \sqrt{h_2})$,将其进行变换,可得

$$h_2 = \left(\frac{L}{4.12} - \sqrt{h_1}\right)^2$$

将 $L = 200$ km,$h_1 = 100$ m 代入上式可得

$$h_2 = \left(\frac{200}{4.12} - \sqrt{100}\right)^2\ \text{m} \approx 1485.6\ \text{m}$$

故雷达在最远处能发现 1485.6 m 飞行高度以上的飞行器。

将 $L = 120$ km,$h_1 = 100$ m 代入上式可得

$$h_2' = \left(\frac{120}{4.12} - \sqrt{100}\right)^2\ \text{m} \approx 365.8\ \text{m}$$

所以,该飞行器至少要在低于 365.8 m 的高度飞行,才能在接近我方 120 km 之前不被雷达发现。

以上算例说明,飞行器的飞行高度越低,越难以被雷达探测和发现,越容易安全地接近目标。

例如,为了早点发现低空飞行而来的飞行器,一种方法是增加雷达天线的高度。假设某飞行器以 365.8 m 高度向我方低空飞行而来,原雷达天线高度 $h_1 = 100$ m,根据算例二分析,此时在飞行器接近我方 120 km 之后才能被发现。为了能够在 200 km 远处探测并发现此飞行器,问雷达天线高度应增加多少米?

已知雷达通视距离计算公式

$$L = 4.12(\sqrt{h_1} + \sqrt{h_2})$$

将其进行变换,可得

$$h_1 = \left(\frac{L}{4.12} - \sqrt{h_2}\right)^2$$

将 $L = 200$ km,$h_2 = 365.8$ m 代入上式可得

$$h_1 = \left(\frac{200}{4.12} - \sqrt{365.8}\right)^2 \text{ m} \approx 865.4 \text{ m}$$

雷达天线增加高度为

$$\Delta h = (865.4 - 100) \text{ m} = 765.4 \text{ m}$$

所以,雷达天线高度应增加 765.4 m 才能够在 200 km 远处探测并发现此飞行器。

该算例说明,雷达天线高度越高,越容易发现离得更远、飞得更低的飞行器,但实际上雷达发射塔不可能建得几百米或上千米那么高,因为其建设成本和难度都很大,这是陆基雷达的缺点。将雷达系统放在天上就可以很好地解决这一问题了,例如预警机能够载着整套雷达系统从空中搜索各类目标,其探测范围和高度更大、更高。

2. 雷达作用距离

接下来介绍的概念是著名的雷达方程,雷达方程又称为雷达作用距离方程。那么,雷达作用距离和雷达通视距离有什么区别呢? 实际上,雷达通视距离主要是由地球弯曲的表面对雷达波的遮挡所引起的,和雷达本身的性能没有关系;而雷达作用距离计算的是雷达的最大作用距离,与雷达的性能有关。那么,两者有什么关联性呢? 我们假定雷达通视距离为 L,雷达作用距离为 R_{max},当 $R_{max} > L$ 时,说明由于雷达架设高度或目标高度限制了雷达本应该能探测到的距离;相反,当 $R_{max} < L$ 时,说明虽然目标处于视线以内,是可以"看到"的,但由于雷达性能尚达不到 L 这个距离,因而发现不了距离大于 R_{max} 的目标。那么雷达的最大作用距离如何计算呢?

首先,雷达作用距离主要取决于雷达发射机的功率。因此,假定 P_t 为雷达发射机发射信号的功率,P_r 为雷达接收机接收信号的功率;G_t 为发射天线增益,G_r 为接收天线增益。假设雷达信号的收发共用同一天线,根据天线收发互益原理,有 $G_r = G_t$。

其次,雷达作用距离还受目标反射截面面积(radar cross section,RCS)的影响(见图 6-1-3)。RCS 反映的是目标对电磁波的反射能力,用符号 σ 表示。隐身飞机可以将 σ 做得很小,以至于使反射回去的电磁波功率变得很弱,在雷达"眼中"

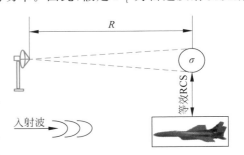

图 6-1-3　雷达作用距离和 RCS 示意图

相当于起到了隐身的效果。

最后,接收机能否检测到信号还与接收机灵敏度有关。接收机灵敏度一般用 S_{imin} 表示,即最小可检测信号,单位为 dBm。如果满足 $P_{\mathrm{r}} > S_{\mathrm{imin}}$,雷达就可以探测到目标。

接下来,我们在上述基本概念和原理的基础上推导一下雷达方程公式。

对于无方向性天线,到达目标的单位面积的入射功率密度 p_{t} 为

$$p_{\mathrm{t}} = \frac{P_{\mathrm{t}}}{S_{\mathrm{Q}}} = \frac{P_{\mathrm{t}}}{4\pi R^2} \tag{6.1.9}$$

式中,p_{t} 为入射功率密度,单位为 $\mathrm{W/m^2}$;S_{Q} 为球体表面积,单位为 $\mathrm{m^2}$。

考虑发射天线增益 G_{t},到达目标的入射功率密度 p'_{t} 为

$$p'_{\mathrm{t}} = p_{\mathrm{t}} G_{\mathrm{t}} = \frac{P_{\mathrm{t}} G_{\mathrm{t}}}{4\pi R^2} \tag{6.1.10}$$

经目标反射开始返回的功率 P'_{r} 为

$$P'_{\mathrm{r}} = p'_{\mathrm{t}} \sigma = \frac{P_{\mathrm{t}} G_{\mathrm{t}} \sigma}{4\pi R^2} \tag{6.1.11}$$

式中,P'_{r} 为经目标反射开始返回的功率,单位为 W;σ 为反射截面面积,单位为 $\mathrm{m^2}$。

目标的反射信号到达接收天线处的功率密度 p_{r} 为

$$p_{\mathrm{r}} = \frac{P'_{\mathrm{r}}}{4\pi R^2} = \frac{P_{\mathrm{t}} G_{\mathrm{t}} \sigma}{4\pi R^2} \cdot \frac{1}{4\pi R^2} \tag{6.1.12}$$

假设接收天线的有效面积为 A_{r},则接收机接收信号的功率 P_{r} 为

$$P_{\mathrm{r}} = p_{\mathrm{r}} A_{\mathrm{r}} = \frac{P_{\mathrm{t}} G_{\mathrm{t}} \sigma}{4\pi R^2} \cdot \frac{A_{\mathrm{r}}}{4\pi R^2} \tag{6.1.13}$$

根据天线理论,接收天线增益 G_{r} 与 A_{r} 有关,其关系为

$$G_{\mathrm{r}} = \frac{4\pi A_{\mathrm{r}}}{\lambda^2} \tag{6.1.14}$$

将上式变换后得

$$A_{\mathrm{r}} = \frac{\lambda^2 G_{\mathrm{r}}}{4\pi} \tag{6.1.15}$$

所以将 A_{r} 代入 P_{r} 的计算公式中可得

$$P_{\mathrm{r}} = \frac{P_{\mathrm{t}} G_{\mathrm{t}} G_{\mathrm{r}} \lambda^2 \sigma}{(4\pi)^3 R^4} \tag{6.1.16}$$

当 $P_{\mathrm{r}} = S_{\mathrm{imin}}$ 时,R 取得最大值 $R_{\max}$,即为雷达作用距离:

$$R_{\max} = \left[\frac{P_{\mathrm{t}} G_{\mathrm{t}} G_{\mathrm{r}} \lambda^2 \sigma}{(4\pi)^3 S_{\mathrm{imin}}} \right]^{\frac{1}{4}} \tag{6.1.17}$$

式中,P_{t} 为雷达发射机发射信号的功率,P_{r} 为雷达接收机接收信号的功率,单位均为 W;G_{t} 为发射天线增益,G_{r} 为接收天线增益,单位均为 dB;S_{imin} 为接收机灵敏度,单位为 dBm;σ 为目标反射截面面积,单位为 $\mathrm{m^2}$。

例如,已知雷达发射机发射信号的功率为 $P_{\mathrm{t}} = 100\ \mathrm{kW}$,雷达发射天线和接收天线的增

益为 $G_t = G_r = 23$ dB，$\lambda = 5$ cm，接收机灵敏度 $S_{imin} = -110$ dBm，目标反射截面面积 $\sigma = 5$ m^2，求雷达作用距离 R_{max}。假如雷达发射机发射信号功率增大一倍，那么雷达作用距离增加多远？

将上述参数代入雷达方程中可得

$$R_{max} = \left[\frac{10^5 \times 10^{2.3 \times 2} \times 0.05^2 \times 5}{(4\pi)^3 \times 10^{-14}} \right]^{\frac{1}{4}} \text{m} \approx 39.8 \text{ km}$$

当雷达发射机发射信号功率增大一倍时，则 $P_t = 100 \times 2$ kW $= 200$ kW，代入雷达方程可得

$$R_{max} = \left[\frac{2 \times 10^5 \times 10^{2.3 \times 2} \times 0.05^2 \times 5}{(4\pi)^3 \times 10^{-14}} \right]^{\frac{1}{4}} \text{m} \approx 47.3 \text{ km}$$

因此，雷达作用距离为47.3 km，当雷达发射机发射信号功率增大一倍时，雷达作用距离增加了$(47.3 - 39.8)$ km $= 7.5$ km。

航天轶事：美国的太空侦察网络与空基太空监测卫星

美国空军建立太空侦察网络的目的是提供全面覆盖太空的侦察能力，但是这一目标实际上很难实现，容易受云层阻碍和地理位置限制。美国空军为了使航天系统的态势感知能力达到空中机载报警的态势感知水平，开始部署空基太空监测卫星。空基太空监测卫星能够立足于太空，完成对太空和地面的监视，而且由于不受大气层的影响，对于太空中的目标，它能够比地基侦察系统看得更清楚。当美国将全部的空基太空监测卫星部署完成后，太空中的所有目标都将纳入美国的监视之下。

6.2 太空攻击

本节介绍的太空攻击主要是指击毁或杀伤敌方的太空装备。常言道，进攻是最好的防御，在未来的太空战中，先于对手采取攻击不仅能摧毁敌方军事力量，还能遏制敌方的进攻。弹道导弹属于攻击武器的一种，而著名的"钱学森弹道"和"乘波体"这一对搭档走在了当前弹道导弹技术的最前沿，不仅飞行轨迹难以预测，打击速度还极快，难以防御。还有令人见光色变的激光武器，能瞬间命中并击毁太空军事目标，令敌人插翅难飞。下面一一介绍这些有趣的太空攻击手段。

6.2.1 钱学森弹道

在弹道导弹弹道学中，一般将弹道式导弹的弹道分为3个阶段——主动段、自由段和再入段。在自由段，导弹发动机关闭，弹头像一颗向空中抛出的石子一样，只受地球引力的作用，做近似的抛物线运动，其运动轨迹如图6-2-1所示。

显然，传统抛物线式弹道导弹有两个致命的缺点：一是由于火箭发动机关闭后，弹道导弹自身不再产生动力，所以其弹道轨迹已经事先设定好了，难以在中途变更，而且射程较短；二是弹道导弹在发射时产生的热源信号很容易被卫星侦察到，进一步增加了被实时跟踪并预测弹道的可能性，降低了对弹道导弹的拦截难度。

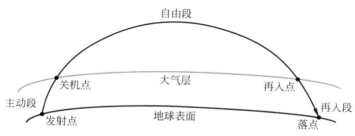

图 6-2-1　传统抛物线式弹道导弹的运动轨迹

为了改进弹道导弹的缺陷,1933 年德国火箭科学家尤金·桑格尔天马行空地提出了导弹可以在大气层边缘跳跃飞行的概念。这种方法通过利用近地空间的真空环境,延长导弹射程,其运动轨迹有点类似于"打水漂",如图 6-2-2 所示。但该设想最大的问题在于,这种弹道模式对于导弹运动的控制十分困难,无法控制导弹命中的精度,因此这种概念就成了纸上谈兵。

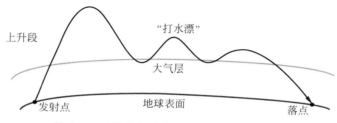

图 6-2-2　"桑格尔弹道"理论模型的运动轨迹

1948 年,钱学森在美国火箭年会上提出火箭助推-再入大气层滑翔机动飞行的概念,这就是著名的"钱学森弹道"。与"桑格尔弹道"不同的是,钱学森提出,当飞行器经过上升段之后从太空中重新进入大气层时,通过调整机身方向与飞行方向形成一定的夹角,可以高速挤压机身下方的空气,从而产生对飞行器的升力,这股升力能够使其保持滑翔姿态,如果继续增加升力,甚至可以再次飞出大气层,形成不断跳跃的轨迹(见图 6-2-3、图 6-2-4)。这种方法能够实现更大的射程,而且其航程极端诡异无法被预判。

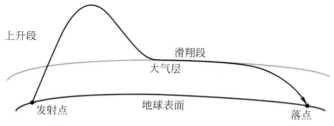

图 6-2-3　"钱学森弹道"理论模型的运动轨迹

随着现代导弹控制技术的发展,在"钱学森弹道"的基础上,于飞弹航程末段增加先进的自动导引技术,可以进行更加精确的打击,"钱学森弹道"因此变成了助推-滑翔-寻的弹道。

"钱学森弹道"从天才的理论设想,到实际的导弹研发和应用,还离不开一项关键技术的实现,那就是飞行器乘波体外形设计。

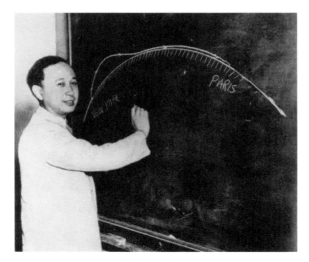

图 6-2-4　钱学森提出新的弹道模型

6.2.2　乘波体与激波

乘波体指的是一种利用激波压力来提高高超音速飞行器升阻比的气动外形设计。为了使飞行器能够升起来，通常将上表面设计得比较扁平，使空气能够轻松通过，而将下表面设计成凸起，从而形成一层贴在下表面的激波层，如图 6-2-5 所示。不要小看激波的压力，飞行器下表面与上表面之间的压力差值能够使飞行器获得相当大的升力，使其在大气层临近空间像打水漂一样高速滑翔飞行。这种有趣的通过"骑乘"激波获得升力的飞行器统一称为乘波体。

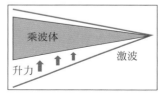

图 6-2-5　乘波体的飞行原理

那么，激波又是什么，为什么能够为飞行器提供升力呢？

众所周知，声波在空气中的传播速度约为 340 m/s，当飞行器低于音速飞行时，其在空气中扰动的波在流场中流动参数（包括流速、压强等）的分布是连续的，这时是没有激波产生的；当飞行器以超音速飞行时，其前方的空气还来不及通过波传播开来，就被飞行器强行压缩了，以至于形成了突跃式的压缩界面，这就是激波。激波前后空气的压力、温度和密度有显著的差别，通过一种特殊的观测仪器——纹影仪可以直接观察到，图 6-2-6 就是通过纹影仪实际拍摄到的超音速飞机和子弹形成的激波。纹影仪的原理是利用光在流场中的折射率梯度正比于流场的密度，将密度梯度的变化转换成光强变化记录下来。

根据激波面与来流方向是否垂直，我们通常将激波分为正激波与斜激波。

图 6-2-6　通过纹影仪拍摄到的激波

1．正激波

当一个平面以超音速均匀地向前压缩空气时，就会产生一个正激波。如图 6-2-7 所示为一个无限长的圆筒和一个假想的刚性活塞，当活塞由静止开始向右压缩圆筒内的空气时会产生向右传播的扰动，即压缩波。当活塞的速度不断增大，直到超过波传播的速度时，后面产生的波会追上前面产生的波，这些波叠加在一起就会形成一个突跃式的平面激波，即正激波。

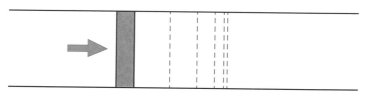

图 6-2-7　正激波示意图

2．斜激波

当一个锥体以超音速向前运动时，如图 6-2-8 所示，锥体将压缩波甩在了身后，这些向四周扩散的波刚好会叠加形成一个圆锥形状的波阵面，即斜激波。

如图 6-2-9 所示，当飞行器速度极小时，其扰动会像水面的波纹一样，一圈一圈地向外扩散；当飞行器以音速向前飞行时，波阵面叠加在一起会形成墙一样的壁障，俗称音障（声障），这会导致阻力剧增；当飞行器的速度超过音速时，便能够突破音障跑到声音的前面去，从而形成斜激波，飞行器的速度越快，其产生的激波的夹角也就越小。

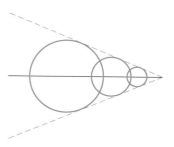

图 6-2-8　斜激波示意图

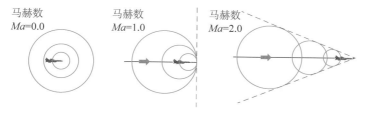

图 6-2-9　不同速度下飞行器产生的波阵面

下面介绍激波方程。

由于物体的运动是相对的,我们可以把这个模型看作超音速气流吹过一个静止的锥体。当气流经过激波波面后,气流会沿尖劈表面的方向流动。下面我们通过数学公式分析一下斜激波的基本原理,如图 6-2-10 所示。

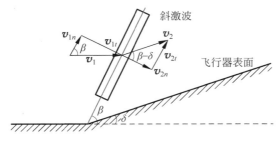

图 6-2-10　斜激波的基本原理

当气流经过激波波面时,波阵面前后的气流满足下面 4 个方程。

连续性方程:$\rho_1 v_{1n} = \rho_2 v_{2n}$

切向动量方程:$\rho_1 v_{1n} v_{1t} = \rho_2 v_{2n} v_{2t}$

法向动量方程:$p_1 + \rho_1 v_{1n}^2 = p_2 + \rho_2 v_{2n}^2$

能量方程:$h_1 + \dfrac{1}{2} v_1^2 = h_2 + \dfrac{1}{2} v_2^2 = c_1$;$h_1 + \dfrac{1}{2} v_{1n}^2 = h_2 + \dfrac{1}{2} v_{2n}^2 = c_2$

式中,v 为速度,单位为 m/s;ρ 为密度,单位为 kg/m³;h 为比焓(单位质量物质的焓),单位为 J;p 为压强,单位为 Pa;c_1、c_2 为常数,下角 1、2 分别表示激波前后的参量;下角 n、t 分别表示沿 P 点处激波法线方向 n 和切线方向 t 的分量。

由上述方程可以得知:气流在经过激波波面后,切向速度不变,而法向速度变小。

根据理想气体的状态方程 $p = \rho R T$ 以及气体焓的计算公式 $h = c_p T$(h 为焓,c_p 为定压比热容),能量方程可以写成

$$T_1 + \frac{v_{1n}^2}{2 c_p} = T_2 + \frac{v_{2n}^2}{2 c_p} \tag{6.2.1}$$

根据上面的法向动量方程,还可以进一步得出

$$v_{2n} - v_{1n} = \frac{p_2}{\rho_2 v_{2n}} - \frac{p_1}{\rho_1 v_{1n}} \tag{6.2.2}$$

由于激波前后能量守恒,于是有

$$\frac{1}{2} v_1^2 + \frac{k}{k-1} \frac{p_1}{\rho_1} = \frac{1}{2} v_2^2 + \frac{k}{k-1} \frac{p_2}{\rho_2} = \frac{1}{2} \frac{k+1}{k-1} c^{*2} \tag{6.2.3}$$

式中,c^* 为激波后的声速,$c^* = \sqrt{k R T^*}$。

整理可得

$$v_{1n} v_{2n} = c^{*2} - \frac{k-1}{k+1} v_t^2 \tag{6.2.4}$$

进一步可知,在斜激波前后的空气参数关系为

压强比

$$\frac{p_2}{p_1}=\frac{2kMa_1^2\sin^2\beta}{k+1}-\frac{k-1}{k+1} \qquad (6.2.5)$$

密度比

$$\frac{\rho_2}{\rho_1}=\frac{(k+1)Ma_1^2\sin^2\beta}{2+(k-1)Ma_1^2\sin^2\beta} \qquad (6.2.6)$$

气流从激波前到激波后,速度与动量减少、熵增加,说明气体受到了与来流方向相反的力。根据牛顿第三定律可知,物体也必然受到与来流方向相同的力。这种由于激波的存在而产生的阻力称为激波阻力。

同时,我们还可以推导出气流转折角:

$$\tan\delta=\frac{Ma_1^2\sin^2\beta-1}{\left[Ma_1^2\left(\frac{k+1}{2}-\sin^2\beta\right)+1\right]\tan\beta} \qquad (6.2.7)$$

当$\beta=90°$时,尖劈就变成了一开始提到的活塞,形成的就是正激波;当$Ma_1^2\sin^2\beta=1$时,激波角等于马赫角,形成的就是马赫波,此时斜激波强度最弱。

通常条件下,具有尖端的飞行器产生的激波会附着在飞行器表面,称为附体激波,如图 6-2-11(a)所示;而具有钝面的飞行器产生的激波与飞行器表面相脱离,称为脱体激波,如图 6-2-11(b)所示。附体激波的阻力小,所以高超音速飞行器的外形都以产生附体激波为目标进行设计,这样能够使飞行器的速度更快;而脱体激波的阻力大,所以航天器返回舱的外形采用钝头设计,其激波阻力能使返回舱在进入大气层后的速度迅速下降。

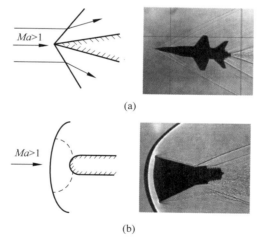

图 6-2-11　常见的两种激波形式
(a)附体激波;(b)脱体激波

6.2.3　激光

首先我们了解一下日常生活中常见的光是如何产生的。由于原子从高能级向低能级跃迁时,会产生并辐射出一定能量的光子,这些相位、偏振态和传播方向不一致的光子形成了生活中的常见光,这一过程又称为自发辐射。物理学家爱因斯坦(1879—1955)提出,当某一频率的光子入射某一高能级原子时,会使其产生受激辐射,释放出两个相位、偏振态和传播方向完全相同的光子,然后这两个光子继续激励其他高能级的原子,会分别产生两个完全相同的光子,这样的链式反应不断进行下去,会产生大量相位、偏振态和传播方向相同的光子,从而产生颜色单一、方向一致、亮度极高的激光。

虽然 1917 年爱因斯坦就提出了激光产生的原理,但直到 1960 年 5 月 15 日,美国科学家梅曼(1927—2007)才在加利福尼亚州休斯实验室获得了人类有史以来的第一束激光,并发明了世界上第一台激光器,这整整经历了 43 年。激光的发明在生活中具有广泛的应用,例如激光焊接、激光测距,以及激光雷达、激光武器等。

在太空攻击的各种手段中,激光武器具有非常巨大的应用潜力。因为激光束是以光速打击目标的,太空中的侦察卫星、航天飞机、弹道导弹等高速运行的目标在激光武器"眼中"和静止的物体没有区别,只要发现目标就能够瞬间将其击毁(见图 6-2-12),然后迅速锁定下一个目标,它比传统的弹道导弹更经济。

那么怎样才能知道激光武器能量的大小能否达到毁伤目标的目的呢?这就需要学习和了解一些基本的激光参数,如脉冲能量、平均功率、峰值功率等。一般用 Δt 表示脉冲周期,E 表示脉冲能量,f_{rep} 表示重复频率,P_{avg} 表示平均功率,P_{peak} 表示峰值功率,τ 表示脉冲宽度(见图 6-2-13)。

图 6-2-12　激光武器

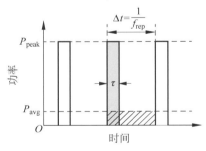

图 6-2-13　脉冲激光的计算图解

周期和重复频率互为倒数,即

$$\Delta t = \frac{1}{f_{rep}}, \quad f_{rep} = \frac{1}{\Delta t} \tag{6.2.8}$$

根据平均功率计算脉冲能量:

$$E = \frac{P_{avg}}{f_{rep}} = P_{avg} \cdot \Delta t \tag{6.2.9}$$

根据脉冲能量计算平均功率:

$$P_{avg} = \frac{E}{\Delta t} = E f_{rep} \tag{6.2.10}$$

根据脉冲能量计算峰值功率:

$$P_{peak} \approx \frac{E}{\tau} \tag{6.2.11}$$

峰值功率和平均功率的关系为

$$P_{\text{peak}} = \frac{P_{\text{avg}}}{f_{\text{rep}} \tau} = \frac{P_{\text{avg}} \cdot \Delta t}{\tau} \tag{6.2.12}$$

$$P_{\text{avg}} = P_{\text{peak}} f_{\text{rep}} \tau = \frac{P_{\text{peak}} \tau}{\Delta t} \tag{6.2.13}$$

平均功率、峰值功率和占空比的关系为

$$P_{\text{peak}} = \frac{P_{\text{avg}}}{\tau / \Delta t} \tag{6.2.14}$$

例如,若使用激光武器对太空中某近地侦察卫星进行功能破坏,破坏最低功率为 1.00×10^6 kW;激光武器的规格为:平均功率 1 kW;重频 85 MHz;脉宽 10 fs。假设地面激光武器距离目标卫星 2000 km,能量每 100 km 衰减 0.2%。问该激光武器能否对目标卫星产生破坏?

首先,计算脉冲能量:

$$E = \frac{P_{\text{avg}}}{f_{\text{rep}}} = \frac{1 \times 10^3}{85 \times 10^6} \text{ J} \approx 1.18 \times 10^{-5} \text{ J}$$

脉冲的能量似乎非常小,但是峰值功率很大,即

$$P'_{\text{peak}} = \frac{P_{\text{avg}}}{f_{\text{rep}} \tau} = \frac{1 \times 10^3}{85 \times 10^6 \times 10 \times 10^{-15}} \text{ W} \approx 1.18 \times 10^9 \text{ W} = 1.18 \times 10^6 \text{ kW}$$

衰减后峰值功率为

$$P_{\text{peak}} = P'_{\text{peak}} \times \left(1 - 0.2\% \times \frac{2000}{100}\right) \approx 1.13 \times 10^6 \text{ kW}$$

P_{peak} 超过了破坏功率 1.00×10^6 kW,所以该激光武器能对目标卫星产生破坏。

6.2.4 碎片碰撞

武器在摧毁卫星的同时会产生大量的太空碎片。俄罗斯在 2021 年 11 月 15 日进行了一次反卫星武器试验,击毁了一颗苏联时代 1982 年发射的已经报废的电子侦察卫星 Cosmos-1408,根据美国太空军监测报告,这次反卫星试验制造了约 1500 块可跟踪的大碎片,而且可能还有几十万块难以监测的微小碎片。由于碎片云广泛布散在高度 300～700 km 的近地轨道上,因此会对各国空间站造成严重威胁。

科学家预测,30 年后太空轨位必然出现饱和状态,届时空间资源几近枯竭,而 70 年后在地球低轨道将发生链式撞击效应(Kessler 灾难),指数级增长的空间碎片将覆盖整个地球(见图 6-2-14)。截至 2021 年 2 月,可探测的空间碎片已接近 9 万个,由碰撞、爆炸、解体等原因导致的空间安全事件使得空间碎片数量呈指数级增长,碎片增长又将可能引发卫星发生更多的碰

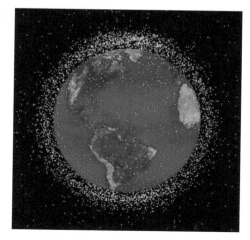

图 6-2-14　太空轨道上的太空碎片

撞、爆炸和解体。因此，从当前航天活动发展态势来看，若各个国家继续不加节制地发射在轨卫星，Kessler 灾难恐怕会提前发生，人类将不能再有效利用太空资源。

换一种思路来看，太空碎片或许也能成为太空攻击的手段之一。太空碎片给卫星等航天器带来了潜在的威胁，那么我们如何估算太空碎片与航天器之间的碰撞概率呢？

给定太空碎片的平均通量，可用泊松分布表示在某个特定时间段内发生碰撞的概率。一般而言，如果事件之间是相互独立的，且事件发生次数的平均值是已知的，则可用泊松分布表示在给定时间段内发生碰撞事件的概率。在数学上泊松分布可以表示为

$$p(k,\lambda t) = \frac{1}{k!}(\lambda t)^k e^{-\lambda t} \tag{6.2.15}$$

式中，$p(k,\lambda t)$ 为对于给定的 λt，k 个事件发生的概率；k 为事件的次数；λ 为单位时间内事件发生次数的平均值；t 为特定的时间段；λt 为形状参数，表示特定时间段内事件发生次数的平均值；e 为自然常数，其值约为 2.7183。

泊松分布是无记忆的，即在时刻 t 后任意时间段内事件的发生次数和时刻 t 之前事件发生次数是独立的。由定义可知，泊松分布的均值是 λt。可以证明，其方差也是独立的，因此其标准差为

$$\sigma = \sqrt{\lambda t} \tag{6.2.16}$$

发生碰撞事件的概率是：1 减去没有发生碰撞事件的概率，即

$$p(k \geqslant 1,\lambda t) = 1 - p(0,\lambda t) = 1 - e^{-\lambda t} \tag{6.2.17}$$

如果以通量密度表示，则有

$$\lambda = F(m)A \tag{6.2.18}$$

式中，A 为特定面积，单位为 m^2；$F(m)$ 为质量大于 m 的粒子在单位时间内通过单位面积的平均通量密度。

因此，$p(k,\lambda t)$ 可转换为

$$p[k,F(m)At] = \frac{1}{k!}[F(m)At]^k e^{-F(m)At} \tag{6.2.19}$$

那么，由碎片引起的一次或多次碰撞的概率为

$$p[k \geqslant 1,F(m)At] = 1 - p[0,F(m)At] = 1 - e^{-F(m)At} \tag{6.2.20}$$

如果有 $F(m)At \ll 1$，则上式可以近似表达为

$$p[k \geqslant 1,F(m)At] \approx F(m)At \tag{6.2.21}$$

例如，在空间碎片环境中，假设在单位面积（$1~m^2$）内发生一起质量大于 $7.0 \times 10^{-4}~g$ 的微粒撞击事件的平均时间是 0.1 a，那么，若某航天器的太阳能电池板横截面面积为 $10~m^2$，它的电池板在 1 a、2 a 和 5 a 时间内发生一起或多起碰撞事件的概率分别是多少？

由给出的信息可知

$$F(m) = 0.1~m^{-2} \cdot a^{-1}$$
$$A = 10~m^2$$

由式

$$p[k \geqslant 1,F(m)At] = 1 - e^{-F(m)At}$$

可分别确定在 1 a、2 a 和 5 a 内发生碰撞的概率为

在 1 a 内,

$$p[k \geqslant 1, F(m)At] = 1 - e^{-0.1 \times 10 \times 1} \approx 0.632$$

在 2 a 内,

$$p[k \geqslant 1, F(m)At] = 1 - e^{-0.1 \times 10 \times 2} \approx 0.865$$

在 5 a 内,

$$p[k \geqslant 1, F(m)At] = 1 - e^{-0.1 \times 10 \times 5} \approx 0.993$$

如上述算例分析,随着航天器服役时间的逐渐增长,太空碎片与航天器间的撞击概率也在增加,太空碎片与航天器的部件发生碰撞的事件将不可避免,而碰撞会对航天器产生极大的破坏力。

6.3 太空防御

当对方的空间作战力量对我们进行侦察和攻击的时候,为了保有空间作战力量、保存空间作战能力所采取的反制或防御行为就是太空防御。一般来说,太空防御手段包括秘密投送、在轨隐身、机动变轨、导弹拦截和在轨修复等。

6.3.1 秘密投送

如前文所述,太空监察技术在未来太空战中的地位越来越重要,配合太空攻击手段可以实现"发现即摧毁"的目的,因此,防御敌方攻击的最好办法就是将自身的太空部署和装备系统隐藏起来,也就是让敌人找不到自己。为了和敌人"捉迷藏",己方可以通过秘密投送的方式进行太空部署。例如,一种秘密投送方式是在公路、铁路、海上、海底平台或空中发射,与固定发射工位相比,它具有更好的隐蔽性和机动性,从而牢牢掌握主动权,大大降低敌方探测、跟踪的可能性。或者,通过"搭便车"或"一箭多星"方式,将军事装备和民用装备一同送入空间,从而掩人耳目。又或者,还有更隐蔽的方式,可通过前期的模块化设计,多批次地将隐藏在民用卫星中的军用部件送入太空,等部件配齐以后,再派出太空设备远程操控进行组装拼合,就像拼积木或组装乐高一样。

6.3.2 在轨隐身

对于已经发射到太空中,并且在轨工作的卫星等航天器要怎么防御呢?最好的方法就是在轨隐身,即采用先进技术手段隐藏我们的太空装备,使敌人无法探测识别,也就无法攻击了。如前文所述,太空监察主要依靠红外或雷达探测。

针对红外探测,可以采用具有超高反射率或超低反射率的外观涂层,改变光线的衍射系数,这一正一反两种手段都可以在敌人探测我们的太空装备时迷惑敌人,一定程度上达到光学隐身的效果。针对雷达探测,可以尽可能降低航天器的有效反射截面,例如采用有源对消技术,即通过发射与敌方雷达频率相同的无线电波干扰对方,使其无法探测到目标。在轨隐身技术与太空监察技术就像盾与矛的关系,在未来的太空战场中谁技高一等,谁就会在侦察与反侦察的斗争中抢夺制胜的先机。

6.3.3　机动变轨

如果说在轨隐身像"捉迷藏",那么机动变轨就相当于"老鹰捉小鸡",为了避开敌方武器的拦截和攻击,卫星具备机动变轨能力是大势所趋。除此之外,卫星还可以变轨以躲避太空碎片的撞击,例如,某个卫星运行 15～20 min 就可能需要变轨以躲避撞击,如果卫星的变轨能力不强,将很难在未来的太空环境中生存下去。可以预见,未来的航天器不仅要具有强大的变轨能力,还要有冗余设计托底,以保证在部分发动机无法启用的情况下,剩下的发动机仍能完成变轨,继续执行任务。

6.3.4　导弹拦截

如何防御来自其他国家的洲际弹道导弹是太空防御的重要军事课题。一种被普遍认可的方法是,在太空布置载人或无人的作战航天器,通过拦截导弹的方式保护其他卫星。这种作战航天器不但能中途阻止敌方的航天器,而且还能在空中、地面和太空攻击敌人。所以,太空的攻防手段可以通过辩证的眼光看待,防御和进攻的转换也往往在一瞬间。

6.3.5　在轨修复

另外还有专门为太空中的卫星提供服务以及进行修复的航天器,这是一种相对温和的防御手段。在和平时期可以延长卫星的服务周期,提升经济效益,在战时又可以提高受到敌方打击和毁伤后的快速修复能力。它的最终目的和太空攻击是一致的,都是为了尽可能保存我方太空力量,削弱敌方太空力量,从而在太空战场上占据主动权,进而影响地面战场的制空权。

6.4　交会拦截

2021 年 7 月 1 日和 10 月 21 日,美国 SpaceX 公司发射的星链卫星曾先后两次接近我国的空间站,出于安全考虑,我国空间站对其进行了紧急避碰,避免了两目标碰撞的风险。无论对方是有意还是无意的,其中均涉及一个关键的技术,就是航天器与航天器之间的拦截或交会问题。下面根据交会的常见类型,分别介绍共面交会和共轨交会的原理和计算方法。

6.4.1　共面交会

共面交会是指两个航天器在同一平面上不同轨道上运行,若想使其中一个航天器与另一个航天器实现交会,最关键的是正确时机的选择。

举个例子,在足球场上,后卫给静止不动的前锋传球是比较容易的,只要把足球朝着目标直线传过去就可以了。但是比赛时,前锋不可能一动不动地等着球来,所以后卫必须给正在向前场进攻的前锋送出精准的传球,当后卫传出球后,足球将运动一段时间到达前场某个点,而前锋也刚好跑到了那个位置。有经验的后卫首先要计算前锋的运动速度、运动轨迹,还要计算自己传出的足球的速度和路线。这还不是最难的,最难的是如何用最快的时间、最短的路线将球传给前锋,这只有经验丰富、技术高超的球员才能做到。

我们进一步分析后卫如何决定何时传球,传多快的球,才能使足球刚好落到正在跑动的前锋的脚下。为了更好地分析这个问题,举一个简单的算例,假定后卫的传球距离为 28 m,足球的滚动速度为 14 m/s,前锋的跑动速度为 6 m/s,那么,后卫应该等多长时间再传球?

为了方便计算,首先对物理量进行参数定义:传球距离 $s = 28$ m;球速 $v_1 = 14$ m/s;前锋在场上的奔跑速度 $v_2 = 6$ m/s。

首先计算足球滚动到前锋的接球点需要多长时间,定义足球滚动时间为 T:

$$T = \frac{s}{v_1} = \frac{28}{14} \text{ s} = 2 \text{ s}$$

即足球只需要 2 s 即可传到接球点,那么在 2 s 的时间里,前锋能跑多远的距离呢?有

$$c = v_2 \times T = 6 \times 2 \text{ m} = 12 \text{ m}$$

也就是说,前锋在球滚动的时间内只能跑 12 m,显然,如果后卫立即传球,前锋是赶不到接球点的,所以后卫必须等待一定的时间,让前锋先跑一段,这段提前启动的距离为

$$\beta = s - c = (28 - 12) \text{ m} = 16 \text{ m}$$

根据前锋的跑动速度可知,前锋跑 16 m 所需要的时间为

$$T_\beta = \frac{\beta}{v_2} = \frac{16}{6} \text{ s} \approx 2.67 \text{ s}$$

因此,后卫必须要等待 2.67 s,给前锋提前跑动预留时间,才能精准地将足球传到前锋的接球点。

上面关于足球算例背后的计算方法与太空中航天器的交会问题有异曲同工之妙。假如,某在轨卫星出现了故障,需要飞船中的宇航员赶过去进行修理,如图 6-4-1 所示,卫星的轨道和飞船的轨道在同一平面内,位置稍高一些。为了能够追上卫星,飞船需要改变其在轨速度,变换轨道,然后和卫星在同一时间、同一地点进行交会,将这个速度变化记为 ΔV。

图 6-4-1 交会问题

为了解决航天器之间的交会问题,我们可以参考前面足球问题的解答思路,虽然足球在做直线运动,而航天器在做圆周运动,但是可以用转动速度(单位:rad/s)来代替直线速度(单位:m/s)进行计算,这个转动速度可称为角速度,一般用 ω 表示。

首先,当航天器的轨道固定不变时,其角速度也不变。因此,航天器角速度的计算公式为

$$\omega = \frac{2\pi}{2\pi\sqrt{\dfrac{a^3}{\mu}}} = \sqrt{\frac{\mu}{a^3}} \qquad (6.4.1)$$

式中,ω 为航天器角速度,单位为 rad/s;μ 为地心引力常数,其值为 3.986×10^{14} m³/s²;a 为轨道半长轴,单位为 km。对于圆形轨道,$a = R$(半径)。

　　然后,与足球问题一样,第一步要计算飞船转移到交会点所需要的时间,假定飞船霍曼转移到交会点飞行了180°(π rad),则飞行时间计算公式为

$$T_{\mathrm{f}} = \pi \sqrt{\frac{a_{\text{转移}}^3}{\mu}} \tag{6.4.2}$$

式中,T_{f}为飞船转移半周所需要的飞行时间,单位为 s。

　　正如足球在滚动时,前锋跑动了相当一段距离,飞船进行霍曼转移时,卫星不是停止不动的,也要转过一定的角度,这个角度称为引导角 α,如图 6-4-2 所示。引导角 α 等于卫星的角速度乘以飞船的飞行时间,即

$$\alpha = \omega_{\text{卫星}} T_{\mathrm{f}} \tag{6.4.3}$$

式中,$\omega_{\text{卫星}}$为目标(卫星)的角速度,单位为 rad/s;T_{f}为飞船的飞行时间,单位为 s。

　　我们知道,在足球场上,前锋一般领先于后卫一段距离;在太空中,一般用相位角 φ 表示卫星领先飞船的相位,它等于飞船的半径矢量与卫星的半径矢量之间的夹角。显然,由于飞船在一个霍曼转移中飞行了180°(π rad),所以理论上相位角 φ 与引导角 α 之和应等于 π,关系式如下:

$$\varphi_{\mathrm{f}} = \pi - \alpha \tag{6.4.4}$$

式中,φ_{f} 为在转移开始时飞船和卫星之间的相位角;α 为飞船转移时卫星飞行的角度,单位均为 rad。

　　上述例子中只是碰巧飞船与卫星间的相位刚刚好而已。实际上,大多数情况正如后卫传球前需要让前锋先跑到合适的位置再传球一样,飞船也要等卫星运行到合适的位置,如图 6-4-3 所示。那么,飞船要等多久呢?我们首先假定初始时刻卫星与飞船的相位角为 φ_0,而飞船进行转移前与卫星的相位角为 φ_{f},且飞船和卫星都做匀速圆周运动,则有

$$\varphi_{\mathrm{f}} = \varphi_0 + (\omega_{\text{飞船}} - \omega_{\text{卫星}}) \times T_{\mathrm{w}} \tag{6.4.5}$$

其中,T_{w} 为飞船等待相位角由 φ_0 变为 φ_{f} 的时间,其计算公式为

$$T_{\mathrm{w}} = \frac{2k\pi + \varphi_{\mathrm{f}} - \varphi_0}{\omega_{\text{飞船}} - \omega_{\text{卫星}}} \tag{6.4.6}$$

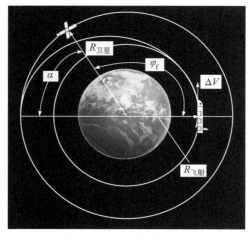

图 6-4-2　恰当时机的 ΔV

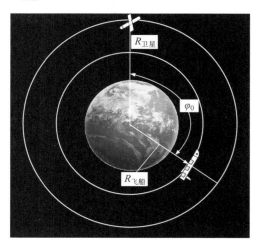

图 6-4-3　交会的初始条件

式中，φ_0、φ_f 分别为初始和最终相位角，单位为 rad；$\omega_{卫星}$、$\omega_{飞船}$ 分别为卫星和飞船的角速度，单位为 rad/s。一般情况下 $\varphi_f > \varphi_0$。假如当 $\varphi_f < \varphi_0$ 时，等待时间 T_w 小于零，由于飞船不能倒着飞，这意味着飞船要多跑一圈才能从后方接近卫星，因此需要在 φ_f 的基础上加上 2π。

综上，卫星和飞船交会所需的全部时间为等待时间与转移时间之和，即 $T = T_w + T_f$。

6.4.2　共轨交会

还有一种情况比较特殊，那就是飞船与卫星不但共面，还共轨，位置一前一后，如图 6-4-4 所示。由于飞船进行霍曼转移时必然会变换轨道，按照共面交会的方法就无法和原轨道上的卫星交会了，所以共轨交会的方法稍有不同，它是将飞船先推入一个等待轨道（或称为相位调整轨道），然后等待合适的时机再回到原来的轨道上的同一位置。如果在这段时间内卫星也运行到了同一点上，两者就实现了完美的交会。这里的关键同样在于飞船的等待时间。

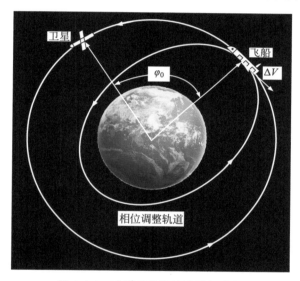

图 6-4-4　减速至较低轨道进行追赶

假如卫星的相位领先于飞船，飞船是不是要加速才能追上卫星呢？答案恰恰相反，正确的方法是使飞船减速。这是因为当飞船减速后会进入比原轨道低的轨道中，而轨道越小，周期越短，这样飞船就能在较短的时间内飞完一整圈。此外，卫星运行到飞船变轨点的周期不足一圈，这样两者就有可能同时到达同一位置了。

飞船的减速值取决于卫星需要多久才能运行到当前飞船的位置。假设卫星与飞船的相位角为 φ_0，并且在飞船的前方，那么为了到达交汇点，卫星需要转过的角度为

$$\varphi = 2\pi - \varphi_0 \tag{6.4.7}$$

式中，φ 为卫星为了达到交会地点所转过的角度，φ_0 为飞船和卫星之间的初始角度，单位均为 rad。

卫星转过角度 φ 所需要的时间为

$$T_w = \frac{\varphi}{\omega_{卫星}} \tag{6.4.8}$$

根据式（6.4.1）可知卫星角速度为

$$\omega_{卫星} = \sqrt{\frac{\mu}{a_{转移}^3}} \qquad (6.4.9)$$

将式(6.4.9)代入式(6.4.8),可以得到卫星达到交会地点所需要的时间为

$$T_{\mathrm{w}} = \frac{\varphi}{\omega_{卫星}} = \varphi\sqrt{\frac{a_{转移}^3}{\mu}} \qquad (6.4.10)$$

为了与卫星交会,飞船在相位调整轨道上飞行的时间 T_{h} 应该刚好等于卫星达到交会地点所需要的时间 T_{w},即

$$T_{\mathrm{h}} = T_{\mathrm{w}} \qquad (6.4.11)$$

将上面的计算公式分别代入式(6.4.11)得

$$2\pi\sqrt{\frac{a_{相位调整}^3}{\mu}} = \frac{\varphi}{\omega_{卫星}} \qquad (6.4.12)$$

所以飞船的相位调整轨道半长轴为

$$a_{相位调整} = \sqrt[3]{\mu\left(\frac{\varphi}{2\pi\omega_{卫星}}\right)^2} \qquad (6.4.13)$$

式中,μ 为地心引力常数,其值为 3.986×10^{14} m^3/s^2;$\omega_{卫星}$ 为卫星的角速度,单位为 rad/s;φ 为卫星为了达到交会地点所转过的角度,单位为 rad。

由于相位调整轨道是椭圆形轨道,所以为了进入此轨道,首先需要飞船做一个减速 ΔV,当其抵达近地点后,再做一个相同的加速 ΔV,这样飞船就回到了原始轨道之上。

另外一种情况是,飞船的相位领先于卫星,也就是说飞船在卫星的前面飞,如图 6-4-5 所示。假设此时飞船与卫星之间的相位角为 φ_0,若卫星转过 φ_0 到达飞船的位置,有可能因为时间太短,不足以使飞船在相位调整轨道上飞行一周,因此只能令卫星多转一周,也就是转过 $2\pi + \varphi_0$ 角度。这样,飞船可以加速,进入到位置较高但速度较低的轨道上,使其需要较长的时间飞完一圈,使飞船与卫星可以在同一时间到达同一地点。

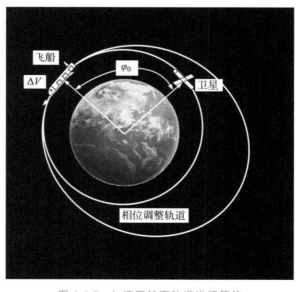

图 6-4-5　加速至较高轨道进行等待

例如,某地球同步卫星由于撞上了太空碎片导致其部分部件损坏,需要飞船上的航天员前去维修。设飞船的轨道半径 $R_{飞船} = 7550$ km,卫星的轨道半径 $R_{卫星} = 42\,300$ km,飞船在卫星的正对面,两者之间的夹角为 $180°$,见图 6-4-6。那么,为了实现与卫星的交会,飞船应该等多久再启动霍曼转移呢?

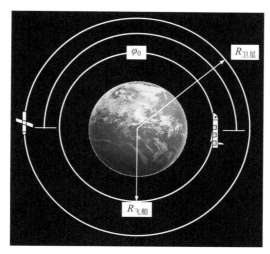

图 6-4-6 拦截问题图解

计算过程如下:

(1)计算飞船转移轨道半长轴:

$$a_{转移} = \frac{R_{飞船} + R_{卫星}}{2} = \frac{7550 + 42\,300}{2}\ \text{km} = 24\,925\ \text{km}$$

(2)分别根据轨道半径计算飞船和卫星的角速度:

$$\omega_{飞船} = \sqrt{\frac{\mu}{R_{飞船}^3}} = \sqrt{\frac{3.986 \times 10^5}{7550}}\ \text{rad/s} \approx 9.62 \times 10^{-4}\ \text{rad/s}$$

$$\omega_{卫星} = \sqrt{\frac{\mu}{R_{卫星}^3}} = \sqrt{\frac{3.986 \times 10^5}{42\,300}}\ \text{rad/s} \approx 7.26 \times 10^{-5}\ \text{rad/s}$$

(3)求解飞船在转移轨道上飞行所需要的时间:

$$T_f = \pi \sqrt{\frac{a_{转移}^3}{\mu}} = \pi \sqrt{\frac{24\,925}{3.986 \times 10^5}}\ \text{s} \approx 19\,581\ \text{s}$$

(4)计算卫星在此期间转移的角度:

$$\alpha = \omega_{卫星} T_f = 7.26 \times 10^{-5} \times 19\,581\ \text{rad} \approx 1.42\ \text{rad}$$

(5)求解飞船与卫星的理想相位角:

$$\varphi_f = \pi - \alpha = (\pi - 1.42)\ \text{rad} = 1.72\ \text{rad}$$

(6)求解飞船的等待时间 T_w:

$$T_w = \frac{\varphi_f - \varphi_0}{\omega_{卫星} - \omega_{飞船}} = \frac{1.72 - \pi}{7.26 \times 10^{-5} - 9.62 \times 10^{-4}}\ \text{s} \approx 1596.15\ \text{s} \approx 26.6\ \text{min}$$

即为了与卫星交会,飞船必须等待 26.6 min 后再进行转移。

第7章

太空返回

在阳光明媚的日子里,当我们沿着宁静的湖畔或河岸行走时,很多人会尝试一种简单的打水漂游戏,这不失为一种放松自己的娱乐方式。在路边众多的鹅卵石中,我们寻找一些形状合适的石头,最好是圆而扁、大小合适,这种形状对于打水漂来说是最完美的。我们以特定的手法将石头向水面扔去,使石头旋转起来,并能够以合适的角度和速度去撞击水面,这样石头就能够在水面上跳跃起来,经过起跳、下降、再次起跳等重复过程,不断向前。

航天器从太空返回时面临着相似的挑战。地球的大气与航天器之间好比湖水相对于石头的关系,那是浓密、流动的介质,航天器以在轨运行的速度进入大气层和石块接触湖泊的水面过程相似。要么直接"沉入",进入到大气层中;要么"起跳",被大气层反弹回到太空中去。为确保航天器安全着陆,必须控制其进入大气层的角度和速度(见图7-1-1)。如果航天器进入大气层的角度太陡或速度极快,会在大气层表面产生一个"飞溅",航天器以太快的速度进入大气层,与大气层发生剧烈摩擦,可能会燃为灰烬(见图7-1-2);如果航天器与大气层之间碰撞的角度太小,将被反弹回到太空。航天器返回技术蕴含在这火与冰之间微妙的舞蹈中。

图 7-1-1　航天器返回大气层减速

图 7-1-2　航天器与大气摩擦燃烧

航天器返回是指航天器在运行轨道完成预定空间任务后,通过制动等方式经过离轨、过渡等阶段后进入大气层,从太空返回地球表面,在地面上着陆的过程。若没有特别说明,本章所讨论的航天器主要包括返回式卫星、飞船、航天飞机、空天飞行器等。

7.1　航天器返回过程

　　航天器的发射过程是在不断加速,由运载火箭将航天器由静止逐步升高,持续加速到第一宇宙速度,从而使航天器能够围绕地球运行。航天器的返回则与之相反,是一个从初始速度接近 7.9 km/s 的高速开始不断减速的过程,从运行轨道上的飞行速度经历离轨、过渡、再入等阶段不断减速,到接近地面着陆前,航天器要将速度减到每秒十几米至几米的安全着陆速度,以确保航天器结构、仪器和航天员安全。理论上,可以在航天器表面安装反推火箭,当返回时,朝着航天器前进的方向喷射推进剂来减速。但是,利用反推火箭来减速需要很大的动力,这将消耗大量推进剂,返回所用的动力装置和推进剂在火箭发射时会成为火箭的载荷,进一步增加了火箭的起飞质量,这在现有技术条件下是不经济的。如果能够利用地球大气层的空气阻力自动为航天器减速,就比携带反推火箭经济得多。

　　航天器返回地球时,进入大气层后,除受重力作用外,还受到空气动力作用。表征空气动力的主要参数为升阻比,用 L/D 表示,为升力与阻力的比值。航天器升阻比的大小不同,其所适用的返回轨道也有所不同。无论采用何种返回轨道,通常都可分为 4 个阶段:离轨段、过渡段、再入段和着陆段。如图 7-1-3 所示为航天器返回轨道。

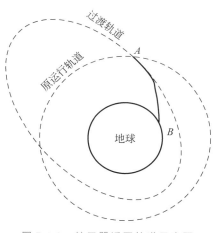

图 7-1-3　航天器返回轨道示意图

1. 离轨段

　　在该阶段启动制动火箭或变轨发动机,进行姿态控制,改变航天器飞行速度的大小和方向,使之达到制动所需要的姿态角,返回舱与其他舱段分离,并保持稳定的角度,做好返回前的准备,最后脱离原运行轨道。如图 7-1-3 所示,一般情况下,航天器离轨后会转入过渡轨道,过渡轨道多为椭圆形轨道。图 7-1-4 为航天器返回过程示意图。给定航天器再入点的初始返回速度和再入角等初始条件,按照冲量变轨的特征速度 ΔV 最小进行优化,可实现过渡轨道优化。ΔV 的计算公式如下:

$$\Delta V = \sqrt{V_1^2 + V_2^2 - 2V_1 V_2 \cos(\theta_2 - \theta_1)} \tag{7.1.1}$$

式中,ΔV 为冲量变轨的特征速度,V_1 为航天器在运行轨道的速度,V_2 为航天器在过渡轨道的速度,单位均为 m/s;θ_1 为航天器在运行轨道的倾角,θ_2 为航天器在过渡轨道的倾角,单位均为 rad 或(°)。

　　根据开普勒轨道的基本关系式得

$$\begin{cases} V_1^2 = E_1 + \dfrac{2\mu}{r_D} \\[2mm] V_2^2 = E_2 + \dfrac{2\mu}{r_D} \end{cases} \tag{7.1.2}$$

图 7-1-4　航天器返回过程示意图

$$
\begin{cases}
\cos\theta_1 = \dfrac{h_1}{V_1 r_D} = \dfrac{h_1}{E_1 r_D^2 + 2\mu r_D} \\[3mm]
\cos\theta_2 = \dfrac{h_2}{V_2 r_D} = \dfrac{h_2}{E_2 r_D^2 + 2\mu r_D}
\end{cases}
\tag{7.1.3}
$$

式中,V_1 为航天器在运行轨道的速度,V_2 为航天器在过渡轨道的速度,单位均为 m/s;E_1 为沿航天器运行轨道的二倍比能,即单位质量机械能的 2 倍,单位为 J/kg;E_2 为沿航天器过渡轨道的二倍比能,单位为 J/kg;μ 为地心引力常数,其值为 3.986×10^{14} m^3/s^2;h_1 为航天器运行轨道的单位质量的动量矩,单位为 kg·m/s^2;h_2 为航天器过渡轨道的单位质量的动量矩,单位为 kg·m/s^2;r_D 为离轨点到地心的距离,单位为 m。

将式(7.1.2)和式(7.1.3)代入式(7.1.1)可得 ΔV 的计算公式,进行一维寻优,即可求得 $\Delta V_{\min}$ 及最佳离轨点 D 点的矢径 $\boldsymbol{r}_D$ 和过渡轨道参数。

最佳离轨点 D 点的真近点角为

$$
\varPhi_D = \arccos\left[\left(\frac{h_1^2}{\mu r_D} - 1\right)\bigg/ e_1\right]
\tag{7.1.4}
$$

式中,$\varPhi_D$ 为 D 点的真近点角,单位为 rad 或(°);e_1 为运行轨道的偏心率。

2. 过渡段

过渡段是指航天器从离开原运行轨道到进入大气层之前的飞行阶段。在过渡段,制动火箭继续工作,航天器沿椭圆形轨道朝地球飞去,此时进入自由下落阶段。中途可根据需要再次启动制动火箭调整轨道,使航天器进入大气层的再入角满足再入条件。

在过渡段,航天器主要受到地球引力作用。此时,航天器的受力情况可简化为二体问题。如果以地心为极点,将地心到航天器质心的连线作为极轴,可建立极坐标系,如图 7-1-5 所示。

假设航天器在过渡段受到大小恒定的推力作

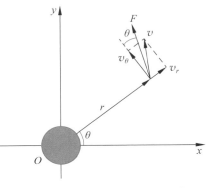

图 7-1-5　极坐标形式二体问题示意图

用,根据动力学基本定律,有如下关系式:

$$R = \frac{\bar{r}\mu}{r^3} + \frac{F}{m}$$ (7.1.5)

式中,μ 为地心引力常数,其值为 3.986×10^{14} m^3/s^2; r 为地球到航天器的矢径大小,单位为 m; F 为发动机推力,单位为 N; m 为航天器质量,单位为 kg。其中,推力可分解为

$$\boldsymbol{F} = F\sin\mu\boldsymbol{r}_0 + F\cos\mu\boldsymbol{\theta}_0$$ (7.1.6)

式中,$\boldsymbol{r}_0$ 为地球到航天器矢径方向上的单位矢量长度; $\boldsymbol{\theta}_0$ 为在运动平面内与 $\boldsymbol{r}_0$ 垂直方向的单位矢量长度。

过渡段的航天器运行基本符合天体力学运动规律。为了满足再入条件,航天器往往要进行多次变轨,以确保进入大气层的再入点准确。与此同时,不断调整航天器本身的姿态,以确保航天器姿态角满足再入大气层的条件。

在航天器运行轨道平面内,运行轨道上任一点 D 的矢径的模 r_D 可用下面公式计算得到

$$r_D = \frac{a_1(1 - e_1^2)}{1 + e_1\cos\delta_D}$$ (7.1.7)

式中,a_1 为运行轨道的椭圆半长轴,单位为 m; e_1 为运行轨道的椭圆偏心率,单位为 rad 或 ($^\circ$); δ_D 为点 D 处矢径的真近点角,单位为 rad 或 ($^\circ$)。

3. 再入段

再入段是指从进入大气层到距离地面高度 $10\sim20$ km 的飞行阶段。在空气阻力的作用下,再入段航天器会承受巨大的制动过载和剧烈的气动加热作用。再入角是影响航天器再入段的重要参数,用于表示航天器进入大气层时速度方向与地平面的夹角,该参数在设计过渡轨道时就已计算好。

航天器进入大气层后,受到的大气阻力与大气密度、航天器的速度平方、阻力系数以及航天器的横截面面积成正比,即

$$F_{阻力} = \frac{1}{2}\rho v^2 C_D S$$ (7.1.8)

式中,$F_{阻力}$ 为航天器受到的大气阻力,单位为 N; ρ 为大气密度,单位为 kg/m^3; v 为航天器速度,单位为 m/s; C_D 为阻力系数; S 为航天器横截面面积,单位为 m^2。

航天器再入角的大小直接影响气动加热情况、制动过载的大小,以及再入段航程距离。若再入角过小,航天器可能无法进入大气层,而是像打水漂游戏中的石头一样,掠过大气层表面以后再次反弹回到太空中,导致返回不成功;若再入角过大,则剧烈的气动加热和太大的过载可能导致航天器损坏,从而增加了航天器建造和返回控制的难度。航天器满足再入大气层条件的范围像一条窄窄的走廊,称为"再入走廊",见图7-1-6。

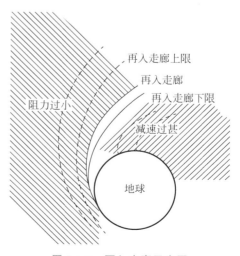

图 7-1-6　再入走廊示意图

4. 着陆段

航天器返回降落到距离地面约 20 km 后进入着陆阶段,在此阶段需将航天器的速度进一步降低,直到满足安全着陆要求的速度。在航天器高度下降到距离地面约 20 km 时,航天器下降速度为 150～200 m/s,此时需要进一步减速,以确保安全着陆。通常在约10 km 高度时打开降落伞,使返回舱进一步减速,最后以安全的速度垂直着陆或溅落。图 7-1-7 所示为阿波罗飞船的着陆过程,最终溅落到海面上,见图 7-1-8。如果只采用降落伞减速的方式,航天器着陆速度一般可降至 6～14 m/s,这仍会对航天器产生较大的冲击,因此载人航天器上一般还会设置着陆反推缓冲装置。例如,我国神舟系列载人飞船采用着陆反推缓冲火箭,返回舱以 7.4 m/s 的速度接近地面,距地面约 1 m 时启动 4 个缓冲火箭,使返回舱以 0～2 m/s 的速度接触地面,以确保航天员安全。

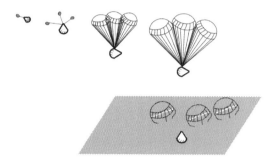

图 7-1-7 阿波罗飞船的着陆过程

图 7-1-8 溅落到海面的阿波罗飞船

着陆段首先要使航天器达到平衡速度,然后继续减速,直到降落伞系统能可靠工作。平衡速度指航天器受力平衡时的速度,即受到的气动阻力等于它所受重力。根据阻力公式,可得到平衡速度的计算公式如下:

$$v_E = \sqrt{\frac{2W}{\rho S C_D}} \tag{7.1.9}$$

式中,v_E 为航天器的平衡速度,单位为 m/s;W 为航天器所受的重力,单位为 N;ρ 为大气密度,单位为 kg/m^3;C_D 为阻力系数;S 为航天器横截面面积,单位为 m^2。

7.2　航天器返回方式

从航天器的返回过程可以发现,再入段是航天器返回成败的关键所在。返回式航天器的外形、结构等主要是为满足再入段的工作条件而设计的。航天器返回方式可分为弹道式、半弹道式、升力式和跳跃式四种类型。

航天器返回轨道的设计遵循"不可能三角"定律,无法同时满足返回过程航天器加速度小、对航天器加热少、着陆精度高三个需求,必须在上述三个相互冲突的需求之间巧妙地平衡。

第一个考虑的因素是返回过程中的加速度。航天器的结构和有效载荷限制了其所能承受的最大加速度,航天器的结构承载能力可达到几百 g,但是航天器中还有很多仪器设备或航天员。人类现在还远无法承受大过载,人一次性的、在几分钟内能够承受的最大加速度约

为 $12g$,因此对载人航天器的过载必须进行控制。一个航天器在返回过程中的最大加速度必须足够小,以防止航天器损坏。但仅仅关注最大加速度是不够的,太小的减速量也会产生严重的问题,就像石头会在湖水面上打水漂一样,若一个没有将速度降到足够低的航天器进入大气层的角度很小也会被大气层弹起,回到太空中去。

第二个考虑的因素是对航天器表面的加热。正如流星穿过大气层时闪耀的光芒,航天器进入大气过程中也会产生热量。一个物体在返回过程中可以获得的能量表现为机械能,可以计算出此时航天器的总机械能为

$$E = \frac{1}{2} mv^2 + mgh \tag{7.2.1}$$

式中,E 为总的机械能,单位为 J;m 为质量,单位为 kg;v 为速度,单位为 m/s;g 为重力加速度,其值取 $9.8\ \mathrm{m/s^2}$;h 为高度,单位为 m。

例如,航天器质量为 $10^5\ \mathrm{kg}$,在轨运行速度为 7700 m/s,轨道高度为 300 km。将上述参数代入式(7.2.1),可以得到航天器的总机械能为 $3.2585\times10^{12}\ \mathrm{J}$,计算如下:

$$E = \left(\frac{1}{2} \times 1 \times 10^5 \times 7700 \times 7700 + 1 \times 10^5 \times 9.8 \times 3 \times 10^5 \right)\ \mathrm{J} = 3.2585\times10^{12}\ \mathrm{J}$$

由于能量是守恒的,航天器返回过程中的机械能会转化为热能,这些热能使得航天器表面温度升高。某地区普通家庭年平均每户供暖量约为 $77.5\times10^9\ \mathrm{J}$,也就是说,航天器在穿越大气层的过程中产生的热量足以供一户普通家庭取暖 42 年。

第三个考虑的因素是航天器着陆精度。航天飞机从约 650 km 的高空下降,着陆在一个约 90 m 宽的跑道上,这并不容易。如果航天器的着陆范围较大,则精度要求就不会那么高,例如阿波罗任务的太空舱可以着陆在太平洋上的一个很大区域。总之,航天器设计者为满足着陆精度要求,需要不断调整返回弹道和航天器的外形。

返回通道是一个狭窄的区域,返回式航天器必须飞经这个区域,如图 7-2-1 所示。这条通道的尺寸取决于加速度、加热量和着陆精度,只有通过它,航天器才可以避免被弹起或者燃烧。如果航天器进入下边界,那么它会很快地减速下来并且温度迅速升高;如果航天器进入上边界,那么它很可能会被大气层弹回到太空中。

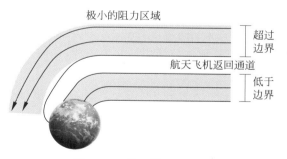

图 7-2-1　航天器返回通道

2022 年 4 月 16 日,我国"神舟十三号"飞船首次实施快速返回,从脱离空间站开始到着陆,不超过 5 h。它按照设计的再入角度进入返回通道,经历自由飞行后,穿过稠密大气层和黑障区域,然后在大气层内减速至 10 km 高度时打开降落伞,在距离地面 1 m 高度时启动缓冲发动机并切断降落伞,最后飞船平稳落地,如图 7-2-2 所示。

图 7-2-2 "神舟十三号"飞船

7.2.1 弹道式返回

采用弹道式返回方式时,航天器在返回过程中受到的微小升力可忽略不计,只有空气造成的阻力;一旦确定了航天器的离轨参数,返回弹道也就确定了。采用弹道式返回方式时,返回弹道比较陡,下降速度比较快,会产生很大的减速过载以及很大的热流,但其飞行时间和航程短,总加热量较小。弹道式返回落地精度差,散布范围大,落地误差可达数十千米甚至上百千米。

弹道式返回航天器的外形多为圆球体或钝头的轴对称旋转体,圆球体或钝头体(钝型)航天器可以产生很大的阻力。航天器返回时受到的大气阻力计算公式如下:

$$F_{阻力} = qC_DS = \frac{1}{2}\rho v^2 C_D S \qquad (7.2.2)$$

式中,$F_{阻力}$ 为航天器受到的大气阻力,单位为 N;q 为动压,单位为 Pa;ρ 为大气密度,单位为 kg/m^3;v 为航天器速度,单位为 m/s;C_D 为阻力系数;S 为航天器横截面面积,单位为 m^2。

大多数航天器返回时钝型底部朝向地球方向(见图 7-2-3),可以增大阻力系数和横截面面积,以增大航天器阻力。由于外形比较简单且便于实现,早期的返回式航天器通常都采用该方式。

以神舟飞船返回舱为例,其外形为钟型(图 7-2-2),直径 2.4 m,高 2 m,在距离地面100 km 高时,大气密度约为 6×10^{-9} kg/m^3,返回舱以约 6000 m/s 的速度返回地球,阻力系数 C_D 为 1.0,此时返回舱受到的大气阻力为

$$F_{阻力} = 0.5 \times 6 \times 10^{-9} \times 6000 \times 6000 \times 1.0 \times 3.14 \times 1.2 \times 1.2 \text{ N} \approx 0.488 \text{ N}$$

此时由于大气密度很小,受到的阻力也很小,当返回舱到达距离地面 40 km 时,大气密度约为 0.021 kg/m^3,如果返回舱速度仍为 6000 m/s,则此时返回舱受到的大气阻力为

$$F_{阻力} = 0.5 \times 0.021 \times 6000 \times 6000 \times 1.0 \times 3.14 \times 1.2 \times 1.2 \text{ N} \approx 1.71 \times 10^6 \text{ N}$$

航天器受到的过载是指气动力和推力的合力与航天器的重力的比值,称为过载系数(简称过载),公式如下:

$$n = \frac{F}{W} \qquad\qquad (7.2.3)$$

式中, n 为过载系数, 无量纲; F 为气动力与推力的合力, W 为航天器的重力, 单位均为 N。

过载越大, 航天器受到的合力越大。为保证航天器和航天员的安全, 载人航天器的过载不能太大, 过载大于1, 航天员承受超重; 过载小于1, 航天员承受失重。

中国的第一代返回式卫星、美国和苏联的第一代载人飞船(美国的"水星"号飞船、苏联的"东方"号飞船)都采用弹道式再入方式。返回式卫星允许其再入过程峰值约为 $20g$, 着陆点散布范围可达几十千米至上百千米。1960 年 8 月 20 日, 苏联的两只小狗"别尔卡"和"斯特列尔卡"从太空返回地面, 如图 7-2-4 所示, 成为首次成功进行高等动物空间轨道飞行试验和回收任务的"英雄"。

图 7-2-3　航天器返回过程

图 7-2-4　从太空返回的"英雄"小狗

7.2.2　半弹道式返回

半弹道式返回又称弹道升力式返回。返回过程中, 通过控制倾侧角来实现对升力方向的控制, 从而对航天器返回弹道具有一定的调节能力。因为有升力的存在, 所以半弹道式返回比弹道式返回更加平缓, 再入热流也较低, 落点精度得到提高, 约为 10 km 量级。目前大部分的飞船都采用这种返回方式。

将航天器外形设计为非圆球形, 使航天器具有一定的攻角, 产生可控升力, 可弥补弹道式再入航天器落点偏差太大和制动过载偏大的不足, 以降低制动过载, 优化落点位置。如图 7-2-5 所示, 将返回舱质心调整到与航天器几何中心距离较近的位置, 返回舱上将产生一个力矩, 航天器的升阻比通常小于 0.5。增加了升力后, 延长了再入航程的距离, 降低了过载, 有利于保护航天器及其载荷。

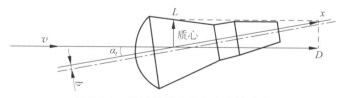

图 7-2-5　航天器调整质心产生的升力

上述力矩可用于调整航天器飞行方向, 通常这一过程由星上计算机控制完成, 通过改变侧向分力的大小来控制返回轨道, 完成落点位置的调整。

升阻比一般用 K 表示,用于表示气动效率,公式如下:

$$K = \frac{L}{D} = \frac{C_L}{C_D} \qquad (7.2.4)$$

式中,K 为升阻比,无量纲;L 为升力,单位为 N;D 为阻力,单位为 N;C_L 为升力系数,无量纲;C_D 为阻力系数,无量纲。其中,升力系数为航天器因其本身的形状而受到气流所作用的向上的力与相应的动压和横截面面积之比,公式如下:

$$C_L = \frac{L}{qS} \qquad (7.2.5)$$

式中,q 为动压,单位为 Pa;S 为横截面面积,单位为 m^2。

其中动压 $q = \frac{1}{2}\rho v^2$。式中,ρ 为空气密度,单位为 kg/m^3;v 为气流速度,单位为 m/s。

阻力系数主要与航天器受到的动压和横截面面积有关,计算公式如下:

$$C_D = \frac{D}{qS} \qquad (7.2.6)$$

升阻比不大于 0.5 的航天器可采用半弹道式返回方式。根据前文计算升力系数的公式可以得到升力计算公式,如下:

$$L = C_L qS = C_L \cdot \frac{1}{2}\rho v^2 S \qquad (7.2.7)$$

早期载人航天飞船返回舱多采用半弹道式返回方式。中国神舟系列飞船、美国阿波罗飞船以及俄罗斯"联盟号"飞船的返回舱都采用半弹道式再入方式。"联盟号"飞船返回舱的配平攻角约为 $20°$,配平攻角下的升阻比不大于 0.3,可将着陆点偏差控制在 30 km 之内。

神舟飞船的返回舱是钟型外形,一头大、一头小,大头朝前返回地球。再入大气层时,借助空气动力的作用,航天器上的计算机通过控制返回舱绕速度矢量 v 旋转,可以控制作用在返回舱上的升力的大小和方向,进而控制返回轨道,降低返回过载,并有效控制返回舱停控点的地理位置。如图 7-2-6 所示为"神舟十一号"返回舱着陆。

图 7-2-6   "神舟十一号"返回舱着陆

7.2.3   升力式返回

升力式返回又称为滑翔式再入,根据外形差异,升力式返回航天器可分为有翼返回航天器和升力体式返回航天器。

有翼航天器外形与现代高速飞机类似,拥有机翼,典型代表包括航天飞机和空天飞机。有翼航天器在大气层中产生的升力很大,升阻比通常大于 1.3,可实现数千千米的滑翔飞行,可以平稳地水平着陆在预定跑道;且返回时的制动过载很小,约 $1g$ 至 $2g$。升力体式航天器结构形状扁平,虽然没有明显区分机身和机翼,但其外形像一只张开翅膀滑翔的大鸟,同样能产生较大升力,其升阻比一般为 0.5~1.3。

航天器返回时,可以使用升力来"拉宽"通道,允许更大的速度和角度误差。通过改变航天器的攻角来增大升力,使航天器飞行更接近飞机的飞行,这样就可以直接控制航天器抵达预定着陆地点。

攻角为流体力学名词,对于航天器来说,攻角是指速度矢量 $\boldsymbol{v}$ 在纵向对称面上的投影与航天器纵轴之间的夹角(见图 7-2-7),抬头为正,低头为负,常用符号 α 表示。

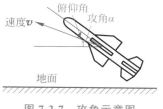

图 7-2-7 攻角示意图

航天飞机是典型的升力式返回航天器。航天飞机在进入大气层时改变姿态,形成 $40°$ 的攻角,使它的侧面和宽阔的底部暴露在大气层中。在距离地面约 100 km 的高空,返回界面出现,返回过程开始,大气密度逐渐升高。此返回过程见图 7-2-8。

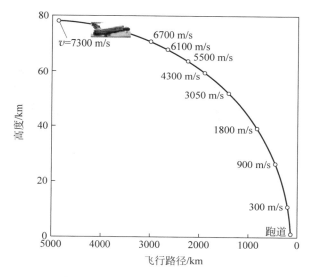

图 7-2-8 航天飞机返回过程示意图

在返回过程中,航天飞机在指定的路径上通过旋转改变升力的方向,使最大加速度低于 $2g$;阿波罗号和双子星号航天器的返回轨道很"陡峭",加速度通常在 $12g$ 以上。图 7-2-9 对它们的返回过程进行了对比。

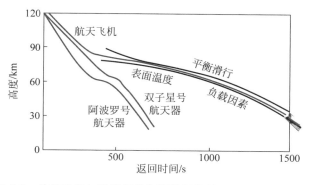

图 7-2-9 航天飞机与双子星号和阿波罗号航天器返回过程的对比

升力式返回的另一个应用是空间制动,就是利用空气动力改变航天器的速度,以改变它的轨道。关于星际转移问题,航天器从地球轨道转移到另外一个星球上需要发动机两次点火:利用 $\Delta V_{推进}$ 使它开始星际旅行;通过 $\Delta V_{减速}$ 捕获它进入绕目的星球运行的轨道。通过利用这个 ΔV,可以节省大量燃料。在英国科幻大师阿瑟·克拉克的小说《2010:太空漫游》中就使用了空间制动来捕捉环绕火星运行的太空船,由此改编的电影戏剧化地描述了空间制动机构。

2021 年 2 月 10 日 19 时 52 分,在历经近 7 个月的太空飞行后,我国首个火星探测器"天问一号"飞抵火星(见图 7-2-10),并成功实施捕获制动。火星制动捕获正是利用了升力式返回技术,探测器在抵近火星时通过主发动机长时间点火,使得探测器很快减速,从而能够被火星引力场捕获,进入绕火轨道,这就好比要踩一脚"太空刹车"。

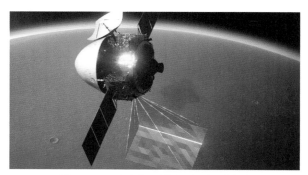

图 7-2-10 "天问一号"飞抵火星轨道

航天器星际转移中是通过双曲线轨道来接近行星的。在制动过程中,它将以一个很小的角度进入大气层,将最大加速度和加热率限定在一定范围内,阻力将会减小其速度并把它送入指定的轨道。为了把它"拉出"大气层,需要改变其攻角和升力。航天器俯冲进入大气层,然后再被大气层反弹回到太空中。在这一过程中,以消耗大量的能量为代价进入指定轨道。最后,它完成一次点火,产生远小于 $\Delta V_{减速}$ 的速度改变量,实现在大气层以外将航天器送入圆形暂泊轨道。航天器空间制动过程如图 7-2-11 所示。

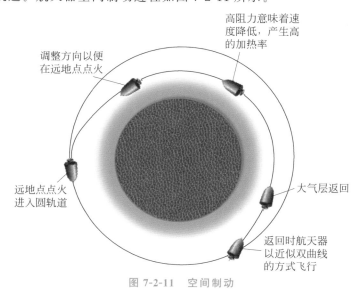

调整方向以便在远地点点火

高阻力意味着速度降低,产生高的加热率

远地点点火进入圆轨道

大气层返回

返回时航天器以近似双曲线的方式飞行

图 7-2-11 空间制动

美国火星"环球勘测者"如图 7-2-12 所示,它是第一个采用了空间制动装置的航天器。刚开始,它被捕获进入绕火星运行相对较高的轨道,并保持了数月。然后,利用空间制动降低高度后进入最终任务轨道,该过程节省了几千克燃料。

图 7-2-12 火星"环球勘测者"

7.2.4 跳跃式返回

航天器采用跳跃式返回时,轨道高度起伏变化较大,它首先以较小的角度进入大气层并减速,然后依靠大气升力作用再次冲出大气层,向前飞行一段时间后再次进入大气层,重复数次后降低航天器的返回速度,再进行着陆。还有一种在大气层内部跳跃的航天器,其返回方式也称为跳跃式返回。

我国"嫦娥五号"返回器、苏联"探测器 6 号"、美国阿波罗飞船等采用跳跃式返回。从月球或其他行星返回的航天器接近地球时的轨道是路径 A:抛物线(以第二宇宙速度返回);或路径 B:双曲线(大于第二宇宙速度返回)。航天器若沿着路径 A 返回,则穿透大气层过快,过载、热流和动压峰值将超过航天器和航天员的承受极限;若沿着路径 B 返回,则空气阻力太小,速度不足以降低到被地球捕获,航天器将飞离地球。因此航天器必须进入一条狭窄的进入走廊,才能保证成功返回地球。

"嫦娥五号"返回器采用半弹道跳跃式返回,如图 7-2-13 所示,返回舱第一次进入大气层一定深度滑行一定距离后,通过调整返回器姿态,航天器开始升高,冲出大气层,此时速度会逐步降低,降到第一宇宙速度以下时,返回舱被地球捕获,开始下落,然后以半弹道返回方式返回地球。这样做是为了使返回器减速,利用大气的阻力和大气与返回器的摩擦消耗返回舱的动能。

"探测器 6 号"是首个成功采用跳跃式再入的航天器。1968 年 11 月 17 日,"探测器 6 号"在实现绕月飞行后采用半弹道方式返回,进入大气层时的角度为 −5.6°,到达地球大气层表面的速度约为 11 km/s。在气动升力的作用下,"探测器 6 号"进入大气层下降 50～60 km 后跳跃上升穿出大气。经过大气阻力减速,速度降到了 7.6 km/s,被地球捕获,在空间飞行一段时间后再次以半弹道方式再入。"探测器 6 号"的过载峰值约 7g,比"探测器 5号"(16g)降低了一半以上。1969 年发射的"探测器 7 号"和 1970 年发射的"探测器 8 号"也

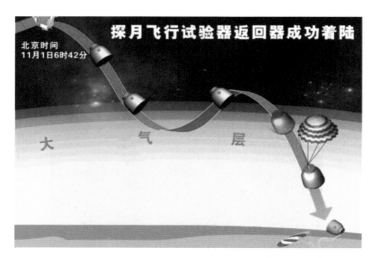

图 7-2-13　探月飞行试验器返回器着陆

成功进行了跳跃式再入试验。

阿波罗飞船的跳跃式再入方案与"探测器 6 号"基本相同,不同的是阿波罗有更大的升阻比,可以选择更大的再入角,升力控制能力也有所提升。阿波罗飞船的再入角为 $-6.48°$,再入大气层后 80 s 时过载达到最大值约 $6g$,高度下降至约 55 km 时出现跳跃现象,再入后 256 s 左右跳跃到最高点约 67 km,然后一直下降到开伞完成着陆。

7.3　航天器返回运动分析

地球周围有非常多的、很小的行星在太空中游弋。假设其中一颗小行星遇到了地球的大气层,此时它的速度在 8 km/s 以上,与大气层之间存在一个很陡的角度,朝向地球呼啸而来,最终形成流星。起初,在大气层的顶部只有很小的阻力使这颗小行星减速。但是,小行星穿越得越深,阻力就越快起作用,使得它快速地减速,如同石块撞击湖水的表面一样。

小行星刚进入大气层时大气稀薄,其速度可近似看作匀速。但是当它碰上稠密的大气就很快地减速。最初的 10 s 小行星的速度几乎是一个常量,但是在下一个 10 s 情况很快就会发生改变,小行星失去了它 90% 的速度。随着它失去了大部分的速度,它的加速度也很小了,但是要花几十秒才能将剩余的速度减下来。对于要返回地球的航天器,不能将其返回轨道设计成与流星相同的轨道,要依据不同航天器合理地处理加速度、加热和着陆精度之间的关系来设计弹道。为此,首先需要了解从太空返回地球的航天器受力和运动情况。

7.3.1　航天器返回过程受力分析

对于航天器返回时进入大气层的运动进行分析是一个动力学问题。航天器返回运动分析过程如图 7-3-1 所示。

首先要定义一个坐标系。我们建立一个惯性坐标系,称为返回坐标系,这样就可以应用牛顿运动定律。定义坐标系的原点在航天器开始返回时的质心位置,以后的运动分析都是相对于这个固定点进行的。

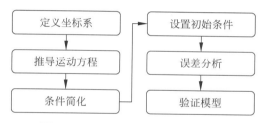

图 7-3-1　航天器返回运动分析过程

　　基准平面为航天器的轨道平面,在该平面内,定义 z 方向为指向地球的中心,定义 x 方向为在运动方向上沿着当地水平方向,如图 7-3-2 所示。下面分析航天器受力情况,这里肯定有重力的影响,同时在稠密的大气中飞行还会受到升力和阻力的作用,其余的受力用"其他的力"来表示。航天器的受力情况如图 7-3-3 所示,返回飞行路径角 γ 是当地水平方向和飞行速度方向的夹角,在水平线下方时为负,在水平线上方时为正。

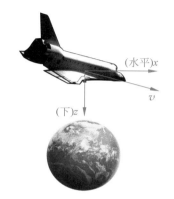

图 7-3-2　返回坐标系统

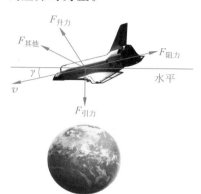

图 7-3-3　返回式航天器受力分析

将所有的力求和,可以得到

$$\sum F_{外力} = F_{引力} + F_{阻力} + F_{升力} + F_{其他} \qquad (7.3.1)$$

应用牛顿第二定律,得

$$\sum F_{外力} = ma \qquad (7.3.2)$$

式中,$F_{外力}$ 为航天器受到的外力,单位为 N;m 为航天器质量,单位为 kg;a 为航天器加速度,单位为 m/s^2。

　　为了使问题简化,下面作一些假设:将返回航天器看作一个质点,起主导作用的是阻力,包括重力和升力在内的其他的力都是可忽略的。对于进入大气层的流星,产生的升力几乎为零;对于航天飞机,升力与阻力相比也很小。因此,可以假设航天器升力为零,即 $F_{升力} = 0$。上述假设可以使问题得到很大简化。从图 7-3-3 中可以看出,阻力作用在与航天器运动方向相反的方向上。由于它是一个有大小和方向的量,需要运用三角形法则,并利用返回飞行路径角 γ,将阻力矢量沿 x 轴和 z 轴方向进行分解,关系式如下:

$$\sum F_{外力} = (-F_{阻力}\cos\gamma)x + (F_{阻力}\sin\gamma)z \qquad (7.3.3)$$

式中,γ 为航天器的飞行路径角,单位为(°)或 rad。

作用在航天器上的阻力与动压力 q 有关,动压力表示物体以速度 v 穿过密度为 ρ 的大气时所受到的影响,关系式如下:

$$q = \frac{\rho v^2}{2} \qquad (7.3.4)$$

式中,q 为作用在航天器上的动压力,单位为 Pa;ρ 为大气密度,单位为 kg/m^3;v 为航天器速度,单位为 m/s。

阻力计算公式已在前面介绍过,阻力大小还与航天器外形这一独特的特性相关。阻力公式表述如下:

$$F_{阻力} = q C_D S = \frac{1}{2} \rho v^2 C_D S \qquad (7.3.5)$$

式中,$F_{阻力}$ 为航天器受到的大气阻力,单位为 N;C_D 为阻力系数;S 为航天器横截面面积,单位为 m^2。

由此将公式(7.3.5)代入公式(7.3.3)可得

$$\sum F_{外力} = (-q C_D S \cos\gamma) x + (q C_D S \sin\gamma) z \qquad (7.3.6)$$

将上式除以航天器质量,就可以得到航天器的加速度,如下:

$$a = \left(-q \frac{C_D S}{m} \cos\gamma\right) x + \left(q \frac{C_D S}{m} \sin\gamma\right) z \qquad (7.3.7)$$

式中,a 为航天器的加速度,单位为 m/s^2;m 为航天器的质量,单位为 kg。

通常将 $m/C_D S$ 定义为弹道系数 BC,如下:

$$BC = \frac{m}{C_D S} \qquad (7.3.8)$$

BC 真正代表的含义是什么呢? 假设一个 60 kg 的跳伞运动员和一个 60 kg 的铁块同时从高空坠落,初速度、质量均相同。当降落伞打开之前,如果运动员和铁块有相同的质量 m、横截面面积 S 以及阻力系数 C_D,那么 BC 就会相同。因此,二者受到的阻力一样,且下落的速率也一样,如图 7-3-4 所示。当降落伞打开之后,跳伞运动员明显比铁块下落得慢。是什么改变了运动员的 BC 值呢? 运动员的质量未发生变化,当降落伞打开时,运动员的横截面面积和阻力系数 C_D 发生了变化,均显著增大,因此降低了弹道系数 BC,进而增大了运动员受到的阻力,同时减小了下落速度(见图 7-3-4)。所以,打开降落伞后运动员比铁块下降的慢得多。

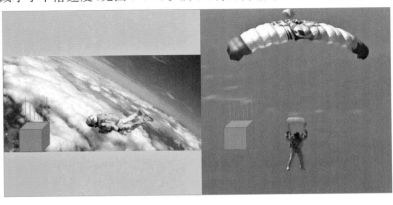

图 7-3-4　比较弹道系数

从上面例子中可以看出,BC 值越小的物体速度衰减得越快。因此,较轻的钝型航天器比较重的流线型航天器的下落速度要慢得多(见图 7-3-5)。

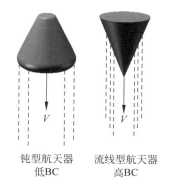

钝型航天器　　　流线型航天器
低BC　　　　　　高BC

图 7-3-5　钝型航天器与流线型航天器

7.3.2　航天器返回速度

至此已完成航天器返回过程的受力分析,得到了加速度计算公式,接下来主要讨论返回过程中不同时刻航天器的速度和位置。考虑航天器返回的初始条件对航天器的影响,初始条件主要包括初始的返回速度 $V_{返回}$ 和飞行路径角 γ。返回初始条件基本决定了返回过程中航天器可能遭遇的环境,并与返回弹道等相关。

航天器返回加速度公式(7.3.7)比较复杂,需要进行适当的简化处理。加速度是如何影响航天器的速度和位置的? 假定一个物体的加速度为常量,那么一段时间 t 后的速度可通过下面的公式计算:

$$V_t = V_0 + at \tag{7.3.9}$$

式中,V_t 为 t 时刻的速度,V_0 为初始速度,单位均为 m/s;a 为加速度,单位为 m/s^2;t 为时间,单位为 s。

由此还可得到 t 时刻物体的位置,计算公式如下:

$$R_t = R_0 + V_0 t + \frac{1}{2} at^2 \tag{7.3.10}$$

式中,R_t 为物体最终位置与某处的距离,R_0 为物体初始位置与某处的距离,单位均为 m;V_0 为初始速度,单位为 m/s;a 为加速度,单位为 m/s^2;t 为时间,单位为 s。

返回过程中,航天器的加速度在持续变化,而不是常量。加速度是速度的函数,需采用数值积分方法进行计算,乍看起来很复杂。我们可以假设在一段很小的时间间隔 Δt 中加速度是常量;在这个很小的时间间隔中,可以运用恒定加速度的速度和位置方程进行计算,然后在每一个时间间隔中增加加速度,可以得到对于速度和位置的累积效果。

当然,现在已经有很多更精确的数学工具用于分析航天器返回过程的速度和位置参数,以满足相互制约的任务需求。航天器返回轨道的设计参数主要包括返回速度、返回飞行路径角等;航天器的设计参数主要包括航天器的尺寸、形状、热防护措施等。由于上述参数相互影响,因此航天器及返回轨道的设计不能一蹴而就,往往需要进行不断调整,在弹道设计和航天器设计之间反复权衡,直到满足任务要求为止。

7.4   返回弹道

航天器返回弹道的选择会影响航天器返回过程的最大加速度、航天器的加热情况、航天器的着陆精度、航天器返回通道的宽窄等。

7.4.1   加速度

航天器返回过程中其加速度先逐步增大,达到最大加速度后再逐步减小。采用与上一节相同的方法,先假定其他参数为常量,只有航天器初始返回速度 $V_{返回}$ 为变量,在此基础上分析初始返回速度 $V_{返回}$ 对航天器最大加速度的影响。

返回速度越大意味着航天器的最大加速度也会越大,最大加速度及其相应的高度可采用下面的公式进行计算:

$$a_{\max} = \frac{V_{返回}^2 \, \beta \sin\gamma}{2\mathrm{e}} \qquad\qquad (7.4.1)$$

$$h_{a_{\max}} = \frac{1}{\beta} \ln \frac{\rho_0}{\mathrm{BC}\beta\sin\gamma} \qquad\qquad (7.4.2)$$

式中, $a_{\max}$ 为航天器的最大加速度,单位为 $\mathrm{m/s^2}$; $h_{a_{\max}}$ 为航天器最大加速度对应的高度,单位为 m; $V_{返回}$ 为航天器的返回速度,单位为 m/s; β 为大气的比例高度,用来描述大气密度,对于地球为 $0.000\,139\ \mathrm{m^{-1}}$; γ 为航天器的飞行路径角,单位为(°)或 rad; e 为自然对数的底数; ρ_0 为海平面的大气密度,取 $1.225\ \mathrm{kg/m^3}$; BC 为航天器的弹道系数,单位为 $\mathrm{kg/m^2}$。

例如,航天器质量为 1000 kg,外形最大半径为 2 m,横截面面积为 $50.3\ \mathrm{m^2}$, C_D 为 1.0,BC 为 $10.9\ \mathrm{kg/m^2}$,返回路径角 γ 为 45°,初始返回速度为 7700 m/s。将上述参数代入式(7.4.1)、式(7.4.2),可以计算得到最大加速度为 $1071.9\ \mathrm{m/s^2}$,对应高度为 50 660.3 m,计算过程如下:

$$a_{\max} = \frac{7700 \times 7700 \times 0.000\,139 \times \sin45°}{2 \times 2.718}\ \mathrm{m/s^2} \approx 1071.9\ \mathrm{m/s^2}$$

$$h_{a_{\max}} = \frac{1}{0.000\,139}\ln\frac{1.225}{10.9 \times 0.000\,139 \times \sin45°}\ \mathrm{m} \approx 50\,660.3\ \mathrm{m}$$

从上面两个公式和算例中可以看出,航天器的最大加速度对应的高度与初始返回速度无关,只与返回飞行路径角有关。即无论初始返回速度如何变化,最大加速度对应的高度都是一样的。航天器的最大加速度与返回飞行路径角正相关,返回飞行路径角越大,最大加速度也越大。最大加速度对应的高度也受到飞行路径角的影响,不过是负相关的关系,飞行路径越陡,最大加速度对应的高度越低。

7.4.2   加热率

前文已介绍航天器发热的原因,即航天器返回过程中的机械能转化为热能,使得航天器表面温度升高。热量传递方式有三种,分别是辐射、传导和对流。

如果你把手放在火堆旁或发光的加热器前就能感觉到热辐射。传导热量主要是通过物理介质。例如,你手中拿着一根金属棒,握住一端,另一端放在火里。不久你会感觉到手中的金属棒变热了,这就是热量沿着金属棒进行了传导。当流体流过物体时,向物体传递热量或者从物体吸取热量,热量从温度高的地方向温度低的地方传递,这样便产生了对流热传递。当寒风吹过时带走我们身体的热量,会让我们感觉寒冷,就是这个原因。

热量传递方式如何影响返回式航天器?如果你曾坐过划艇,在水中快速地穿行,你可能注意到,水会在船体旁弯曲。在船体的前面,当船体接触到水时在水中就会形成一个弓形的波浪,好像移动的船体从未接触到静止的水一样;弓形的波浪围绕在船体的两侧,形成激流。以很高的速度返回大气层的航天器穿越大气层时,与在水中划船的情形很相似。由于返回速度非常高,大气层上部的稀薄空气也会对航天器产生很大的影响。在返回式航天器的前面,流动的空气也会产生一个弓形波形,称为激波。这个激波造成了航天器前面的空气分子被激活,与前面的空气不断产生碰撞,激波围绕在航天器前面的区域。

如果航天器外形为流线型,具有高 BC 值,则激波会附着在航天器顶部并向航天器传递大量的热,造成顶部局部加热。如果航天器是钝型,BC 值较低,则激波会与航天器分离,在航天器前部发生弯曲。图 7-4-1 显示了两种激波的情形。

航天器是如何从气流中获得能量,进而变热的?当激波撞击航天器前面的空气分子时,会使这些空气分子由一个冷静的状态变得活跃。用锤子敲打金属物体时,与返回航天器和前面的空气分子之间传递能量类似,锤子将它的动能转换为热能,通过接触将热能传递给金属物体。这些热的空气分子通过对流方式传递热量给航天器,当返回航天器的速度超过某个值后,空气分子会变得非常热,此时主要通过辐射方式传递热量给航天器。

图 7-4-1　附着和分离的激波

我们可以用公式量化航天器的加热率 q(单位为 W/m^2),即单位面积、单位时间内获得的热能。它与航天器的速度、前端半径和空气密度有关。根据经验,对于地球大气,航天器的加热率计算公式如下:

$$q \approx 1.83 \times 10^{-4} V^3 \sqrt{\frac{\rho}{r_{前端}}} \qquad (7.4.3)$$

式中,q 为航天器的加热率,单位为 W/m^2;V 为航天器的速度,单位为 m/s;ρ 为空气密度,单位为 kg/m^3;$r_{前端}$ 为航天器的前端半径,单位为 m。

最大加热率与返回速度的三次方成正比,随着返回速度的增加而增加。最大加热率出现时的高度可用下面的公式计算:

$$h_{q_{max}} = \frac{1}{\beta} \ln \frac{\rho_0}{3BC\beta \sin\gamma} \qquad (7.4.4)$$

式中,$h_{q_{max}}$ 为最大加热率对应的高度,单位为 m;β 为大气的比例高度,用于描述大气密度,对于地球为 $0.000\,139\ m^{-1}$;ρ_0 为海平面的大气密度,取 $1.225\ kg/m^3$;BC 为航天器的弹道系数,单位为 kg/m^2;γ 为航天器的飞行路径角,单位为(°)或 rad。

最大加热率出现时的速度可用下面的公式计算:

$$V_{q_{max}} \approx 0.846 V_{返回} \qquad (7.4.5)$$

式中，$V_{q_{max}}$ 为航天器达到最大加热率时的速度，单位为 m/s；$V_{返回}$ 为航天器的返回速度，单位为 m/s。

返回速度变化时，加热率峰值也会发生相同趋势的变化。如果飞行路径角 γ 发生变化，最大加热率将如何变化？由于大的返回飞行路径角会导致航天器加速度和速度增大，进而导致航天器加热率峰值增大，显然，返回航天器的返回路径越陡，在达到最大加速度前进入大气层的深度就越大。同时，飞行路径角越大，航天器能达到地面着陆所需的时间越短。陡的返回路径角带来高的最大加热率，但需要的返回时间较短；浅的返回路径角带来低的最大加热率，但需要的返回时间较长。这就需要航天器设计者在相互冲突的条件下进行权衡。返回路径角大将导致高的加热率，但返回时间短，所以对于航天器总加热量可能会比较小；另外，小的返回路径角产生的加热率很低，但是因为航天器下降平缓，持续加热时间会很长。无论哪种方式，航天器都需要采取措施处理这些热量，我们将在后续的内容中讨论航天器的防热措施。

为了理解这种差异，假设用不同的燃料煮两壶水，第一壶使用粗大的木材，它们燃烧得不旺但燃烧时间很长；第二壶使用等质量的锯屑，锯屑与木材相比燃烧得更快。在足够多燃料的情况下，哪一壶水将先沸腾呢？木材的加热率较低，燃烧时间很长，水好像浸泡在热量中慢慢地沸腾；锯屑燃烧得很快，水壶不能足够快地吸收全部热量，部分热量会散失在空气中，但壶中的水会更快沸腾起来。

7.4.3　着陆精度

接下来，我们分析返回弹道如何影响航天器的着陆精度。考虑大气对返回航天器的影响，阻力和升力会干扰航天器返回飞行路径。分析上述影响时，可以利用一些参数定量地描述大气对航天器的影响，无论是模拟大气密度 ρ 还是阻力系数 C_D 均为近似值。因此，分析结果与实际的弹道可能会存在差异。

为了提高航天器着陆精度，希望返回航天器在大气中经历的时间尽可能短。因此会选择高的返回速度和大的返回路径角，但这将大大增加航天器承受的过载且产生很大的热量。因此，为了达到高的返回精度，设计和制造航天器时要确保其能够承受较大的过载和热量。与此相反，对于载人航天器，为了减少航天器承受的过载和热量，需要适度降低对着陆精度的要求。

2020 年 12 月 17 日，我国"嫦娥五号"月球探测器返回舱带着从月球取回的 2 kg 月土，经过跳跃式弹道打着水漂重返地球，成功着陆，降落精度达到了 1 km 级别，实现了精准控制。而日本的"隼鸟 2 号"小行星探测器返回地球时遭遇失败，直接降落到了南半球的澳大利亚。

7.4.4　返回通道

我们可以将返回通道的上部边界看作"弹出"边界。一个返回的航天器进入到这个边界的上部就会弹出大气层回到太空，这个边界很难准确量化。改变返回速度 $V_{返回}$ 和飞行路径角 γ，都不会显著地改变返回通道的边界，但是可以通过拉伸下部边界以显著增大返回通道的尺寸。

最大加速度和最大加热率这两个参数确定了返回通道的下部边界,且与航天器初始返回速度 $V_{返回}$ 和飞行路径角 γ 有关。最大加速度和最大加热率随着 $V_{返回}$ 和 γ 的减小而减小,使返回通道变宽,大部分的分析过程将最大加速度和最大加热率限制在某些特定的值上。可通过减小 $V_{返回}$ 或 γ 来扩展返回通道,这样在弹道设计时就有更大的误差裕度,可减轻对控制系统的要求。然而,对于大多数任务,$V_{返回}$ 和 γ 是由任务需求决定的,如果火箭不提供大的、代价昂贵的 ΔV,那么它们很难有显著的改变。

返回参数对航天器返回过程中加速度、加热率、精度和通道宽度的影响见表7-4-1。最大加速度和最大加热率随着速度和飞行路径角的变化而变化,当返回飞行路径角保持不变时,最大加速度和最大加热率与所处的轨道高度、速度无关。

表 7-4-1　返回参数对返回过程的影响

返回速度 $V_{返回}$(γ 不变)	最大加速度	最大加速度对应高度	最大加热率	最大加热率对应高度	精度	通道宽度
高	高	相同	高	相同	高	窄
低	低		低		低	宽
飞行路径角 γ($V_{返回}$ 不变)	最大加速度	最大加速度对应高度	最大加热率	最大加热率对应高度	精度	通道宽度
高	高	低	高	低	高	窄
低	低	高	低	高	低	宽

7.5　航天器形状与防热

航天器形状及防热设计为航天器返回过程的重要内容。航天器形状会影响到航天器返回过程中的加速度、加热率、着陆精度和返回通道尺寸等,本节首先对航天器形状的影响域进行分析,然后介绍航天器的三种防热方式:吸热法、烧蚀法和辐射法。

7.5.1　航天器形状

航天器的尺寸和形状决定了弹道系数 BC,进而影响航天器产生的升力。由于升力会增加分析的复杂程度,因此本节仍不考虑升力对航天器的影响。

对于返回航天器的弹道系数 BC,阻力系数 C_D 是最难确定的参数,它主要取决于航天器的形状,可以采用超音速流的流体数学模型进行近似计算,从而获得 C_D 值。但是,这种计算流体力学模型较为复杂。

为简化模型,我们可以利用牛顿流逼近方法来计算 C_D 值,牛顿的模型对于高速流体可以很好地发挥作用。两种方法的区别如图 7-5-1 所示。下面将采用牛顿流逼近方法计算得到的 C_D 值计算航天器的 BC 值。

现在考虑航天器常用的球体、圆锥体和钝圆锥体三种简单外形

图 7-5-1　计算流体力学与牛顿流的区别

各自对应的弹道系数 BC。对于外形为球体的航天器而言,假定直径 $D = 2$ m,阻力系数 $C_D = 2.0$,质量 $m = 2000$ kg,密度 $\rho = 500$ kg/m^3,则可计算得到弹道系数

$$\mathrm{BC} = \frac{m}{C_D S} = \frac{m}{C_D \pi \cdot D^2/4} = \frac{2000}{2.0 \times \pi \times 2 \times 2/4} \text{ kg/m}^2 \approx 318 \text{ kg/m}^2$$

对于外形为圆锥体的航天器而言,假定高度 $l = 3.73$ m,锥角的一半 $\delta = 15°$,圆锥半径 $r_c = 1$ m,阻力系数 $C_D = 0.137$,质量 $m = 1800$ kg,密度 $\rho = 500$ kg/m^3,则可计算得到弹道系数

$$\mathrm{BC} = \frac{m}{C_D S} = \frac{m}{C_D \pi r_c^2} = \frac{1800}{0.137 \times \pi \times 1 \times 1} \text{ kg/m}^2 \approx 4182 \text{ kg/m}^2$$

对于外形为钝圆锥体的航天器而言,假定高度 $l = 3.04$ m,锥角的一半 $\delta = 15°$,圆锥半径 $r_c = 1$ m,阻力系数 $C_D = 0.188$,质量 $m = 1750$ kg,密度 $\rho = 500$ kg/m^3,则可计算得到弹道系数

$$\mathrm{BC} = \frac{m}{C_D S} = \frac{m}{C_D \pi r_c^2} = \frac{1750}{0.188 \times \pi \times 1 \times 1} \text{ kg/m}^2 \approx 2963 \text{ kg/m}^2$$

1. 加速度

掌握了计算弹道系数 BC 的方法,就可以研究 BC 的改变对航天器加速度的影响。若三种航天器分别以 45° 和 8 km/s 的速度进入地球大气层,其最大加速度值 a_{max} 都是一样的,但是 a_{max} 对应的高度会随着 BC 值的不同而变化。BC 值越高,它到达最大加速度之前进入大气层的深度就越深。也就是说,流线型的航天器与钝型航天器相比,在大气层中飞行的时间较短,可以更快地到达地面。

2. 加热率

航天器的 BC 值越高,其加热率的最大值越大,且出现在进入大气层更深的位置。图 7-5-2 所示为钝型和流线型的航天器的自然激波。钝型航天器为分离激波,它在相对大的体积内传播热,且钝型航天器近表面的气流倾向于对流传热,因此钝型航天器的加热率相对较低。

流线型航天器则为附着激波,附着激波集中大量的热在航天器的顶部,使顶部局部区域产生高温。航天器周围的热量停留在较小的面积内,且近表面的气流也不进行热交换,这使得总的加热率较高。科幻小说中经常将未来星际航行的航天器描绘为针鼻型外

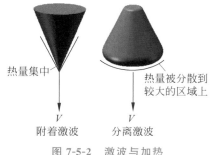

热量集中　　　　　　　　　热量被分散到
　　　　　　　　　　　　　较大的区域上

V　　　　　　　　　V
附着激波　　　　分离激波

图 7-5-2　激波与加热

形,现在看来针鼻型的航天器是不切实际的。实际应用中,即使相对流线型的航天器也往往采用微圆的前端,以改善激波情况,防止顶部结构被烧坏。

3. 着陆精度

流线型的航天器返回路径比较陡峭,达到最大加速度时已经进入大气层较深的位置,在大气层中飞行的时间较短。与之相反,钝型航天器返回路径相对平缓,在大气层中飞行时间较长,大气的影响会大大降低航天器的着陆精度。为保证着陆精度,希望航天器在大气中经历尽可能短的返回飞行时间。着陆精度与航天器防热的需求相互冲突,为了提高着陆精度

需要设计形状为流线型的航天器,代价就是必须承受较高的加热率,这就需要借助航天器热防护系统来保护航天器,航天器设计者需要在加热率和着陆精度之间权衡。

4. 返回通道

返回通道的上限边界取决于被大气捕获的最小加速度,航天器的形状改变或弹道系数BC变化不会显著影响这一参数。但是,可以通过改变对加速度和加热率的限制来改善返回通道的下限边界。最大加速度不受航天器弹道系数BC值的影响,故航天器的形状也不影响返回通道下限边界。可采用钝型结构来减小弹道系数BC,进而减小加热率。因此,当走廊下限边界取决于最大加热率时,可以减小航天器弹道系数BC。这对于拓宽返回通道有利,可以允许航天器更大的导航误差裕度。表7-5-1总结了航天器形状对返回参数的影响。

表 7-5-1 航天器形状对返回参数的影响

弹道系数 BC	a_{max}	最大加速度对应高度	最大加热率	最大加热率对应高度	精度	通道宽度
高	相同	低	高	低	高	窄
低		高	低	高	低	宽

7.5.2　航天器防热

航天器再入大气层时,若能量全部转化为热能,并将全部热能传递给航天器本身,航天器在气动加热作用下将化为灰烬,因此有必要对航天器采取防热措施。

弹道式返回航天器进入大气层时的速度很高,航天器不断与大气碰撞挤压,并导致前端被持续加热,前端空气密度可增加10余倍,温度最高可升至8000℃,此时航天器前方会形成激波。为了使航天器前方产生分离激波,而不是附着激波,其迎风面必须采用钝头气动外形,而不是细长的流线型外形。一般将返回航天器设计成圆球体、钟型、球体与截锥的组合体等形状,如图7-5-3所示。

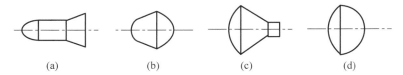

图 7-5-3 钝型的各类再入航天器
(a) 再入弹头;(b) 返回式卫星;(c) 载人飞船;(d) 星际探测器

如果航天器外形足够合理,则可将返回时的大部分热量扩散掉,少量热量传递至航天器。传递热量虽然比例不大,但对于航天器的影响依然很严重。在受热最严重部位,每平方米的热流可达数千千瓦,每平方米的总加热量可达数百兆焦耳。因此,航天器必须采用热防护才能避免被烧毁。防热设计可采用吸热法、烧蚀法和辐射法3种方式,如图7-5-4所示。

1. 吸热式防热

吸热式防热是通过使防热材料温度升高吸收热量来保护航天器,又称为热沉式防热。

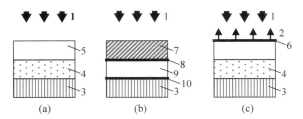

1—从气流传来的热流；2—蒙皮表面向外辐射的热流；3—承力结构；4—隔热层；
5—高热容量蒙皮；6—蒙皮；7—碳化层；8—分解层；9—未烧蚀材料；10—胶合层。

图 7-5-4　三种防热法原理示意图

（a）吸热法；（b）烧蚀法；（c）辐射法

　　在返回式航天器的外层包覆一层吸热材料，用于吸收气动加热传递给航天器的热量，降低热量对航天器的影响。这种方法要求吸热材料热容量高、导热性能好、熔点高，可使用铍、氧化铍、铜和石墨等材料。

　　20 世纪 50 年代，工程师们为了解决大型洲际导弹再入大气层时遇到的热防护问题提出了该方法。最初，弹头无法排放热量，而是将热量传递并储存在返回航天器内，这需要在航天器内部设置吸热器，即用额外的材料吸收热量，从而使航天器表面保持较低的峰值温度。当我们将盛着 5 L 和 10 L 水的平底锅放在火上，哪一个锅的水会先沸腾？5 L 的水会先沸腾，因为较少的水吸收了相同的热量，所以水热得更快。同样，具有较少材料的航天器在返回过程中会热得快一些。因此航天器设计者可以通过增加材料体积以吸收更多热量的方法来降低温度峰值。吸热器虽然很重，但对于早期的洲际导弹确实是一个简单而有效的解决措施。吸热器必须在相对短的时间内吸收热量。对于一个指定的发射装置，当设计者增加吸热器的质量时，不得不压缩可载荷质量。因为运送载荷才是主要目标，所以设计者开始考虑替换掉简易但沉重的吸热器，发展出了吸热式防热设计技术。

　　按照理论计算结果，如果吸热材料导热性能优良，则单位面积防热层所能吸收的最大热量 Q 可用下式计算：

$$Q = \rho C_p (T_W - T_0) \delta \tag{7.5.1}$$

式中，ρ 为吸热材料的密度，单位为 kg/m^3；C_p 为吸热材料的比热容，单位为 $J/(kg \cdot K)$；T_W 为吸热层壁面的最大允许温度，T_0 为初始温度，单位均为 K；δ 为吸热层的厚度，单位为 m。

2. 烧蚀式防热

　　炎热的夏天，在室外环境中如何保持饮料凉爽？你会将它放入一个盛满冰的容器里。一段时间后冰消失了，只剩下了冷的水。为什么你不在容器里直接放置冷的水呢？因为 0℃ 的冰要比同样温度的水含有的热量更少，与液态水加热升温 1℃ 相比，将 0℃ 的冰融化为 0℃ 的水，需要吸收更多的热量。例如，在标准大气压下，水的比热容是 4.2×10^3 $J/(kg \cdot ℃)$，将 1 L 水的温度上升 1℃ 需要 4200 J 的热量；冰的熔化热是 3.35×10^5 J/kg，将 1 kg 的冰融化为 0℃ 的水则需要 3.35×10^5 J 的热量。

　　那么怎样将保持饮料冰爽的方法应用到返回式航天器上呢？我们当然不会用冰来包裹航天器，而是在航天器表面覆盖具有较高熔解潜热特性的材料，如碳和陶瓷。当这些材料熔化或蒸发时会吸收大量的热,从而可以保护航天器,这个熔化过程被称为烧蚀。

我国在20世纪70年代发射返回式卫星时就采用烧蚀防热法保护卫星,"神舟"飞船仍沿用这种方法防热,从太空返回的返回舱外表都烧成了黑炭状。美国的"阿波罗"太空舱、航天飞机均应用了烧蚀技术。俄罗斯载人航天器也在利用这种方式保护宇航员。烧蚀防热法有一个缺点,就是当航天器着陆时,一部分材料被烧蚀消失了。如图7-5-5所示为着陆后的返回舱底部,可见烧蚀情况明显。

图7-5-5 烧蚀消失的防热层

根据材料烧蚀机理不同,分为升华类、熔化类和碳化类防热材料。升华类材料加热后,材料由固态直接升华为气态并进入航天器表层结构,通过升华吸热效应和气体对流阻塞效应实现航天器防热。常用的升华材料有聚四氟乙烯、石墨等。其中,聚四氟乙烯透波性好,导热率较低,熔融后呈透明状态,流动性很差,升华为挥发性气体,烧蚀后不影响电气性能,常常用于天线罩和舱口防热。

熔化类材料多为无机纤维增强的酚醛树脂,此类材料受热后其中的树脂发生裂解、碳化,二氧化硅等成分熔化成液体,并渗透过碳层,在航天器表面形成黏性液体保护膜,避免直接对航天器加热,材料的蒸发与流失会带走大量热量。常用的熔化类烧蚀材料有玻璃-酚醛、高硅氧-酚醛、石英-酚醛等。

碳化类材料的特点是低温热解、高温隔热,在250～300℃时发生热解和相变,带走部分热量,同时在航天器表面形成碳层,起到高温隔热作用。典型的碳化类材料有尼龙-酚醛、涤纶-酚醛、有机硅树脂和热塑环氧等。

3. 辐射式防热

将一块金属放在温度很高的火焰上,不久它就会变得又红又热。马科斯·普朗克解释了该现象,当为物体提供热量时,它会传递、反射和吸收热量。当物体吸收了足够的热量,它热起来的同时会向外释放一部分热量。物体每平方米发射的能量与其温度和发射率有关。发射率ε无量纲,且$0 < \varepsilon < 1.0$,它表示物体发射能量的相对能力。理想黑体的发射率为1.0。发射的能量可由斯蒂芬-玻耳兹曼关系式确定,公式如下:

$$E = \sigma \varepsilon T^4$$

(7.5.2)

式中,E为物体在单位时间单位面积辐射的能量,单位为$J/(m^2 \cdot s)$;σ为斯蒂芬-玻耳兹曼常量,其值为5.67×10^{-8} $W/(m^2 \cdot K^4)$;ε为物体的发射率,无量纲;T为物体的温度,单位为K。

即使对于具有很高发射率的材料,在返回过程中平衡温度仍然可以超过铝的熔点。返回温度太高会影响辐射冷却材料的选择,需要采用一种发射率和熔点都高的材料。如果直接将涂层材料用于航天器铝的外壳,铝会很快熔化。因此,必须将热的涂层和航天器外壳分离,例如采用航天飞机瓷片。

航天轶事:航天飞机瓷片

航天飞机返回过程中产生的热量可使其表面温度超过1247℃。航天飞机表面的铝层在着陆后的20 min才会达到最高350℃,这要归功于航天飞机中采用的瓷片,这些瓷片所

用的绝缘材料是精制的硅酸盐(砂子)。在航天飞机表面上的这些瓷片涂层的发射率大约为
0.8,航天飞机瓷片的复合材料有高的发射率,并且具有很有特征的黑色,如图 7-5-6 所示,
是一种高效的高温绝热体。为了覆盖航天飞机表面复杂的轮廓,超过 3 万块独立的经过机
械加工的瓷片像拼图一样拼接在一起。在返回期间,防辐射玻璃驱散了 90% 的热量,并将
这些热量反射回大气层中。

图 7-5-6　航天飞机瓷片

　　与吸热式防热材料相同,辐射式防热材料的结构也分为三层,分别为直接与高温环境接
触的外蒙皮、内部承力结构和隔热材料。其中,隔热材料位于外蒙皮与内部承力结构之间。
不同之处是辐射式防热结构外蒙皮通常为很薄的耐高温合金,如镍、铌、钼等合金,表面往往
涂有高辐射涂层。

　　蒙皮表面向外辐射的热流与蒙皮表面热力学温度的 4 次方成正比。温度升高时,向内
传递的热流与向外辐射的热流平衡,此时的温度称为平衡温度。辐射防热的效果只与最大
热流有关,最大热流越高,平衡温度就越高。平衡温度取决于防热材料的自身性能,是决定
能否采用辐射式防热的关键。

　　采用辐射式防热的航天器表面气动外形在返回过程中不会发生变化,可重复使用。美
国"水星号"飞船局部采用辐射式防热,采用厚度 0.4 mm 的镍基合金板作为外蒙皮,外表面
涂有蓝灰色高辐射陶瓷漆,飞船再入时,外蒙皮平衡温度约 929℃;内蒙皮和桁条采用钛合
金承力结构,夹层采用隔热毡,结构如图 7-5-7 所示。

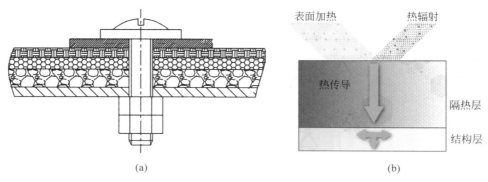

图 7-5-7　"水星号"飞船的辐射式防热结构

第 *8* 章

航天发射场

1957 年 10 月 4 日，正值美苏"冷战"白热化时期，"斯普特尼克 1 号"卫星（Sputnik-1）在苏联拜科努尔航天中心秘密发射升空，这是首颗被人类送入太空的卫星。此次发射的成功标志着地球从此进入了人造地球卫星时代：在此前的超过 45 亿年内，地球只有一颗天然卫星——月球，而"斯普特尼克 1 号"卫星则成为人类送给地球的第一颗人造卫星。图 8-1-1所示为"斯普特尼克 1 号"卫星。

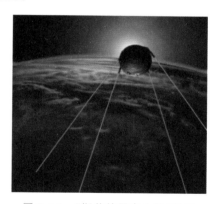

图 8-1-1　"斯普特尼克 1 号"卫星

航天器前往太空的万里征程都有一个共同起点——航天发射场。任何一种运载工具都需要停靠和出发的地方，例如汽车需要车库、轮船需要码头、飞机需要机场，作为航天时代的新型运载工具，火箭也需要自己的发射场。

航天发射场是用于接收、存放、组装、测试并发射火箭和航天器的特定区域，几乎所有运载火箭都要在这里完成起飞前的全部准备工作，因此航天发射场算得上是"通往太空的始发站"。

8.1　航天发射场及落区选址

20 世纪 50 年代，为应对严峻的国际形势和敌对国家的核讹诈，我国决心要搞出自己的原子弹和导弹，来维护国家安全并提高国际地位。对于一切从零开始的新中国来说，第一步就是要确定试验场,我们都知道原子弹的试验场最终选定在了罗布泊,而导弹的试验场应该选择哪里呢? 在这个问题上,我国专家曾与当时援建的苏联专家(见图 8-1-2)产生过严重分歧,中方专家更看好银川,而苏联专家则相中了酒泉地区,分歧的焦点主要在交通运输和发射安全方面。

图 8-1-2　选场专家组成员孙继先(中)与苏联专家

在气候条件方面,发射场选址要求所在地区气候必须干燥少雨,才能保证火箭发射的最低气象要求,酒泉全年晴天数超过 320 天,而银川地处西北高原,在这方面同样具有很大优势。气候方面两地都很符合要求。

在交通运输方面,银川就体现出了巨大优势,它作为宁夏首府,是西北地区重要的中心城市,各项基础设施都很完善;而当时酒泉周边地区还相对荒凉和落后,需要新建大量的公路、铁路、桥梁等。因此我国专家更倾向于银川,而苏联专家担心的则是在这里执行任务时火箭残骸掉落,以及火箭发射失败、飞行出现意外时的安全问题,因此极力主张将我国首个卫星发射场建在酒泉周边,而不是地处西北中心要地的银川。经过各方严谨的综合考虑,最终还是采纳了苏联专家的意见,将发射场位置确定在了距酒泉市两百多千米的巴丹吉林沙漠戈壁内,这里深处内陆荒漠,地势开阔平坦,远离人烟,无论是出于反间谍、防空袭等军事方面考虑,还是在发射失败或者火箭残骸掉落等发射安全的角度考虑,都是上佳之选。

8.1.1　选址要素

场址的选择是航天发射场规划建设的先决条件,必须满足各种航天器发射的使用需求,地理位置选择是否得当合理,直接关系到航天发射场后续的发射安全、发射能力等一系列核心技术指标。在选择发射场场址时,主要考虑以下几个方面:

(1)国防安全。世界各国的航天发射活动向来与其国防军事紧密相关,发射场自身的安全保障是首要的选址因素。一方面,它一般位于国家内陆腹地,拥有较稳定的地缘环境,一旦发生战争,其较大的防御范围和战略纵深对于应对敌方战术或战略进攻都很有防范意义。另一方面,如果发射场靠近国境线,火箭发射失败或多级火箭分离容易导致残骸掉落在别的国家,很可能会造成技术泄密或引发外交冲突。因此,发射场位于内陆会比靠近国境线更具安全优势。我国太原和西昌卫星发射场在规划选址时便以"远离边境、靠山、隐蔽、分散"为选址原则,设置在更为隐蔽和安全的内陆地区,最终选择了山西的岢岚县和四川的大凉山地区。

(2)气象条件。有利的天气条件对航天发射十分重要,选择干燥少雨、温度变化小、风速小、湿度低、气候稳定的环境,可以有效增加航天活动的年试验时间和发射窗口宽度,同时也有利于地面测控跟踪和发射设备维护工作。

（3）交通运输。执行航天发射任务是一项非常复杂的系统性工作,需要投入大量的人力和物资,这要求发射场所在地的公路、铁路等交通体系必须具备足够的运力,保证火箭、卫星、燃料、专业仪器、试验设备、特种车辆等方面的正常运输需求。若在靠近大型港口的位置建立发射场,还可通过海运方式运输火箭,火箭直径将不必再受隧道、涵洞、桥梁的限制。另外,选址应尽量靠近航天器的生产、总装单位,缩短运输距离。举个例子,位于南美洲、靠近赤道的法属圭亚那航天中心是发射地球同步轨道卫星的理想场所,但离欧洲太远,给航天器的交通运输带来了诸多不便。

（4）地理纬度。不同纬度的发射场主要承担的发射任务轨道会有所差异,理论上发射场的纬度与目标轨道倾角越接近对发射越有利。因此对于执行轨道倾角为0°的地球同步轨道任务的航天发射场,应尽量选择靠近赤道的低纬度地区,因为此时航天器向东发射,既可以利用地球自转产生的地表线速度,使航天器得到向东的初速度助力,又可以缩短从发射点入轨的距离,节省燃料的同时增加了火箭的有效负荷和运载能力。对于大倾角轨道任务（极地轨道或太阳同步轨道）,则更适合在高纬度发射场进行。一个典型的例子就是我国载人飞船的轨道倾角大体上和酒泉卫星发射场的纬度一致,均为42°左右。

（5）发射安全。主要包括航天器飞行航线安全、火箭残骸落区安全以及返回式航天器着陆场安全。航线要尽量避开大型城市及国外敏感地区领空,残骸落区及着陆场必须在人烟稀少的地区,着陆场还要求地势平坦开阔,便于进行搜寻救援工作。

8.1.2　发射场纬度与轨道倾角

纬度是航天发射场最重要的位置属性,发射场纬度越低,表明这里离赤道越近,离地球极点越远,随地球自转的半径也越大,获得的线速度随之增大。由于地球自转为运载火箭的飞行提供了初始速度,当火箭与地球自转同向飞行时,这个初始速度就变成飞行"助力";反向飞行时,初始速度则成为飞行"阻力"。那么,如何选择纬度更合适的发射地点,以便让火箭飞行获得更大的"助力"或更小的"阻力",从而更高效地将航天器送入目标轨道呢?另外,在确定发射地点后,发射场纬度对轨道的倾角有哪些限制?产生限制的原因又是什么?下面将逐一解释这些问题。

1. 顺行轨道与逆行轨道

轨道倾角是轨道根数之一（见3.4.3节）,常用符号为i,用以表示卫星轨道平面与地球赤道平面间的夹角大小,其取值范围为$[0°,180°]$（见图8-1-3）。

在常见的卫星轨道中,倾角由小到大依次是:地球静止轨道（$i=0°$）、倾斜地球同步轨道（$0°<i<90°$）、极地轨道（$i=90°$）、太阳同步轨道（$i>90°$,约为98°）。

当卫星轨道绕地球运动方向与地球自转方向相反,即自东向西时,其轨道倾角$i>90°$,则该轨道为逆行轨道,如图8-1-4所示。最常见的逆行轨道就是太阳同步轨道,航天器进入逆行轨道需要向西发射,所需能量要比进入顺行轨道大得多,因为地球自转对于逆行轨道卫星来说是飞行阻力,除了要为航天器提供正常入轨能量外,还得分出一部分能量抵消该部分阻力。

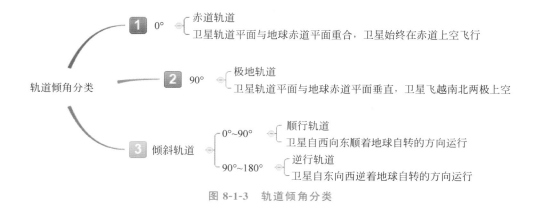

图 8-1-3　轨道倾角分类

相反的，当卫星绕地球运动方向与地球自转方向相同，即自西向东时，表示该卫星轨道倾角 $i<90°$，此类轨道称为顺行轨道，如图 8-1-5 所示。对于小倾角的顺行轨道任务，一般采取向东发射，这样可以让地球自转产生的地表线速度助力航天器入轨，相当于让火箭坐上了地球自转的"顺风车"，从而起到提高运载能力、节省燃料的作用。赤道周长约为 40 075.02 km，也就是赤道上的任意一点随地球自转一周的距离，人们常说的"坐地日行八万里"便是搭了地球自转这趟"顺风车"。

图 8-1-4　逆行轨道　　　　　　　　图 8-1-5　顺行轨道

　　顺行轨道发射时，发射场纬度越低，能借助的地球自转助力也越大。航天器所受到的万有引力 $\boldsymbol{F}_{万}$ 可以看作地球自转向心力 $\boldsymbol{F}_{向}$ 和重力 $\boldsymbol{G}_{重}$ 的矢量和，即 $\boldsymbol{F}_{万}=\boldsymbol{F}_{向}+\boldsymbol{G}_{重}$，如图 8-1-6所示。

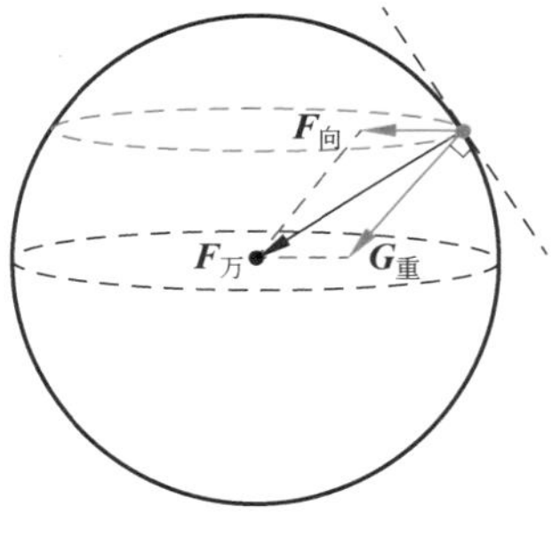

图 8-1-6　地球任意点受力情况

　　我们先分析航天器分别位于极点和赤道时的受力情况：

　　当发射点处于南北极点时，由于地球自转半径为 0，所受到的向心力也为 0。此时，$\boldsymbol{F}_{向}=0$，$\boldsymbol{F}_{万}=\boldsymbol{G}_{重}=mg_{极}=\dfrac{GMm}{R^2}$，航天器所受重力等于全部万有引力，起飞所需克服的重力最大（见图 8-1-7）。式中，G 为万有引力常量；M 为地球质量，单位为 kg；m 为航天器质量，单位为 kg；R 为地球半径，单位为 m；$g_{极}$ 为极点处重力加速度，单位为 m/s^2。

　　当发射点位于赤道时，万有引力、重力、向心力三者方向重合指向地心（见图 8-1-8），有

$$\boldsymbol{F}_{万}=\boldsymbol{F}_{向}+\boldsymbol{G}_{重} \tag{8.1.1}$$

$$\frac{GMm}{R^2} = m\omega^2 R + mg_{赤} \tag{8.1.2}$$

当我们已知发射场纬度 θ 时，航天器受到的向心力和重力之间又是什么关系呢？

从图 8-1-9 中可以看到，在纬度 θ 处，A 点的自转半径 $r = R\cos\theta$，可直接求得其向心力：

$$\boldsymbol{F}_{向} = m\omega^2 r = m\omega^2 R\cos\theta \tag{8.1.3}$$

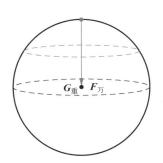

图 8-1-7　极点受力情况

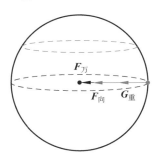

图 8-1-8　赤道受力情况

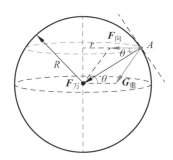

图 8-1-9　纬度 θ 处受力情况

由于力是矢量，且 $\boldsymbol{F}_{万} = \boldsymbol{F}_{向} + \boldsymbol{G}_{重}$ 符合平行四边形定则，因此可利用三角形余弦函数 $c^2 = a^2 + b^2 - 2ab\cos\theta$，求得当地重力加速度 g_θ 大小，即

$$\boldsymbol{G}_{重}^2 = \boldsymbol{F}_{万}^2 + \boldsymbol{F}_{向}^2 - 2\boldsymbol{F}_{万}\boldsymbol{F}_{向}\cos\theta \tag{8.1.4}$$

$$(mg_\theta)^2 = \left(\frac{GMm}{R^2}\right)^2 + (m\omega^2 R\cos\theta)^2 - 2\frac{GMm}{R^2}m\omega^2 R\cos\theta \times \cos\theta \tag{8.1.5}$$

由此可得

$$g_\theta = \sqrt{\left(\frac{GM}{R^2}\right)^2 + (\omega^2 R\cos\theta)^2 - 2\frac{GM}{R^2}\omega^2 R\cos\theta \times \cos\theta}$$

$$= \sqrt{\frac{G^2 M^2}{R^4} + \frac{16\pi^4}{T^4}R^2\cos\theta^2 - \frac{8\pi^2 GM\cos\theta^2}{T^2 R}}$$

如果忽略地球微小的半径变化，将其视为一个标准球体，则地球半径 R 一定，地球表面万有引力处处相等，结合图 8-1-9 可知，当航天器位于赤道时，其旋转半径 r 最大，根据式(8.1.1)、式(8.1.3)可知，航天器在赤道处所受向心力最大、重力最小。对于向东发射的顺行轨道航天器，发射点越靠近赤道，为其"助力"的向心力所做的功也就越多，火箭运载能力也越高。

因此不难理解，不同纬度的各发射场分别适用于不同倾角的卫星轨道任务，确定发射点位置需要综合考虑倾角与重力的影响，当备选发射场纬度与目标轨道倾角接近时，尽量选择靠近赤道的位置；当备选发射场纬度与目标轨道倾角相差较大时，尽量选择纬度与目标轨道倾角更接近的发射场，这样卫星在进入初始轨道或停泊轨道后，不必再消耗自身燃料或上面级燃料进行大幅的变轨。

2. 地球自转线速度

地球自转时，地球表面上任意一点的速度称为地球自转线速度，它因各纬度的不同而存在差异,如地球赤道处的线速度为 1670 km/h,北纬 60°处的线速度为 837 km/h。地球自转线速度就是地球能为顺行轨道航天器所提供的发射初速度,其大小取决于发射场所在纬度。

地球每 24 h 自转一周(360°),地表任意点 A 随之同步共轴转动,即 A 绕地轴转动的角速度 ω 为 15(°)/h。

如图 8-1-10 所示,假设单位时间 t 内,地球自转角度为 α,A 点随之转动至 A' 位置,经过的弧长为 l,则可根据弧长公式求得 A 点处的地球自转线速度 V:

$$l = \alpha r = \omega t r \tag{8.1.6}$$

$$V = \frac{l}{t} = \omega r \tag{8.1.7}$$

式中,r 为 A 点到地轴垂线的距离,可以看出地球自转线速度 V 与 r 成正比。

按照地理纬度的定义,地表任意点 A 的纬度是指 A 点处地面的法线与赤道平面的线面夹角 θ。

由图 8-1-11 可知,A 点至地轴垂线的距离 r 由 A 点所处位置的纬度 θ 和当地海拔 h 决定:

$$r = (R + h)\cos\theta \tag{8.1.8}$$

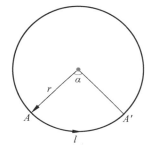

图 8-1-10　A 点随地球自转移动至 A' 位置

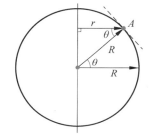

图 8-1-11　R 与 r 的几何关系

当 A 点随地球在一个自转周期 T(24 h)内转动一周时,运动轨迹即为 A 点处的纬线圈,距离为该纬线圈的周长 C:

$$C = 2\pi r \tag{8.1.9}$$

此时,A 点处地球自转线速度 V 如下:

$$V = \frac{C}{T} = \frac{2\pi r}{T} = \frac{2\pi (R + h)\cos\theta}{T} \tag{8.1.10}$$

式中,V 为 A 点地球自转线速度;C 为 A 点处纬线圈周长;T 为地球自转周期,24 h;r 为 A 点到地轴垂线的距离;R 为地球赤道半径;h 为 A 点处海拔高度;θ 为 A 点处地理纬度。

可以很直观地看出,线速度的大小由地理纬度及当地海拔高度直接决定,海拔高度 h 越高线速度越大,地理纬度 θ 越小线速度越大(0°<θ<90°,其余弦为减函数)。如赤道地区的自转线速度约为 463.9 m/s,到北纬 60°地区自转线速度就变成约 232.5 m/s,二者相差近一倍。不同纬度地球线速度如图 8-1-12 所示。

肯尼亚山就位于赤道附近(南纬 0.09°),是非洲第二高峰,最高海拔 5199 m,地球赤道半径约为 6 378 140 m,根据地球自转线速度公式,计算得该山顶的线速度为

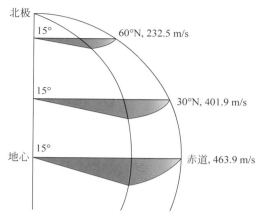

图 8-1-12　不同纬度地球线速度

$$V=\frac{2\pi(R+h)\cos\theta}{T}=\frac{(6\ 378\ 140+5199)\times\cos0.09\times2\times3.141\ 59}{24\times60\times60}\ \mathrm{m/s}\approx464.2\ \mathrm{m/s}$$

而其所在地海平面的线速度为

$$V=\frac{2\pi(R+h)\cos\theta}{T}=\frac{6\ 378\ 140\times\cos0.09\times2\times3.141\ 59}{24\times60\times60}\ \mathrm{m/s}\approx463.8\ \mathrm{m/s}$$

海拔高度增加了 5199 m,线速度只增加了 0.4 m/s。可以看出,海拔高度的影响微乎其微,地球自转线速度的大小主要由地理纬度决定。

因此向东发射顺行轨道卫星,纬度越低,火箭运载能力越强。同样一枚运载火箭从我国西昌发射,能够获得约 409.5 m/s 的初速度,而在纬度更低的海南文昌发射,则能获得 438.6 m/s 的初速度,火箭运载能力可提高约 10%～15%,这也是我国重达 22.5 t 的空间站"天和号"核心舱选择在文昌发射的原因。

当执行西射向的逆行轨道(倾角 $i>90°$,如太阳同步轨道)任务时,地球自转就会成为阻力,自转线速度会成为航天器起飞的负速度,纬度越低需要克服的负速度越大,因此更适合在高纬度地区执行西射向的逆行轨道(倾角 $i>90°$,如太阳同步轨道)任务。

在美国,纬度更高的范登堡空军基地常年发射太阳同步轨道(逆行轨道),而低纬度的卡纳维拉尔角则常年发射地球同步轨道(顺行轨道)。

3. 纬度对轨道倾角的影响

沿自然周期轨道进行绕地球运动的卫星不需要额外飞行动力,飞行的离心力会与其受到指向地心的万有引力平衡。因此,无论其轨道倾角是多少,只有轨道面包含地球球心,才可能满足离心力与万有引力平衡的条件。

轨道面不过地心在理论上是有可能的。假如我们拿着一根一端绑着小球的绳子,可以通过摇动手臂牵引着小球在头顶做圆周运动,就好像牧民在套马时转绳圈的动作,但整个过程都需要通过手臂向小球施加外力才能实现。想想在太空这么大的尺度,做这样的运动能耗会相当惊人。以人类目前的技术水平,这种轨道面不过地心的运动状态只可能是非常短暂的,无法长期维持。如图 8-1-13 所示为航天器轨道面不过地心时的受力情况。

受飞行和运载能力的限制,火箭发射弹道一般会与入轨时的空间轨道共面(见图 8-1-14),发射场纬度 θ 会限制航天器初始轨道的倾角 i,限制关系是 $\theta\leqslant i$ 或 $\theta\leqslant180°-i$。

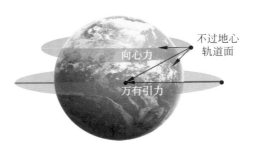

图 8-1-13　航天器轨道面不过地心时的受力情况

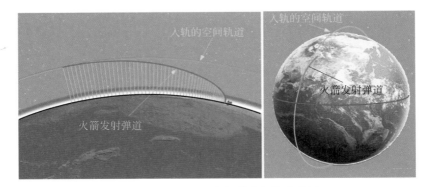

图 8-1-14　航天器发射弹道与轨道共面

　　该如何解释发射点纬度与轨道倾角的限制关系？先来看两个极端的例子。

　　如果我们在纬度为 90° 的北极点发射卫星，如图 8-1-15 所示，有无限个发射方向，也会得到无限个相应的轨道平面，但所有轨道面始终会与赤道面垂直，也就是说，在这里发射的航天器轨道倾角永远是 90°。

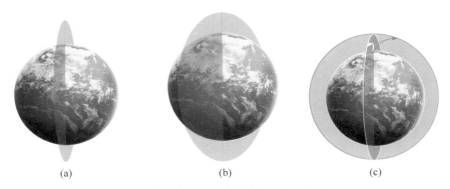

(a)　　　　　　　　　(b)　　　　　　　　　(c)

图 8-1-15　在极点向不同方向发射卫星的轨道面

　　当在纬度为 0° 的赤道发射卫星时，向正东发射可获得倾角为 0° 的轨道平面（地球同步轨道），向正南或正北发射，轨道平面倾角则为 90°（极地轨道），如图 8-1-16 所示。

　　我们可以简单地把发射卫星理解为从地面一点扔石子，扔出去的速度与地球自转线速度会形成一个合速度，朝不同的方向扔，最后会形成不同方向的合速度。

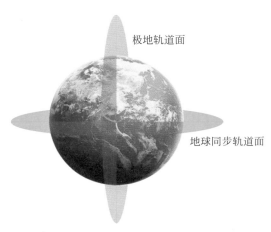

图 8-1-16　在赤道向不同方向发射卫星的轨道面

　　合速度矢量和发射点指向地心的矢量共同决定了一个平面,即卫星的轨道平面,这个平面与赤道平面的夹角就是轨道倾角。如前文所述,在赤道上任意一点向正东方向发射卫星时,其轨道倾角最小(为 0°),因为此时合速度矢量与发射点地心矢量共同确定的平面(即轨道面)正好与赤道平面重合。同样地,在赤道外一点向正东发射,可形成对于该发射点倾角最小的轨道。我们假设在该点发射的卫星不受地心引力影响,则轨道面完全由合速度矢量决定,轨道面将平行于赤道面,倾角为 0°;此时再引入地心矢量对卫星的影响,受万有引力影响,轨道面将必然经过地心,如图 8-1-17 所示,与赤道面的夹角由原来的 0°变为 θ,而 θ 也恰好是该发射点的纬度。

图 8-1-17　轨道面过地心

　　若在纬度为 θ 处进行倾角小于 θ 的轨道发射,如图 8-1-18 所示,其轨道面无法包含地心,在没有额外动力的情况下,航天器沿该轨道的运动也将无法维持。

　　因此,卫星初始轨道或停泊轨道能达到的最小倾角就是当地发射场纬度。若卫星最终的目标轨道低于发射点纬度,就需要以消耗上面级或卫星燃料为代价,从初始轨道进入转移轨道实现变轨。例如俄罗斯于 2021 年在北纬 46°的拜科努尔航天发射场用质子-M 运载火箭发射两颗卫星 EkspressAMU7 和 EkspressAMU3 进入倾角为 0°的地球同步轨道,就需要通过上面级和卫星进行一系列非常复杂的变轨机动(见图 8-1-19)。

图 8-1-18　倾角小于发射点纬度的轨道面

图 8-1-19　俄罗斯发射地球同步轨道卫星入轨航线

　　当在与轨道倾角相近的纬度发射时,将会使得卫星一开始就具有正确的轨道倾角,还可以节省卫星变轨机动所需的推进剂,从而大大延长卫星运行寿命。

8.1.3　火箭残骸落区

　　根据前文所述可知,采用火箭发射航天器时,如果要将航天器送入地球轨道,则火箭要给予航天器 7.9 km/s 的第一宇宙速度;如果要将航天器送出地球引力范围,获得行星间飞行速度的话,则火箭要给予航天器 11.2 km/s 的第二宇宙速度。

　　火箭的末速度取决于火箭的喷气速度和质量比,火箭的理想速度公式(齐奥尔科夫斯基公式)为

$$V = u\ln\frac{M_0}{M_k} = u\ln\mu_k \qquad (8.1.11)$$

式中,u 为喷出气体相对火箭的速度;M_0 为发动机开始工作时的火箭质量;M_k 为发动机工作结束时的火箭质量;$\mu_k = \dfrac{M_0}{M_k}$,为火箭的质量比。

以人类目前的技术水平,单级火箭最大末速度不超过 6 km/s,无法达到所需的第一宇宙速度。因此运载火箭通常被设计为二级至三级的多级结构,以接力的方式为卫星提供初始速度。火箭各级以及整流罩分离时,由于其速度达不到第一宇宙速度,且下落过程中在大气层燃烧不充分,因此最终会掉落地面形成残骸。

1. 火箭残骸落区计算

火箭起飞时,火箭一级发动机首先点火,推动着火箭及航天器飞行。火箭一级燃料耗尽后关机脱离,二级发动机点火工作,此时火箭速度为

$$V_1 = u_1 \ln \mu_1 \tag{8.1.12}$$

火箭二级在一级的基础上进一步加速,到火箭二级燃料烧尽后自动脱离,火箭三级发动机点火工作,此时火箭速度为

$$V_2 = u_1 \ln \mu_1 + u_2 \ln \mu_2 \tag{8.1.13}$$

以此类推,得

$$V_n = u_1 \ln \mu_1 + u_2 \ln \mu_2 + \cdots + u_n \ln \mu_n \tag{8.1.14}$$

例如,美国发射"阿波罗"登月飞船的"土星 5 号"运载火箭,三级火箭的喷气速度分别约为 $u_1 = 2.9$ km/s,$u_2 = 4$ km/s,$u_3 = 4$ km/s,三级火箭的质量比分别约为 $\mu_1 = 16$,$\mu_2 = 14$,$\mu_3 = 12$,则可计算出该火箭的最终理想速度为

$$V = u_1 \ln \mu_1 + u_2 \ln \mu_2 + u_3 \ln \mu_3$$
$$= (2.9 \times \ln 16 + 4 \times \ln 14 + 4 \times \ln 12) \text{ km/s} \approx 28.5 \text{ km/s}$$

该火箭实际飞行过程中,会由于空气阻力等因素造成速度损失,其可达到的最终速度要小于此值,但仍大于第二宇宙速度,足以完成登月任务。

以我国曾经发射"嫦娥一号"卫星的 CZ-3A 火箭(三级结构)为例,在执行一个典型的 GTO 任务时,火箭一、二级首先将航天器和火箭三级的组合体送至停泊轨道,然后经过 600 多秒的滑行段飞行,组合体进行再定向之后,三级发动机再次点火将组合体送入预定轨道,火箭三级和航天器分离。其主要飞行时序见表 8-1-1。

表 8-1-1 CZ-3A 火箭的飞行时序

时间/s	事　件	时间/s	事　件
$T - 3.00$	一级发动机点火	$T + 264.278$	二、三级分离和三级发动机点火
$T + 0.00$	火箭起飞	$T + 617.299$	三级发动机一次关机
$T + 12.0$	程序转弯	$T + 1252.513$	三级发动机二次点火
$T + 147.928$	一级/二级分离	$T + 1374.440$	三级发动机二次关机
$T + 236.928$	整流罩分离	$T + 1474.440$	航天器/三级分离

注:T 为起飞零点。

知道了火箭各部件分离时间以及其末速度的算法,就能够根据火箭飞行过程中箭下点轨迹大致定位出残骸落区。下面简要介绍理想状态下的落区算法。

算法中用到的符号定义为:$\langle X, Y, Z \rangle$ 为发射系下火箭的位置矢量;$\langle V_x, V_y, V_z \rangle$ 为发射系下火箭的速度矢量;$\langle \dot{V}_x, \dot{V}_y, \dot{V}_z \rangle$ 为发射系下火箭的加速度矢量;T_k 为火箭失去动力时刻;$\langle X_k, Y_k, Z_k \rangle$ 为失去动力瞬间的位置矢量;$\langle V_{xk}, V_{yk}, V_{zk} \rangle$ 为失去动力瞬间的速度矢量。

由牛顿运动定律可知,火箭分离部件的运动轨迹呈有初始速度的抛物线运动状态,其位置和速度矢量可以从失去动力时刻进行积分得到。位置矢量$<X,Y,Z>$为

$$X(t+\Delta t)=X(t)+V_x\Delta t+\frac{1}{2}\dot{V}_x\Delta t^2 \qquad (8.1.15)$$

$$Y(t+\Delta t)=Y(t)+V_y\Delta t+\frac{1}{2}\dot{V}_y\Delta t^2 \qquad (8.1.16)$$

$$Z(t+\Delta t)=Z(t)+V_z\Delta t+\frac{1}{2}\dot{V}_z\Delta t^2 \qquad (8.1.17)$$

速度矢量为

$$V_x(t+\Delta t)=V_x(t)+\dot{V}_x(t)\Delta t \qquad (8.1.18)$$

$$V_y(t+\Delta t)=V_y(t)+\dot{V}_y(t)\Delta t \qquad (8.1.19)$$

$$V_z(t+\Delta t)=V_z(t)+\dot{V}_z(t)\Delta t \qquad (8.1.20)$$

式中,t 为当前时刻;Δt 为积分步长。$<V_x,V_y,V_z>$的初值为失去动力时刻 T_k 时的$<V_{xk},V_{yk},V_{zk}>$,$<X,Y,Z>$的初值为失去动力时刻 T_k 时的$<X_k,Y_k,Z_k>$。

残骸部件分离后呈自由落体坠落,若不考虑空气阻力,此时的加速度矢量为

$$\dot{V}_x=-g_x, \quad \dot{V}_y=-g_y, \quad \dot{V}_z=-g_z \qquad (8.1.21)$$

重力加速度 g 的大小与火箭飞行高度有关,如下:

$$g=g_0\frac{R_e^2}{(R_e+h)^2} \qquad (8.1.22)$$

式中,g_0 为地表的重力加速度;R_e 为地球半径;h 为火箭飞行高度。另外,火箭一、二级残骸失去动力后会直接坠入大气层,此时火箭距离地球表面较近,可将重力矢量视为一个平行力场,即重力加速度的方向与发射系下的 OY 轴平行且方向相反,如下:

$$g_y=g, \quad g_x=g_z=0 \qquad (8.1.23)$$

上述公式就是从牛顿力学推算出来的火箭运动方程,这里假定空间是一个理想的真空环境,以火箭失去动力时刻 T_k 为基准点,对该时刻的位置矢量和速度矢量(即残骸坠落的初速度矢量)进行逐点积分,即可得到火箭残骸各时刻的弹道,积分步长可根据实际情况选取。在进行残骸落区计算时,还要考虑风力、空气阻力等因素,会复杂很多,不同火箭型号、不同轨道的发射任务,残骸掉落点也不尽相同。

2. 火箭残骸落区实例

我国太原卫星发射场主要承担太阳同步轨道卫星的发射任务,由于地处内陆中心位置,因此落区要求颇为严格。在这里执行的太阳同步轨道卫星,我国陆地范围内仅有两个落区。向南发射时,运载火箭会经过吕梁、临汾、运城等较大城市,这些地方都不能作为残骸落区,随后经过安康、十堰一带。航线向南经过陕西安康和湖北十堰一带后,有一片广阔的山区,位于安康、十堰以南,宜昌、达州、恩施以北,这里就是太原发射太阳同步轨道卫星的火箭一级残骸主落区,距发射点 750~900 km,火箭一级分离时间约 150 s,高度 70~90 km,速度约 2.2 km/s。

第二个落区一般作为整流罩落区,位于宜昌、常德、恩施、张家界、湖南和湖北交界处的广袤山区中,距发射点 1050~1200 km,在此区域的分离时间约 170 s,飞行高度为 100~120 km,速度约 2.4 km/s。

第三个残骸落区已不在我国陆地范围内,位于被广西壮族自治区、海南省和越南包围的北部湾海域,距发射点 2000～2400 km。该落区范围非常大,不同类型火箭根据不同的目标轨道,飞经此处的高度和速度也相差较大。

8.2　航天发射场类型

纵观世界各国主要航天发射场的规划布局与发射方式,主要可以归纳为 8 种类型:内陆发射场、濒海发射场、陆上移动发射平台、海上固定发射场、海上移动发射平台、水下发射平台、空基发射平台和天基发射平台。

8.2.1　内陆发射场

内陆发射场是指发射场首区位于内陆地区,且发射点至一级箭体残骸落区距离大于发射点与该射向陆地边缘距离的航天发射场。它的特点是占地面积大、交通便利、远离边境、具有较大的战略防御纵深、可配备大规模且完善的设施设备,优势非常明显。例如,苏联拜科努尔发射场位于中亚地区的哈萨克斯坦,我国酒泉卫星发射场(见图 8-2-1)位于内蒙古巴丹吉林沙漠,都属于内陆发射场。

图 8-2-1　酒泉卫星发射场

同时,内陆发射场的劣势也较为明显。首先是交通运输问题,内陆发射场选址一般较为偏僻,火箭在铁路运输过程中会受到隧道、涵洞、桥梁的限制;其次,火箭残骸落区必须避开人口稠密地区,选择条件较为苛刻。

8.2.2　濒海发射场

濒海发射场是指发射场首区位于濒海陆地或岛屿,运载火箭发射点至一级箭体残骸落区距离小于发射点与该射向陆地边缘距离的航天发射场。

濒海发射场依然处在陆地上,不过至少一面临海。目前不可回收火箭仍是主流的航天运载工具,发射场临海而建,在交通运输和残骸落区问题上相对内陆发射场优势明显。例如,我国的文昌发射场、欧洲法属圭亚那发射场、日本种子岛发射场都属于濒海发射场。

美国凭借其突出的军事实力和优越的地理位置,几乎将所有发射场都建在临海位置。最典型的就是卡纳维拉尔角航天发射场和范登堡空军基地。前者位于美国东海岸,主要承担东射向的顺行轨道任务,残骸落区为大西洋;后者位于美国西海岸,主要承担西射向的逆行轨道任务,残骸落区为太平洋。

8.2.3　陆上移动发射平台

陆上移动发射平台是指具有储存、运输、起竖和发射火箭等多种功能的专用车辆,一般用于发射固体运载火箭,具有机动灵活、地形适应性强等特点。最常见的陆上移动发射平台就是各类运载火箭发射车(见图 8-2-2)。

图 8-2-2　"快舟一号"运载火箭发射车

8.2.4　海上固定发射场

海上固定发射场是指建设在近海海面上能够作为发射首区的固定式发射平台，直接固定于海底大陆架上。圣马科发射场是世界上唯一的海上固定发射场，它位于非洲肯尼亚东海岸，由意大利委托罗马大学筹建并管理使用。

8.2.5　海上移动发射平台

海上移动发射平台是指可自带动力或被动牵引到预定海域执行航天发射任务的移动式发射平台。它的优点是机动、灵活，可根据需要机动至任何海域实施发射，不必再像陆地发射那样受到轨道倾角、残骸落区、射向等诸多因素制约；缺点是由于平台体积限制，仅能发射中小型火箭。

由美国、俄罗斯、挪威、乌克兰等国多家公司联合建造的"奥德赛"平台就是典型的海上移动发射平台（见图 8-2-3），它由海上移动石油钻井平台改造而成，曾被动力船只拖拽至赤道附近海域，并执行了"天顶"运载火箭发射任务。

此外，中国在海上发射任务中，以现有大型半潜式驳船作为发射平台（见图 8-2-4），已多次在黄海海域成功发射 CZ-11 海射型固体运载火箭。

图 8-2-3　"奥德赛"海上发射平台

图 8-2-4　中国海上发射平台

8.2.6 水下发射平台

水下发射平台是指具备发射洲际导弹能力的潜艇,只需将导弹弹头换为卫星,再加上小型助推器,就能将卫星送入轨道。根据公开的信息,仅有美国和俄罗斯利用弹道导弹战略核潜艇进行过此类发射,其隐蔽性和安全性优于其他发射方式,缺点是不能进行大型火箭及航天器的发射,更多作为战略储备存在。

俄罗斯曾进行过两次水下卫星发射,第一次是1998年在巴伦支海由K-407潜艇成功发射了搭载着Tubsat-N和Tubsat-N1两颗卫星的RSM-54型洲际导弹(见图8-2-5),该导弹高度14 m,是常规运载火箭大小的1/4,本次发射轨道高度150 km,轨道倾角78°,每颗卫星仅重8.5 kg。第二次是2006年俄罗斯北方舰队从巴伦支海"叶卡捷琳堡"核潜艇上使用改装型弹道导弹将科学卫星"指南针-2"送入高度483 km、轨道倾角约79°的近地轨道。

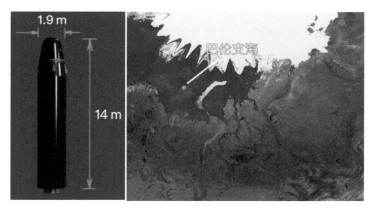

图 8-2-5　RSM-54 型洲际导弹及水下发射地点

8.2.7 空基发射平台

空基发射平台是指能够搭载并在空中发射运载火箭的飞机,类似战机发射对空导弹,是目前航空航天领域的一个研究热点。

它的优点是具备机动性和灵活性,能够快速响应发射需求,不必依赖于地面或海面的固定发射设施设备,可随载机机动至航程内任意位置实施机动发射,大大拓展了发射点和发射窗口选择范围;能做到快速反应,无须依赖复杂的地面发射设施,发射准备时间短,具备随时快速发射的能力,甚至比陆基可移动的固体燃料火箭要求还简单,战略意义显著。它的缺点是技术难度非常大,且飞机运力有限,只能发射小型火箭。另外,对于液体推进剂火箭,很难控制其下落过程中的推进剂分布,空基发射成功率很低。

目前,世界上最典型的空射火箭是美国平流层公司的"飞马座"(见图8-2-6)和维珍轨道公司的"运载器一号"(见图8-2-7)。其中,固体推进剂的"飞马座"火箭于1990年4月首飞成功,已进行了约45次发射,成功率在90%以上;而使用液体推进剂(液氧煤油)的"运载器一号"直至2021年1月18日才获得首次成功发射,由波音747飞机携带"运载器一号"升至10 668 m的高空,到达预定位置后火箭被释放并点火,最终将10颗微型卫星送入轨道。

图 8-2-6　"飞马座"空射火箭

图 8-2-7　"运载器一号"空射火箭

8.2.8　天基发射平台

　　天基发射平台是指可以发射航天器或导弹的在轨航天器。不难联想到科幻色彩十足的"太空航母",能够在太空中完成二次发射,执行对地打击、深空探测、防御近地小行星等战略意义明显的任务。目前,人类只有航天飞机和空间站符合天基发射平台的定义范畴。

　　航天飞机可以利用机械臂抛出航天器,或者把航天器运送到目标轨道后将其放飞,由其自带的上面级提供动力,直接从近地轨道发射,前往更高的轨道甚至深空执行探测任务。1989 年,美国"伽利略号"木星探测器由"亚特兰蒂斯号"航天飞机送入近地轨道,随后由"惯性上面级"送入前往木星的轨道(见图 8-2-8)。"麦哲伦号"金星探测器、"尤利西斯"太阳探测器、"钱德拉"太空望远镜等都是通过天基发射方式实施的。

图 8-2-8　由航天飞机和上面级完成"伽利略号"木星探测器发射

　　在空间站进行天基发射也采用类似方式,由宇航员操纵机械臂将站内组装调试完毕的小型卫星抛入轨道,从而完成天基发射任务。

8.3　世界主要航天发射场介绍

目前,世界上的航天大国都拥有多个发射场,主要的航天发射场分布在美国、俄罗斯、日本、印度、中国等国家。

8.3.1　美国

卡纳维拉尔角发射场和范登堡发射场是美国目前最主要的两个航天发射场,分别位于北美大陆的东西两侧,濒临海洋,二者在射向、纬度等方面互补,发射条件优越。卡纳维拉尔角发射场纬度较低,主要执行东射向小倾角发射任务;范登堡发射场则主要执行西射向大倾角发射任务。

1. 卡纳维拉尔角航天发射场

卡纳维拉尔角航天发射场(简称为卡角)始建于 1949 年,位于美国东海岸佛罗里达州,实际是由肯尼迪航天中心(见图 8-3-1)和卡纳维拉尔角空军基地(见图 8-3-2)组成,分别隶属于美国国家航空航天局和美国空军,前者主要进行载人与不载人航天器测试,后者是美国导弹和航天系统的重要试验场。

图 8-3-1　肯尼迪航天中心

图 8-3-2　卡纳维拉尔角空军基地

这里共建造过 47 个发射阵地,但目前大多数已经退役。卡角最高海拔为 3.048 m,地理坐标北纬 28.5°、西经 81°。它东临大西洋,东射向几乎没有火箭残骸落区限制,又是美国本土纬度最低的地区,主要用于发射小轨道倾角的航天器,倾角范围 $28°30'\sim52°24'$。卡角几乎执行了美国所有的地球同步轨道任务,从这里还发射过美国首颗人造卫星、航天飞机计划、宇宙神火箭、"土星 5 号"火箭、"阿波罗"计划、"天空实验室"等。

2. 范登堡空军基地

范登堡空军基地(美国西部航天与导弹试验中心)设在美国西海岸阿圭洛角和萨勒角之间的狭长丘陵地区,主要担负战略导弹武器系统试验、各种军用卫星和其他航天器发射以及空间武器飞行试验等,航天发射次数居全美之首。

这里海拔高度 109.72 m,地理坐标北纬 34°37′、西经 120°35′,西濒太平洋,射向以西南为主,与卡角东射向形成互补。范登堡空军基地执行导弹发射任务时射向范围为 170°～301°,执行运载火箭任务时射向范围为 140°～201°,可将卫星送入 56°～104°的大倾角轨道。

8.3.2　俄罗斯/苏联

目前俄罗斯有 5 个发射场,其中拜科努尔发射场和普列谢茨克发射场建设于苏联时期,为其最重要的航天发射场。拜科努尔发射场是俄罗斯目前唯一能够执行载人航天任务的发射场。

1. 拜科努尔航天发射场

拜科努尔航天发射场(见图 8-3-3)始建于 1955 年 6 月,是世界上第一座也是最大的一座航天发射场,在苏联时期担负航天器和导弹发射任务,它位于哈萨克斯坦境内半荒漠地区。地理坐标东经 63°20′、北纬 46°,拥有 13 个发射阵地,能够执行重型运载火箭、航天飞机(如"暴风雪号"航天飞机,见图 8-3-4)及多种导弹的发射任务。

图 8-3-3　拜科努尔航天发射场

图 8-3-4　"暴风雪号"航天飞机

在这片荒漠中,苏联曾经创造了多个世界第一:第一颗人造卫星"卫星一号"、搭载尤里·加加林的第一艘载人飞船"东方一号"、人类第一个空间站"礼炮 1 号"、由"质子-K"火箭搭载的国际空间站的第一个舱体"曙光号功能货舱"等。这里是人类翱翔太空、梦想成真的启程之地。

人们常在新闻里看到俄罗斯在拜科努尔航天发射场执行发射任务,但拜科努尔并不在俄罗斯的土地上,而是位于世界上面积最大的内陆国哈萨克斯坦境内锡尔河北岸。苏联解体后,俄罗斯需要以每年 1.15 亿美元的价格向哈萨克斯坦租用该发射场。

2. 普列谢茨克航天发射场

普列谢茨克航天发射场(见图 8-3-5)建于 1957 年,位于俄罗斯西南部,地理坐标东经 40°18′、北纬 63°。由于纬度较高,很难进行小倾角或地球静止轨道的发射,但适合发射大倾角的军用和气象卫星,且北面大部分是无人居住的北极和极地地形,残骸落区范围限制很小。

普列谢茨克发射场最初由苏联开发,其作用类似于美国加利福尼亚州的范登堡空军基地,主要用于军事目的。这里曾是苏联保密级别最高的发射场,甚至连普列谢茨克这个地名都从地图上抹去,直到 1983 年才正式承认它的存在。但在 20 世纪 50 年代末,美、英等国就通过观测和分析苏联某些卫星的特殊轨道,怀疑并推测出该地区存在航天发射场。如图 8-3-6 所示为 1967 年由美国间谍卫星拍到的普列谢茨克。

图 8-3-5　普列谢茨克航天发射场

图 8-3-6　1967 年美国间谍卫星拍到的普列谢茨克

8.3.3　欧洲航天局

欧洲航天局的两大发射场分别是圭亚那航天中心和意大利属地圣马科发射场。由于欧洲本土高纬度和东射向落区条件限制,二者选址均在欧洲境外,位于非洲大陆东侧,也是世界上仅有的两座位于赤道附近的发射场。

1. 圭亚那航天中心

圭亚那航天中心又称为库鲁航天中心,位于南美洲北部法属圭亚那的库鲁地区(见图 8-3-7),距离赤道仅 500 km,地理坐标北纬 5°14′、西经 52°46′。这里是世界上仅有的两座紧邻赤道的航天发射场之一,但这里年平均气温仅有 27℃,且处于飓风区之外,北向及东向射向范围很大($-10.5°\sim93.5°$),是国际上公认最理想的发射场。

图 8-3-7　圭亚那航天中心

极低的纬度使得它在执行小倾角轨道任务时具备非常大的优势：大幅缩短了从发射点到入轨点的航程，火箭向东方发射可获得更多地球自转提供的动量，发射小倾角轨道时的载荷能力明显提升，远地点变轨所需的能量更少。从俄罗斯高纬度地区发射的"质子"号只能向 GTO 发射 6270 kg 的物体，而库鲁发射的"阿丽亚娜 5 号"则能向 GTO 发射超过 10000 kg 的物体。

2. 圣马科发射场

圣马科发射场是世界上唯一的海上固定发射平台，也是距离赤道最近的航天发射场，位于非洲东海岸的恩格瓦纳海湾（见图 8-3-8），距海岸 4.8 km，地理坐标南纬 2°54′、东经 40°18′。1966 年投入使用，最初用于发射美国研制的"侦察兵"运载火箭，曾为美国和欧洲国家发射过军事、科研等方面的多颗卫星，包括英国的"羚羊号"系列卫星、意大利的"圣马科"2号、"圣马科"6 号探测卫星等。

图 8-3-8　圣马科发射场

圣马科发射场由三部分组成，分别是发射平台、控制平台和陆上集结营地。发射平台是一个长 91 m、宽 28 m 的矩形海上平台，台柱固定于海底大陆架上，质量 2500 t，甲板容量 5000 t，发射平台配备有发射架及相关设备；控制平台是一个边长 40 m 的正三角形平台，同样位于海上，距发射平台 920 m，由石油钻井平台改造而来，其上建有指控中心和测控系统；陆上集结营邻近海岸，负责发射相关的后勤保障。因为邻近赤道，从这里发射的赤道轨道航天器不需要进行较大的轨道修正，所以它是赤道轨道航天器理想的发射场。

8.3.4　日本

日本目前拥有内之浦和种子岛两个航天中心，它们都位于日本南部，分别隶属于日本宇宙科学研究所和日本宇宙开发事业团。

1. 内之浦航天中心

日本内之浦航天中心在 2003 年之前，被称为鹿儿岛航天中心，是日本探空火箭和科学卫星运载火箭发射场。它坐落于日本九州鹿儿岛辖区下大隅半岛的内之浦町，北纬

31°14′、东经 131°05′,由于东面和南面是开阔的海洋,非常适合执行极地轨道或 30°倾斜的轨道任务。

日本研制的运载火箭被命名为希腊字母,即 α、β、K、Ω、λ、μ,日本于 1970 年 2 月首次利用"λ 4 s"火箭成功发射了质量为 24 kg 的"大隅号"卫星,成为世界上第四个能够独立发射航天器的国家。如图 8-3-9 所示为内之浦 μ 运载火箭及塔架。

2. 种子岛航天中心

种子岛航天中心位于距九州岛 115 km 的种子岛上,地理坐标北纬 30°24′、东经 130°58′,航天中心的总面积约 8.65 km^2。该岛属亚热带气候区,年平均气温 19.5℃。该中心傍海而建(见图 8-3-10)。

图 8-3-9　内之浦 μ 运载火箭及塔架

图 8-3-10　种子岛航天中心

该中心主要由竹崎发射区、大崎发射区以及吉信综合发射区组成。其中,竹崎发射区主要用于发射小型火箭;大崎发射区用于发射大型液体火箭,包括 N-1、N-2、H-1 火箭;吉信发射区专门用于 H-2 新型运载火箭发射,1994 年 2 月 H-2 火箭在这里首飞成功。

8.3.5　印度

萨迪什·达万航天中心(见图 8-3-11)是印度最重要的航天发射场,又称为斯理哈里科塔发射场,承担着该国空间研究组织绝大多数的航天发射任务。它位于印度东海岸的斯里哈里科塔岛上,地理坐标为北纬 13°47′、东经 80°15′,具有宽阔的东射向角度,曾多次创造印度航天发射"一箭多星"纪录。该发射场于 1971 年 10 月正式投入使用,拥有大型多级火箭和卫星运载火箭的试验、组装和发射设施,同时拥有印度卫星的跟踪、遥测和通信站。

图 8-3-11　萨迪什·达万航天中心

8.3.6 中国

中国目前有四大卫星发射场,其中内陆发射场三个:甘肃酒泉卫星发射场、四川西昌卫星发射场和山西太原卫星发射场;濒海发射场一个:海南文昌卫星发射场。这些发射场既有沿海的又有内陆的,既有高纬度的又有低纬度的,根据其地理位置特点,各自承担着不同的卫星发射职能。

1. 酒泉卫星发射场

酒泉卫星发射场(见图 8-3-12)是我国创建最早的综合型卫星发射场,拥有完整、可靠的发射设施,太原和西昌卫星发射场都由它孕育而来。它也是中国目前唯一承担载人航天任务的发射场,具备载人航天任务所需的再入返回着陆场。

图 8-3-12 酒泉卫星发射场

该发射场始建于 1958 年,主要承担返回式卫星和载人航天工程等发射任务。它位于内蒙古阿拉善盟额济纳旗境内的巴丹吉林沙漠,距离酒泉市东北 210 km 处,地理坐标北纬 41°6′、东经 100°18′,射向东南,可把航天器送入轨道倾角为 41°~70°范围的中、低轨道,属内陆及沙漠性气候,地势平坦,人烟稀少,具有良好的航天发射自然环境条件。我国的第一颗人造卫星“东方红一号”、第一颗返回式卫星,以及所有的“神舟”载人飞船和中国空间站舱段都是在这里完成发射的。

2. 太原卫星发射场

太原卫星发射场(见图 8-3-13)始建于 1967 年,位于山西省忻州市岢岚县,地理坐标北纬 38°48′、东经 111°37′,海拔 1400 m 左右。主要承担气象、资源、通信等极地轨道和太阳同步轨道的卫星发射任务,同时负责组织实施我国海上发射任务,是我国承接国外商业卫星发射任务最多的发射场,发射成功率位居全球前列。曾在 6 h 内用两枚“快舟一号甲”火箭将 7 颗卫星送入预定轨道,创下我国快速发射纪录。它成功发射过我国首颗气象卫星、首颗海洋勘察卫星、摩托罗拉公司“铱星”通信卫星等,并于 2019 年在黄海海域组织完成了我国首次海上航天发射,2022 年建立了我国首个智慧发射场系统,并顺利完成了我国第一个固液捆绑火箭 CZ-6A 的首飞。

图 8-3-13 太原卫星发射场

3. 西昌卫星发射场

西昌卫星发射场（见图 8-3-14）始建于 1970 年，是我国对外开放最早、发射次数最多的航天发射场，主要承担地球同步轨道卫星发射任务，位于四川凉山彝族自治州西昌市西北，北纬 28°14′、东经 102°01′。它成功发射过我国首颗通信卫星、首颗国际商业卫星、首颗数据中继卫星、首颗导航卫星以及"嫦娥"系列月球探测卫星等。

图 8-3-14 西昌卫星发射场

4. 文昌卫星发射场

文昌卫星发射场（见图 8-3-15）是我国首个开放性濒海航天发射场，也是世界上少数几个低纬度发射场之一。该发射场主要承担地球同步轨道卫星、大质量极轨卫星、大吨位空间站、货运飞船和深空探测卫星等发射任务，位于海南文昌市龙楼镇，地理坐标北纬 19°19′、东经 109°48′。

图 8-3-15 文昌卫星发射场

　　文昌卫星发射场于 2014 年初步投入使用后,主要发射过由 CZ-5 和 CZ-7 系列火箭搭载的"天舟"货运飞船、"天问一号"火星探测器、"嫦娥五号"月球探测器、中国空间站天和核心舱等航天器。2022 年 2 月 27 日,使用长征八号运载火箭成功实现"一箭 22 星"发射,刷新了我国一次发射卫星数量最多的纪录。

第 9 章

地面保障系统

　　运载火箭携带航天器脱离地球引力飞向太空前,需要进行测试、加注及发射等工作,这些都离不开地面保障系统的支持。地面保障系统为航天器发射和入轨提供各种保障服务,如为运载火箭加注燃料,供给符合参数的特种气体,构建恒温、恒湿及洁净清新的测试环境,提供满足要求的电能及安全可靠的防雷和接地保护,进行飞行过程中的弹道测量,实现发射过程中的时间同步等。可以说,现在的地面保障系统涉及的设施设备多、地理跨域广、测量项目多,已由早期的简易保障发展成为功能完善、设备齐全的航天发射保障体系。

9.1　特种燃料

　　火箭没有翅膀怎么飞呢？火箭发射时,有燃烧着的东西从火箭尾巴里喷出。这时,火箭尾巴里的气受热膨胀,一股脑儿地从火箭的尾巴窜出来,向后推火箭外面的空气,火箭外面的空气则向前推火箭。就这样,火箭里的东西一直在燃烧,一直有气体从火箭里喷出来,外面的空气就会一直推着火箭向前,直到火箭飞入预定轨道(见图 9-1-1)。这种在火箭尾巴里燃烧的东西就是燃料。

　　我们都知道,汽车行驶需要给汽车加油,油加得越多,汽车就能跑得越远。但火箭是否也这样呢？

　　1964 年 6 月,炎热的中国西北戈壁滩上一枚火箭巍然屹立,正进入发射倒计时。但是,由于火箭贮箱内的燃料在高温下出现膨胀,不能加注至所需的数量,经计算无法达到预定射程。有人提出"再加燃料,加大射程"的建议,工程师王永志却提出"不能再加燃料,需要泄出 600 kg 燃料才能加大射程"。为什么加大射程还要泄出一些燃料？许多人很难理解,不赞同他的意见。王永志找到钱学森并阐述了自己的理由:"箭体质量影响速度,泄出适量燃料,

图 9-1-1　长征三号甲火箭点火升空

减轻了箭体质量,不但不会影响火箭的发射距离,而且还会飞得更远。气温升高,热胀冷缩,原先计算好的燃料和氧化剂最佳配比则随之改变。我计算过了,只要泄出 600 kg 燃料,火箭整体质量变轻,射程就远了,即可达到预定的射程。"钱学森听了他的分析后同意了他的方案,飞行结果也证明了王永志提出的方案是正确的。

"减少燃料,加大火箭射程"是什么逻辑?下面我们从数学角度进行分析。

为便于理解,先进行一些简化处理:用平均推力(常量)表示火箭从点火发射开始到上升到设计的最大高度过程中所受到的推力,用平均质量表示火箭在该过程中的质量,忽略空气阻力的影响。

设火箭上升阶段的平均推力为 $\overline{F}$,平均质量为 $\overline{m}$,加速度为 a。根据牛顿第二定律可得

$$a = \frac{\overline{F} - \overline{m}g}{\overline{m}} = \frac{\overline{F}}{\overline{m}} - g \qquad (9.1.1)$$

当火箭泄出 600 kg 燃料后,火箭的平均质量 $\overline{m}$ 减小,而平均推力 $\overline{F}$ 不变,因此火箭上升阶段的加速度 a 将增大。

由于火箭上升到设计的最大高度 h 为定值,且火箭的初始速度为 0,根据速度位移公式 $v_t^2 = v_0^2 + 2ah$ 可知,加速度 a 增大,火箭所获得的速度 v_t 也将随之增大。因此,火箭的射程也将增大。

下面将从火箭燃料是什么,燃料如何加注、如何制取以及如何贮存等方面介绍火箭所用的特种燃料。

9.1.1   燃料种类

燃料,火箭的血液。就像飞驰的汽车需要添加汽油、翱翔的飞机需要添加航空煤油一样,火箭也需要添加自己的专用燃料。这种在火箭尾巴燃烧,推着火箭飞的专用燃料称为推进剂。推进剂在火箭发动机中快速燃烧,为火箭飞行提供源源不断的能量。

首先我们来看一个中学时期做过的实验,将一小块金属钠放在水里,金属钠浮在水面上熔成闪亮的小球,它四处游动,发出"嘶嘶"的响声。如果水中事先滴加了酚酞试剂,可以看到水会变成红色。为什么会出现上述现象呢?这是因为金属钠与水发生了化学反应,产生了氢气,氢气推动熔化的钠不断移动;"嘶嘶"的响声是氢气冲出水的表面而产生的;钠熔成闪亮的小球,是由于钠与水反应释放大量的热量。金属钠与水的化学反应式为:$2Na + 2H_2O === 2NaOH + H_2\uparrow$。这个反应产生的氢气推动钠前进,类似于火箭推进剂反应产生高速气体推动火箭前进。

火箭推进剂有固体推进剂和液体推进剂两种类型。

固体推进剂与烟花中的火药类似,它的能量密度大,可以减小火箭尺寸,出厂前就已经填充于火箭中,不需要在发射场进行加注,因此可以缩短火箭的发射准备时间。固体推进剂常用于快速发射的小型火箭以及大型火箭的助推级中。固体火箭发动机点火见图 9-1-2。

液体推进剂可分为常温推进剂和低温推进剂。常温推进剂在常温、常压下可以长期贮存和使用,如偏二甲肼、四氧化二氮、航天煤油等。低温推进剂的沸点很低、极易汽化,在常温、常压下处于沸腾状态,如液氢、液氧等;为保持其液态并尽量减少汽化蒸发损失,须对贮存容器采取绝热措施,并及时排放蒸发的气体以防超压。由于低温推进剂具有无毒、无污染、成本低等优点,因此被广泛应用于当前主流运载火箭。

图 9-1-2 固体火箭发动机点火

汽车、飞机工作在大气环境下,其燃料的工作原理是与大气中的氧气进行燃烧反应从而推动发动机运转。然而,火箭则不同,它的飞行过程大部分是在外大气层的真空环境,没有氧气可用。因此在液体火箭中,普遍采用可自分解或燃烧的单组元推进剂,或包含氧化剂组元的多组元推进剂。单组元推进剂可以是单一的化合物,也可以是具有氧化性和还原性物质的混合物,工作时可以通过催化剂使其自身分解或混合物燃烧,从而产生推力,例如过氧化氢、无水肼等。多组元推进剂采用两种或两种以上不同的推进剂,工作时可以通过燃烧剂和氧化剂混合后剧烈燃烧,从而产生推力。大型液体火箭一般采用双组元推进剂,例如液氢和液氧、煤油和液氧、偏二甲肼和四氧化二氮等。

1. 液氢和液氧

液氢是一种无色、无味、透明的液体,外表似水,在大气中可将空气中的水分凝结从而产生蒸气云。液氢沸点为 -253℃,冰点为 -259℃,通常气压(101.325 kPa)下密度为 0.07077 g/cm³。氢微溶于水,在标准状态(0℃,101.325 kPa)下,100 体积水可溶解 2.148 体积的氢。液氢汽化为标准状态下的气体,体积会增加约 860 倍。

液氧是一种淡蓝色、无味、透明的强氧化剂,有机物在液氧中会剧烈燃烧。液氧沸点为 -183℃;到 -218.3℃时会成为蓝色固态,通常气压下密度为 1.141 g/cm³,凝固点为 -222.65℃。在空气中,当氧的浓度达到一定比例时可助燃但不能自燃。液氧汽化为标准状态下的气体,体积会增加约 800 倍。

液氢和液氧作为火箭推进剂,其化学反应方程式为

$$2H_2 + O_2 \Longrightarrow 2H_2O\uparrow$$

液氢、液氧推进剂的能量最高、比冲最大、不结焦、无积碳,且无毒、无污染,是目前大推力火箭发动机的首选推进剂组合。但是,液氢的沸点极低,对贮存设备材料要求高,蒸发损失大,且液氢密度小、分子体积小,极易穿透各种金属材料而逃逸。

2. 煤油和液氧

煤油是一种由碳氢化合物组成的透明液体,它是非极性有机物的优良溶剂,可溶于大多数有机溶剂,但不溶于水。航天煤油是一种新型煤油类的碳氢燃料,主要由烷烃、环烷烃、芳香烃等组成,还包括氮、氧、硫等杂原子化合物、水、机械杂质以及微生物等。航天煤油的结晶点$\leqslant -60$℃,闪点$\geqslant 60$℃,在 20℃下密度约为 0.83 g/cm³。

液氧和煤油作为火箭推进剂,其化学反应方程式为

$$2C_{12}H_{26} + 37O_2 == 24CO_2\uparrow + 26H_2O\uparrow$$

液氧、煤油推进剂的能量较高、比冲较大、平均密度大,且无毒、无腐蚀、成本低,是综合性能较好的推进剂组合。但是,煤油属于烃类混合物,沸点范围宽,产品成分难以控制,且燃烧时可能不稳定,容易产生结焦和积碳,对火箭发动机的要求很高。

3. 偏二甲肼和四氧化二氮

偏二甲肼是一种氨气味的无色易燃液体,具有强还原性,易燃、易爆,分子式为 $(CH_3)_2NNH_2$。偏二甲肼的沸点为 63.1℃,冰点为 −57.2℃,在 20℃下密度为 0.791 g/cm³;具有吸湿性,溶于水、乙醇、乙醚和苯等。

四氧化二氮是一种红棕色液体,氧化剂,有毒、有腐蚀性,分子式为 N_2O_4。四氧化二氮的沸点为 21.15℃,冰点为 −11.23℃,在 20℃下密度为 1.446 g/cm³。四氧化二氮与二氧化氮可以相互转化:$N_2O_4 \rightleftharpoons 2NO_2$(可逆),当温度升高时,反应向生成二氧化氮的方向进行。

偏二甲肼和四氧化二氮作为火箭推进剂,其化学反应方程式为

$$(CH_3)_2NNH_2 + 2N_2O_4 == 2CO_2\uparrow + 3N_2\uparrow + 4H_2O\uparrow$$

四氧化二氮、偏二甲肼推进剂的能量较高、比冲较大,且热稳定性好、容易贮存。但是,它们的毒性大、污染严重,其不完全燃烧产物对人体的损害更大。

9.1.2 燃料加注

火箭发射前的最后一步——火箭燃料加注,也就是我们通常所说的给火箭"加油"。

燃料加注一般采用挤压法或泵压法,加注过程所需时间取决于加注流速和加注量。燃料加注原理是燃料由贮罐流出,采用挤压或加注泵加压的方式,经加注管路输送到火箭贮箱中,它是通过燃料输送方(燃料贮罐)与接收方(火箭贮箱)之间形成的压力差实现的。对于密度比较小的推进剂(如液氢),通常采用挤压法加注。对于密度比较大的推进剂(如液氧),当其加注量很大时,通常采用泵压法加注;当其加注量不大时,通常采用挤压法加注。

1. 挤压加注

挤压加注是利用气体压力把燃料贮罐中的推进剂挤送到火箭贮箱中。挤压加注原理如图 9-1-3 所示。

挤压加注时的气体压力(即挤压压力)用于克服加注高度、火箭贮箱的气枕压力以及加注管路流阻,计算公式如下:

$$p_1 = p_2 + (h_2 - h_1)\rho g + h_f \rho g \quad (9.1.2)$$

式中,p_1 为挤压压力,p_2 为贮箱气枕压力,单位均为 Pa;h_1、h_2 分别为燃料贮罐、火箭贮箱液面高度,单位为 m;ρ 为液体的密度,单位为

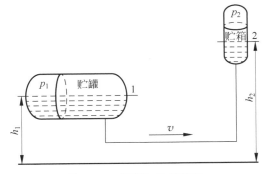

图 9-1-3　挤压加注原理图

kg/m^3；g 为重力加速度，其值为 9.8 m/s²；h_f 为管路流阻损失，单位为 m。

其中，管路流阻损失

$$h_f = h_\lambda + h_\zeta = \lambda \frac{l}{d} \frac{v^2}{2g} + \sum \zeta \frac{v^2}{2g}$$

式中，h_λ 为沿程流阻损失，单位为 m；h_ζ 为局部流阻损失，单位为 m；l 为管路长度，单位为 m；d 为管路内径，单位为 m；v 为平均流速，单位为 m/s；g 为重力加速度，其值为 9.8 m/s²；λ 为沿程流阻系数，ζ 为局部流阻系数，均为无量纲。

利用上面两个公式，可以得到挤压压力 p_1 和流速的关系式：

$$p_1 = p_2 + (h_2 - h_1)\rho g + \lambda \frac{l}{d} \frac{\rho v^2}{2} + \sum \zeta \frac{\rho v^2}{2} \tag{9.1.3}$$

由此可知，当火箭贮箱气枕压力、加注高度和管路状态一定时，加注流速取决于挤压压力。

例如，液氧加注过程中，液氧贮箱气枕压力 $p_2 = 0.029$ MPa，燃料贮罐与火箭贮箱液面的高度差 $h_2 - h_1 = 38$ m，液氧的密度 $\rho = 1141$ kg/m³，硬管长度 $l_1 = 330$ m，内径 $d_1 = 0.15$ m，流速 $v_1 = 1.9$ m/s，沿程流阻系数 $\lambda_1 = 0.016$，局部流阻系数之和 $\sum \zeta = 81$，软管长度 $l_2 = 3$ m，内径 $d = 0.08$ m，沿程流阻系数 $\lambda_2 = 0.056$，求挤压加注所需的挤压压力。

首先，计算液氧在加注软管内的流动速度，如下：

$$v_2 = \frac{d_1^2 \cdot v_1}{d_2^2} = \frac{0.15^2 \times 1.9}{0.08^2} \text{ m/s} = 6.68 \text{ m/s}$$

那么，挤压加注所需的挤压压力为

$$p_1 = p_2 + (h_2 - h_1)\rho g + \lambda_1 \frac{l_1}{d_1} \frac{\rho v_1^2}{2} + \sum \zeta \frac{\rho v_1^2}{2} + \lambda_2 \frac{l_2}{d_2} \frac{\rho v_2^2}{2}$$

$$= \left(29\,000 + 38 \times 1141 \times 9.8 + 0.016 \times \frac{350 \times 1141 \times 1.9^2}{0.15 \times 2} + \right.$$

$$\left. 81 \times \frac{1141 \times 1.9^2}{2} + 0.056 \times \frac{3 \times 1141 \times 6.68^2}{0.08 \times 2} \right) \text{ Pa}$$

$$= (29\,000 + 424\,908 + 76\,888 + 166\,820 + 53\,460) \text{ Pa}$$

$$= 751\,076 \text{ Pa} \approx 0.75 \text{ MPa}$$

2. 泵压加注

泵压加注是利用加注泵把燃料贮罐中的推进剂输送到火箭贮箱中。泵压加注原理如图 9-1-4 所示。

由能量守恒原理得

$$h_1 + \frac{v_1^2}{2g} + \frac{p_1}{\rho g} + H = h_2 + \frac{v_2^2}{2g} + \frac{p_2}{\rho g} + h_f \tag{9.1.4}$$

式中，h_1、h_2 分别为燃料贮罐、火箭贮箱液面高度，单位为 m；v_1、v_2 分别为贮罐出口速度、

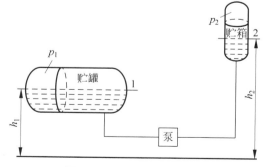

图 9-1-4 泵压加注原理图

贮箱入口速度,单位为 m/s；p_1、p_2 分别为贮罐、贮箱气枕压力,单位为 Pa；ρ 为推进剂密度,单位为 kg/m^3；g 为重力加速度,其值为 9.8 m/s^2；H 为泵的扬程,单位为 m；h_f 为管路流阻损失,单位为 m。

由于燃料贮罐出口速度与火箭贮箱入口速度基本一致,即 $v_1 \approx v_2$,则有

$$H = \frac{p_2 - p_1}{\rho g} + (h_2 - h_1) + h_f \tag{9.1.5}$$

将管路流阻 $h_f = \lambda \frac{l}{d} \frac{v^2}{2g} + \sum \zeta \frac{v^2}{2g}$ 代入上式,可得

$$H = \frac{p_2 - p_1}{\rho g} + (h_2 - h_1) + \lambda \frac{l}{d} \frac{v^2}{2g} + \sum \zeta \frac{v^2}{2g} \tag{9.1.6}$$

即泵的扬程用于克服贮罐与贮箱的压力差 $\frac{p_2 - p_1}{\rho g}$、贮罐与贮箱液面的高度差 $(h_2 - h_1)$ 和管路流阻。由此可知,增大管径可以降低加注泵的扬程；反之,减小管径则需要增大泵的扬程。

3. 挤压用气量

挤压法加注燃料需要用到大量气体,那么挤压加注燃料需要的气体量怎么计算呢？

通常用氮气来挤压输送常温推进剂,可以不用考虑冷凝、溶解和汽化对用气量的影响。由质量守恒原理,氮气用气量可按下式计算：

$$\Delta m = V_2 \rho_{G2} - V_1 \rho_{G1} \tag{9.1.7}$$

式中,Δm 为挤压加注用气量,单位为 kg；V_2、V_1 分别为挤压终了和开始时的气枕容积,单位为 m^3；ρ_{G2}、ρ_{G1} 分别为挤压终了和开始时气枕的气体密度,单位为 kg/m^3。

用氧气来挤压输送液氧,可以按挤压终了和开始时均为液氧温度状态来计算用气量。根据经验,按式(9.1.7)计算的用气量比实际大 $10\% \sim 15\%$,若挤压加注后停放的时间较长,那么两者基本一致。

若考虑挤压过程中的冷凝和传热作用,则可以按以下原理计算用气量。

由能量守恒定律可得

$$Q - W = m_2 u_2 - m_1 u_1 + h_L \cdot m_L - h_G \Delta m \tag{9.1.8}$$

式中,Q 为传入气枕中的热能,单位为 J；W 为气体对外做的功,单位为 J；m_2、m_1 分别为终了和开始时气枕中气体的质量,单位为 kg；u_2、u_1 分别为终了和开始时单位气体质量的内能,单位为 J/kg；m_L 为冷凝的质量,单位为 kg；h_L 为单位质量冷凝液体的焓,单位为 J/kg；h_G 为进入气枕单位质量气体的焓,单位为 J/kg。

挤压过程中气体做的外功为

$$W = p(V_2 - V_1) = pm_2 u_2 - pm_1 u_1 \tag{9.1.9}$$

由质量守恒原理可得

$$m_2 - m_1 = \Delta m - m_L \tag{9.1.10}$$

由式(9.1.8)、式(9.1.9)以及式(9.1.10)可推导出挤压用气量为

$$\Delta m = \frac{m_2(h_2 - h_L) - m_1(h_1 - h_L) - Q}{h_G - h_L} \tag{9.1.11}$$

式中,$h_2 = u_2 + pv_2$,为终了状态下单位质量气体的焓,$h_1 = u_1 + pv_1$,为起始状态下单位质

量气体的焓,单位均为 J/kg;V_1、V_2 分别为起始状态和终了状态下气体的比体积,单位均为 m^3/kg;p 为挤压压力,单位为 Pa。

4. 置换用气量

在加注前,需要对液氢(液氧)的输送管道以及火箭贮箱进行置换,通常先用氮气置换,然后用氢气(氧气)或氦气置换,直到符合要求。先用氮气置换的目的是保证在用氢气置换时系统中不会形成氢-氧可燃混合物,因为在氢-氧-氮混合气体中,当氧含量低于 5% 时不可燃;后用氦气置换的目的是节省昂贵的氦气。

气体置换的计算过程如下:

设系统中初始状态气体为 X,其中 O_2 的体积含量百分数为 X_0;用 Y 气体置换 X 气体,Y 气体中 O_2 的体积含量百分数为 Y_0。

设第 1 次置换充气前的压力为 p_{11}(绝对压力,下同),第 2 次充气前的压力为 p_{21},第 n 次充气前的压力为 p_{n1};第 1 次充气压力为 p_{12},第 2 次充气压力为 p_{22},第 n 次充气压力为 p_{n2}。那么,置换 n 次后系统中的 O_2 含量为

$$X_n = \frac{p_{11} p_{21} \cdots p_{n1}}{p_{12} p_{22} \cdots p_{n2}}(X_0 - Y_0) + Y_0 \tag{9.1.12}$$

该式为通用的气体置换公式,式中的压力均为绝对压力,因此适用于抽真空置换的计算。

若每次置换的放气压力相同,充气压力也相同,即

$$p_{11} = p_{21} = \cdots = p_{n1} = p_1$$
$$p_{12} = p_{22} = \cdots = p_{n2} = p_2$$

那么,置换 n 次后系统中的 O_2 含量为

$$X_n = \left(\frac{p_1}{p_2}\right)^n (X_0 - Y_0) + Y_0 \tag{9.1.13}$$

当要求置换到 O_2 含量 $X_n \leqslant [X]$ 时,需要的置换次数为

$$n \geqslant \frac{\lg \dfrac{[X] - Y_0}{X_0 - Y_0}}{\lg \dfrac{p_1}{p_2}} \tag{9.1.14}$$

置换 n 次的用气量为

$$Q \geqslant V \cdot n(p_2 - p_1) \tag{9.1.15}$$

式中,Q 为置换用气量,单位为 $m^3 \cdot MPa$;n 为置换次数;p_2、p_1 分别为充压和泄压压力,单位均为 MPa;V 为被置换容积,单位为 m^3。

令 $K = \dfrac{[X] - Y_0}{X_0 - Y_0}$,则有

$$n \geqslant \frac{\lg K}{\lg \dfrac{p_1}{p_2}}$$

通过上面分析,可得

$$Q = \frac{V(p_2 - p_1)\lg K}{\lg \dfrac{p_1}{p_2}} \tag{9.1.16}$$

由此可见,当每次放气至相同压力且置换到一定纯度下时,提高置换充气压力 p_2 会增加置换用气量;采用低压充气置换可以减少用气量,但会增加置换次数。

5. 管道内径

加注过程中,通常用体积流量来表示燃料在加注管道内的流动。体积流量是指单位时间内流经管道任意截面的流体体积。

燃料加注过程中的体积流量与流速(如图 9-1-5 所示)有如下关系式:

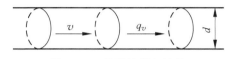

图 9-1-5　体积流量与流速

$$q_v = \frac{\pi}{4}d^2 v \tag{9.1.17}$$

式中,q_v 为燃料的体积流量,单位为 m^3/s;d 为管路内径,单位为 m;v 为平均流速,单位为 m/s。那么,加注燃料所用输送管路的内径可由燃料的体积流量和平均流速来确定,计算公式如下:

$$d = \frac{2}{\sqrt{\pi}} \cdot \sqrt{\frac{q_v}{v}} \tag{9.1.18}$$

例如,液氧加注过程中,液氧的体积流量为 $120\ m^3/h$,管路的平均流速为 $1.9\ m/s$,那么输送液氧的管路内径为

$$d = \frac{2}{\sqrt{\pi}} \cdot \sqrt{\frac{q_v}{v}} = \frac{2}{\sqrt{\pi}} \cdot \sqrt{\frac{120/3600}{1.9}}\ m \approx 0.150\ m = 150\ mm$$

火箭在完成燃料加注后就进入到临射状态,接下来将迎来真正的发射考验。火箭只有在燃料加注完成后才拥有了直上九天的动力,可以实现一飞冲天。

9.1.3　燃料制取

火箭燃料是如何制取的呢? 下面我们将介绍几种典型燃料的制取方法。

1. 液氢的制取

液氢的制取包括氢气制取和氢气液化,其中氢气制取是关键。我国的甲醇原料充足、纯度高且储运方便,目前甲醇转化制氢技术已广泛采用,甲醇转化制氢的机理如下:

甲醇发生热分解反应生成氢气和一氧化碳,反应式为

$$CH_3OH \Longrightarrow CO + 2H_2 + 90.7\ kJ/mol$$

该反应为吸热反应,在低压、高温条件下有利于反应的进行。

CO 和水蒸气发生反应生成氢气和二氧化碳,反应式为

$$CO + H_2O \Longrightarrow CO_2 + H_2 - 41.2\ kJ/mol$$

该反应为放热反应,温度越低、水醇比越高,越有利于反应的进行。

甲醇和水蒸气反应生成氢气和二氧化碳,反应式为

$$CH_3OH + H_2O \Longrightarrow CO_2 + 3H_2 + 49.5\ kJ/mol$$

该反应为吸热反应,需要外部供热以维持反应的进行。另外,可以认为该反应是上面两个反

应的组合,选用合适的双功能催化剂可以使两个反应一步完成。

2. 液氧的制取

空气主要由氮气(体积分数约为 78.1%)、氧气(体积分数约为 20.9%)、稀有气体(氦、氖、氩、氪、氙、氡,体积分数约为 0.93%)、二氧化碳(体积分数约为 0.03%)以及其他物质(如水蒸气、杂质等)组成。

液氧的制取通常采用空气低温精馏方法,该方法先把空气液化,再根据空气中氧、氮、氩等各组分的沸点不同的特点,在精馏塔中进行传热和传质交换,实现氧、氮等组分的分离,从精馏塔中出来的高纯液氧可直接接入液氧贮罐进行贮存。

3. 四氧化二氮的制取

工业中,四氧化二氮的制取通常采用氨氧化法,该方法的关键是除去反应生成的水。氨氧化法的机理如下:

(1) 制取一氧化氮。氨和空气中的氧在催化剂、高温条件下反应生成一氧化氮和水,并急剧冷却,生成的水蒸气经冷凝后除去,反应方程式为

$$4NH_3(g) + 5O_2(g) === 4NO(g) + 6H_2O(g)$$

(2) 制取二氧化氮。一氧化氮和空气中的氧反应,生成二氧化氮,残余的未被氧化的一氧化氮和浓度大于 98% 的浓硝酸再反应,被完全氧化生成二氧化氮,反应方程式为

$$2NO(g) + O_2(g) === 2NO_2(g)$$

(3) 分离二氧化氮。在低温下,浓硝酸吸收二氧化氮成为发烟硝酸,不被吸收的气体被排出。

(4) 制纯二氧化氮并冷凝成液态四氧化二氮。加热发烟硝酸,它会分解放出二氧化氮,然后进行冷凝,气态二氧化氮冷凝成为液态四氧化二氮,冷凝方程式为

$$2NO_2(g) === N_2O_4(l)$$

4. 偏二甲肼的制取

偏二甲肼的制取通常采用二甲胺亚硝化法或液态氯氨法。

二甲胺亚硝化法采用二甲胺与亚硝酸作用后经还原而得到偏二甲肼,反应方程式为

$$(CH_3)_2NH + HNO_2 === (CH_3)_2NNO + H_2O$$

$$(CH_3)_2NNO + 2Zn + 4HCl === (CH_3)_2NNH_2 + 2ZnCl_2 + H_2O$$

液态氯氨法采用二甲胺和一氯胺反应而得到偏二甲肼,反应方程式为

$$(CH_3)_2NH + NH_2Cl === (CH_3)_2NNH_2 + HCl$$

9.1.4　燃料贮存

平时,火箭所需的燃料贮存在发射场地面贮罐中,贮罐大多由圆柱形筒体、椭球形封头焊接而成,材质主要为奥氏体不锈钢。液氢、液氧等低温推进剂的沸点极低,与环境温度之间温差很大,在贮存过程中,极易与外界产生热交换而使得温度升高。因此,需要对贮存低温推进剂的贮罐采取真空粉末绝热、真空多层绝热等绝热措施,以达到绝热目的。

真空粉末绝热是在真空夹层中填充珠光砂、气凝胶或碳酸镁等绝热材料,并且抽真空到 1.33 Pa 以下真空度的一种绝热形式。真空多层绝热是以具有高辐射系数的薄膜作反射

屏,以具有低热导率的材料作间隔物,在真空夹层内多层交替缠绕而构成的绝热结构,夹层抽真空到 1.33×10^{-2} Pa 以下。

下面介绍燃料贮罐的几何容积是如何计算的,以及如何得到在不同液面高度下的燃料容积。

1. 贮罐的几何容积和有效容积

贮罐的几何容积为总容积;贮罐的有效容积为实际允许贮存燃料的最大体积,即贮罐的最大装液量。贮罐充满率为有效容积与几何容积之比,一般为 $90\%\sim95\%$;其余 $5\%\sim10\%$ 的体积为气枕容积,即气体空间。燃料贮罐示意图如图 9-1-6 所示。

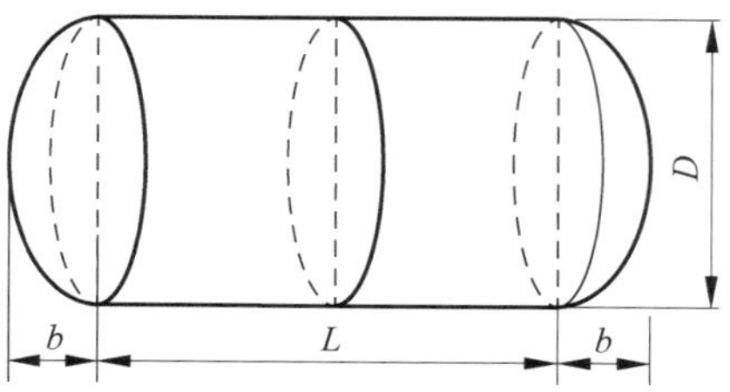

图 9-1-6　燃料贮罐示意图

对于由圆柱形筒体和凸形椭球封头组成的贮罐,其几何容积的计算公式为

$$V = V_1 + 2V_2 = \frac{\pi}{4}D^2L + \frac{\pi}{3}D^2b \tag{9.1.19}$$

式中,V_1 为圆柱形部分的容积,单位为 m^3;V_2 为凸形椭球封头的容积,单位为 m^3;D 为圆柱形容器的内径,单位为 m;L 为圆柱形部分的长度,单位为 m;b 为椭球封头短半轴长度,单位为 m。

例如,发射场某液氧贮罐,圆柱形部分长度 $L = 15.9$ m,圆柱形容器内径 $D = 3.0$ m,椭球封头短半轴长度 $b = 0.812$ m,该贮罐的几何容积为

$$V = V_1 + 2V_2 = \frac{\pi}{4}D^2L + \frac{\pi}{3}D^2b$$

$$= \left(\frac{\pi}{4} \times 3^2 \times 15.9 + \frac{\pi}{3} \times 3^2 \times 0.812 \right) \, m^3 \approx (112.39 + 7.65) \, m^3 \approx 120 \, m^3$$

2. 在不同液面高度下的液体体积

当 $h < R$ 时,

$$V_3 = \pi b h^2 \left(1 - \frac{h}{3R}\right) - L\left[(R-h)\sqrt{2Rh - h^2} - \frac{\pi R^2 \arccos\left(1 - \dfrac{h}{R}\right)}{180}\right] \tag{9.1.20}$$

式中,V_3 为液体体积,单位为 m^3;R 为圆柱形容器的半径,单位为 m;h 为液面高度,单位为 m。

当 $h = R$ 时,

$$V_3 = \pi R^2 \left(\frac{2b}{3} + \frac{L}{2}\right) \tag{9.1.21}$$

当 $h > R$ 时,

$$V_3 = \frac{\pi b[4R^3 - (R+h)(2R-h)^2]}{3R} + L\left[\pi R^2 + (h-R)\sqrt{2Rh - h^2} - \frac{\pi R^2 \arccos\left(\dfrac{h}{R} - 1\right)}{180}\right] \tag{9.1.22}$$

3. 贮罐刻度计算

燃料加注时,需要对燃料贮罐内的液体量进行监视。这就需要提供贮罐在不同液位高

度下对应的液体体积的关系曲线,即 $V_h = f(h)$ 刻度曲线。

对于椭球形封头的圆柱形卧式贮罐,当液位高度为 h 时,其对应的液体体积 V_h 为

$$V_h = V_{h1} + V_{h2} = K_1 V_1 + 2K_2 V_2 \tag{9.1.23}$$

其中

$$K_1 = \frac{1}{\pi}\left[\arccos(1-\varphi) - (1-\varphi)\sqrt{2\varphi - \varphi^2}\right]$$

$$K_2 = 0.5 - 0.75(1-\varphi) + 0.25(1-\varphi)^3$$

$$\varphi = \frac{h}{R_i}$$

式中,h 为液位高度,单位为 m;V_{h1} 为当液位高度为 h 时,圆柱形部分的液体体积,单位为 m^3;V_{h2} 为当液位高度为 h 时,两个封头的液体体积,单位为 m^3;K_1 为圆柱形部分的容积刻度系数;V_1 为圆柱形部分的总容积,单位为 m^3;K_2 为椭球形封头的容积刻度系数;V_2 为单个椭球形封头的容积,单位为 m^3。

4. 蒸发损耗

液氢、液氧等低温推进剂在贮存、加注过程中的蒸发损耗很大,因此它们的实际贮存量要比加注量大很多。低温推进剂的贮存量一般为加注量的 2 倍以上,以美国"土星 5 号"火箭为例,其液氢和液氧的加注量分别为 1280 m^3 和 1700 m^3,贮存量分别为 3200 m^3 和 3400 m^3。

低温推进剂在贮存期间的蒸发损耗可按下式计算:

$$V_4 = V\eta t \tag{9.1.24}$$

式中,V_4 为贮存期间的蒸发损耗,单位为 L;V 为总贮存量,单位为 L;η 为每昼夜蒸发损耗率,单位为 %;t 为贮存天数。

例如,液氧贮罐的总贮存量 $V = 100$ m^3,每昼夜蒸发损耗率 $\eta = 0.12\%$,贮存 10 天,那么液氧在贮存期间的蒸发损耗为

$$V_4 = V\eta t = 100 \times 10^3 \times 0.12\% \times 10 \text{ L} = 1200 \text{ L}$$

航天轶事:一次推进剂泄漏事故抢险

1995 年 5 月 24 日,太原卫星发射场发生了一次火箭推进剂泄漏事故。

当时,刚刚为火箭加满了推进剂,在进行二级氧化剂贮箱(盛有四氧化二氮)加泄连接器的拆除时,从未有过的意外突然发生了。十几斤重的加泄连接器连同软管不是被正常地拔出,而是一下子被带着压力的四氧化二氮液体直接推出。有毒的液体从火箭加注口喷泻而出,顿时发射塔架上红烟滚滚,液体沿着火箭贮箱下淌,一旦遇到带电导线就会发生爆炸,情况万分危急。

加注口因四氧化二氮喷射、大量吸热汽化的状态变化而结冰,使得加泄连接器与泄漏口重新对接困难。指挥员赵金才带着庞建国冲到现场尝试连接时,因蒸气浓度很大,防护服起不了作用,他的手腕、胳膊被四氧化二氮液体浸入灼伤,片刻工夫便感到呼吸困难,只好撤下。分队长杨永忠冲上塔台后,喷出的液体像雨点般从天而降,砸得面具"滋滋"作响,高处的冰块不断往下掉,地面上的冰层滑得让人站立不稳,每前进一小步都非常困难。此时杨永忠携带的压缩空气瓶的空气压力指示已低于警戒线,但他顾不上这些,用肩膀紧紧地将连接器顶住,喷射的液体顿时消失,加泄连接器与泄漏口对接成功,险情得到控制。

9.2　特种气体

有一种东西总在你身边,看不见、摸不着、无色无味,你却坚信它的存在,那就是空气。空气不仅是人类赖以生存的基础,而且从空气中制取的氮气、氧气被广泛地应用到航天发射活动当中,用于救生防护、吹除置换、设备控制等。除此之外,还有一种珍贵的稀有气体——氦气,具有分子量小、穿透能力强等特点,常被用于进行火箭、卫星和其他航天器的检漏工作。

9.2.1　气体制取

1. 空气

虽然空气在环境中无处不在,但由于环境中的空气含有水分、油、杂质等,在航天发射活动中不能直接使用,因此需要对空气进行净化处理,得到“干净”的压缩空气。常见的空气净化流程见图 9-2-1。

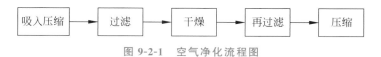

图 9-2-1　空气净化流程图

1) 吸入压缩

首先,空压机组从周围环境中吸入大量空气进行初步压缩。以往复式活塞运动为例,其主要工作部件为气缸、活塞、吸入阀和排除阀,通过活塞的往复运动,使气缸的工作容积发生变化,如图 9-2-2 所示。活塞每往复一次,在气缸内完成膨胀、吸气、压缩和排气四个过程,这组成了活塞运动的一个工作循环。

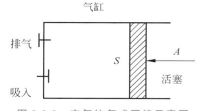

图 9-2-2　空气往复式压缩示意图

往复式压缩的主要性能指标是吸气量,它是指单位时间内气缸吸入压缩的气体体积的数值,其表达式如下:

$$Q_V = nSA \qquad (9.2.1)$$

式中,Q_V 为往复式压缩的理论吸气量,单位为 m^3/min;n 为活塞每分钟的往复次数,单位为次/min;S 为活塞截面面积,单位为 m^2;A 为活塞的冲程,单位为 m。

往复式压缩机的实际吸气量比理论吸气量低,主要原因为:一是往复式压缩气缸内有余隙容积,余隙气体膨胀后会占据部分气缸容积;二是吸入阀存在一定阻力,使得气缸内压强低于吸入管压强;三是气缸内温度高于吸入气体温度,使吸入气缸内的气体迅速膨胀,会占据部分容积;四是压缩机本身存在泄漏。实际吸气量表达式如下:

$$Q_r = \delta Q_V = \delta nSA \qquad (9.2.2)$$

式中,δ 为吸气系数,一般数值为 $0.7 \sim 0.9$。

2) 过滤

空气过滤主要用于空气中的气固分离、气液分离等。为有效评价过滤效果,采用过滤精度的概念,就是允许通过过滤器滤芯的最大颗粒的尺寸,其规格一般用 μm 表示,也可用单位面积内筛网数目来表示。

空气的净化过程中,对含有杂质的气体过滤是必不可少的。当外界环境中空气压缩进入空压机组前,经空气滤芯初步过滤,拦截空气中的灰尘等固体颗粒杂质;再进入油气滤芯进行过滤,对气体中的油雾进行拦截和聚合,形成油滴集中在滤芯底部经管路排出,使得到的压缩空气更加纯净(见图 9-2-3)。

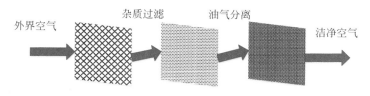

图 9-2-3　空气过滤示意图

3）干燥

干燥器是根据吸附原理,利用分子筛对气体混合物中极性水分子的吸附能力将水分子从气体中分离出来,达到脱水的目的。气体干燥器常用双塔结构,一个塔进行吸附,将压缩空气中的水分吸附到吸附剂表面;另一个塔进行解吸再生。吸附与解吸循环交替进行,以保证洁净干燥气体的持续输出。

我们常见的吸附分离方式以物理吸附分离为主,其原理主要是利用固体表面的原子或基团与外来分子间的吸附力的不同实现分离(见图 9-2-4),吸附力的大小与表面接触面积和分子性质有关。当气体与分子筛接触时,气体分子由于做不规则运动而碰撞到分子筛吸附剂表面,受到分子间引力作用,在其表面产生分子浓聚,使气体中的水分子数目减少,达到物理吸附的目的。该过程不发生化学变化,只

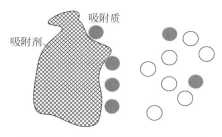

图 9-2-4　吸附典型表面现象示意图

要通过加热等方式就可以将浓聚在分子筛表面的水分子蒸发,即可反复循环,称为解吸或再生。

2. 氮气

氮气在自然界分布很广,是空气的主要成分。利用组成空气的氮、氧、氩等气体的沸点不同,从而分离出高纯氮、高纯氧,工业上称为低温精馏法。它的主要流程包括空气过滤、空气压缩、杂质清除、空气液化、精馏分离等,其中空气过滤、杂质清除与"干净空气"制取类似,下面不再介绍。

1）空气液化

空气液化是利用低温冷源吸收气体的显热而把气体冷却到冷凝温度,使气体变为饱和蒸气;再在该冷凝温度下继续吸收其汽化潜热使气体从饱和蒸气变为液体的过程。同一种气体物质在不同的压力下,其对应的饱和温度也不同,压力高饱和温度也高,即压力越高蒸气越容易液化,反之亦然。表 9-2-1 列出了一些常见气体的主要物理性质。

表 9-2-1　常见气体的物理性质

项　目			空气	氮气	氧气	氦气	氢气
相对分子质量			28.96	28.02	32.00	4.00	2.02
正常沸点	温度/℃		−194.25	−195.75	−182.15	−268.95	−252.75
	密度/(kg/m³)	蒸气	4.49	4.61	4.48	16.9	1.33
		液体	874	808.9	1141	125	71.0
气体密度/(kg/m³)（标况下）			1.29	1.25	1.43	0.179	0.09
临界温度/℃			−139.85	−146.95	−118.55	−267.95	−239.95
气液体积比（标况下）			673	643	800	700	780

2）精馏分离

工业生产中采用的传统的空气分离方法是低温精馏，其成本低，产品的纯度高。该方法的主要原理是利用气体中各成分的沸点不同、挥发能力差异，通过气态、液态的相互转化，使得沸点低、易挥发的气体成分不断从液态向气态转化；反之，将沸点高、不易挥发的气体成分从气态向液态转化。氧和氮的分离是在精馏塔中进行的，精馏塔主要由上塔、下塔和冷凝蒸发器组成。在精馏塔内上升气体与下降液体充分接触，上升气体中氮浓度不断增加，氧浓度不断减少；下降液体中氮浓度不断减少，氧浓度不断增加，最终得到氮气和液氧。

3. 氦气

氦是宇宙中第二丰富的元素，含量仅次于氢，二者合起来在宇宙中的占比非常高，可达99.9%。即便如此，氦在地球上却很稀少，地球上的氦资源主要存在于天然气或放射性矿石中，且其储量分布非常不均匀，美国和阿尔及利亚占据全球近80%的储量，而我国仅占0.1%左右。

低温精馏法是工业制取氦气的主要方法，由于氦气是所有气体中沸点最低的（约−269℃），对其他气体而言，接近到如此低的温度前早已液化为液体。制取氦气的气体来源为天然气，通常制取工艺由气源预处理、粗氦提取和氦气精制等组成，如图 9-2-5 所示。

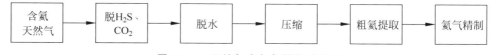

图 9-2-5　天然气中氦气提取流程图

1）气源预处理

天然气气源中含有 H_2S、CO_2、水分、汞等杂质，因而在低温液化前需对气源进行净化处理。通常采用醇胺法、热钾碱法等进行酸气脱除，要求 H_2S 含量不大于 4 ppm①，CO_2 含量不大于 100 ppm；通常采用分子筛进行脱水，要求含水量小于 1 ppm，同时进一步脱除残余酸性气体。

2）粗氦提取

对天然气进行多次低温精馏后，可得到氦含量60%～70%的粗氦。其中，冷凝的冷源由常压液甲烷、常压液氮或负压液甲烷提供。一次冷凝后要求粗氦中无乙烷、丙烷等烷烃成

---

① 1 ppm＝10^{-6}。

分；二次冷凝后要求粗氦中甲烷含量小于1%，同时低温精馏反应釜液态烃中氦含量要小于10 ppm，以提高氦气回收率。

3）氦气精制

随着氦气的浓度提高，天然气中较难液化的氢被浓缩在粗氦中，氦气精制前需将其除去，通常采用催化氧化脱氢法进行脱氢，同时除去氮、甲烷等其他杂质。冷凝的冷源一般由常压液氮提供，可制取纯度高于99.99%的氦气。

9.2.2 气体要求

航天发射活动对特种气体品质有着很高的要求。根据相关的国家标准、行业标准以及协议约定，需要利用一系列的指标去量化气体的品质，部分关键指标参数如表9-2-2所示。

表 9-2-2　航天特种气体品质一般性要求

项 目	空气	氮 气		氦 气
		指标（Ⅰ级）	指标（Ⅱ级）	
纯度/%	—	≥98.0	≥99.998	≥99.99
氧含量（V/V）	—	≤2.0%	≤10×10^{-6}	≤10×10^{-6}
露点/℃	≤−55.0	≤−53.3	≤−65.5	≤−57.5
颗粒物含量/（mg/m³）	≤5	≤1.5	—	—
颗粒物直径/μm	≤14.0	—	≤20	—
油含量/（mg/m³）	≤10.0	≤10.0	≤10.0	—

注：表内数据来源于《氮气和液氮安全应用准则》（GJB 2253A—2008）、《氦气安全应用准则》（GJB 4014—2000），以及部分火箭型号具体要求。

1. 露点

在日常生活中我们可以看到，夜间空气温度降低时，空气中的水分会有一部分析出，形成露水或霜，也就是"晨露"或"霜降"。这表明在水蒸气含量不变的情况下，由于温度的降低，空气中原来未达到饱和的水蒸气可变成饱和蒸汽，多余的水分就会析出，使水蒸气达到饱和时的温度（形象地说，就是空气中水蒸气变为露珠时候的温度）称为露点，即露点温度。随着工业的发展，露点也不局限于测量空气中水分含量，而是被广泛地定义为气体中水蒸气的含量。

露点测量通常采用冷镜式露点测量方式，其原理如图9-2-6所示。当被测气体掠过冷镜面，镜面温度高于湿气的露点温度时，镜面为干燥状态，此时入射光照在镜面上，几乎完全

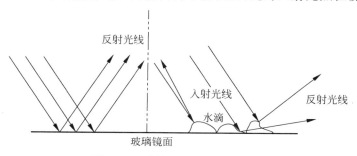

图 9-2-6　冷镜式露点测量原理图

反射；随着对镜面不断冷却，气体中水蒸气在镜面上开始冷凝为露或霜，此时入射光线在镜面发生散射。当镜面上的露点或霜与气体中的水蒸气达相平衡状态时，测量反射光线的光敏元件达到阈值，此时镜面上露层或霜层的温度即为气体的露点温度。

2. 纯度

气体可分为单质气体、多元气体、混合气体和有机化学气体等，组成气体的物质称为气体成分。因此气体纯度的含义可理解为：除本气体成分外，所含其他物质的多少。例如氮气的纯度是指除 N_2 以外，含有 O_2、H_2、Ar、CO_2、H_2O、尘粒等杂质的多少。通常根据氮气纯度的不同，将其定义为四个等级，即普氮、纯氮、高纯氮和超高纯氮。

我们知道，氮气主要通过对空气低温精馏分离得到，而空气中氮气和氧气占比约 99%，再加上进行多层工艺处理，其他气体含量微乎其微。对氮气纯度进行检测主要依靠氮气纯度检测仪，其原理就是通过对氮气内氧含量的检测反推得到氮气纯度。

如图 9-2-7 所示，在氧化锆电解质（ZrO_2）的两侧分别附着多孔铂（Pt）电极，在一定温度下，当电解质两侧氧含量不同时，氧含量高的一侧（空气）氧分子被吸附在铂电极上与电子（4e）结合形成氧离子 O^{2-}，使该电极带正电，O^{2-} 通过氧化锆电解质中的氧离子空位迁移到低含量侧的铂电极上放出电子，重新结合成氧分子，使该电极带负电。两个电极的反应式分别为

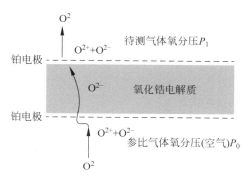

图 9-2-7   氧化锆测氧原理图

参比气体侧：$O_2 + 4e \longrightarrow 2O^{2-}$

待测气体侧：$2O^{2-} - 4e \longrightarrow O_2$

这样在两个电极间便产生了一定的电动势，两极之间的电动势 E 可由能斯特公式求得

$$E = \frac{RT}{nF} \ln \frac{P_0}{P_1} \qquad (9.2.3)$$

式中，E 为浓差电池输出，单位为 V；n 为电子转移数，此处为 4；R 为理想气体常数，其值为 8.314 J/(mol·K)；T 为绝对温度，单位为 K；F 为法拉第常数，其值为 9.65×10^4 C/mol；P_0 为参比气体氧浓度百分数，%；P_1 为待测气体氧浓度百分数，%。

当氧化锆管处的温度被加热到 1000 K 时，高浓度侧气体用环境中空气作为参比气体，$P_0 = 20.6\%$，由此可知

$$E = \frac{RT}{nF} \ln \frac{P_0}{P_1} = \frac{8.314 \times 1000}{4 \times 96\,500} \ln \frac{0.206}{P_1} = 0.0215 \ln \frac{0.206}{P_1}$$

上式变化为

$$P_1 = \frac{0.206}{e^{\frac{E}{0.0215}}} = \frac{0.206}{e^{46.5E}}$$

假设测得的电动势 $E = 80$ mV，则有

$$P_1 = \frac{0.206}{e^{46.5 \times 0.08}} = \frac{0.206}{e^{3.72}} = \frac{0.206}{41.26} \approx 0.004\,993 = 0.4993\% \approx 0.5\%$$

说明待测气体中氧含量约为 0.5%，如果被测气体为氮气，则氮气纯度为

$$P_{氮气} = 1 - 0.5\% = 99.5\%$$

3. 油含量

由上面介绍的气体生产制备过程可以了解到,在空气净化处理过程中已经对其中的油进行过滤和处理,那为什么还要对气体中含油量如此关注呢? 这与气体生产制取工艺有关。气体中油含量主要来自压缩机润滑油,在气体压缩过程中,喷油式压缩机需向压缩腔体内喷入冷却润滑油进行冷却,同时形成油膜,起到润滑及封闭间隙的作用,这种工艺会不可避免地将一部分油分带入干净压缩气体当中。

气体中油含量采用紫外分光光度法进行测定,其原理是利用物质对光的吸收光谱,对物质进行定性分析或定量分析,如图 9-2-8 所示。当一束光照射被测物质时,一部分光会被吸收或反射,不同的物质对照射光束的吸收程度是不同的,对某个波长的光吸收强烈,对其他波长的光吸收很弱或不吸收,这种现象称为光的选择吸收。利用这一原理可以分析被测物质的分子结构和含量。

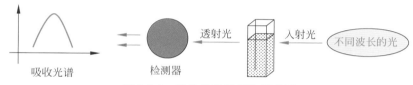

图 9-2-8　紫外分光光度法原理图

9.2.3　气体量化

我们知道,气体没有固定的形状和体积,不同成分气体也能以任意比例相互均匀混合,再加上气体具有扩散、可压缩两大特性,这就给对气体量化带来一定难度。在物理学中,描述气体宏观性质的四个基本物理量是温度(T)、压强(p)、体积(V)、物质的量(n)。在工业应用领域,重点关注的主要是气体体积、气体压强、气体流量等参数。

1. 气体体积

物质体积的大小与构成该物质的粒子数目、粒子大小和粒子之间的距离有关,如图 9-2-9 所示。当粒子数目相同时,物质体积主要取决于构成物质的粒子大小和粒子之间的距离。对于固态物质和液态物质来说,其粒子之间的距离是非常小的,所以相同粒子数的固体和液体体积主要取决于粒子的大小。

图 9-2-9　物质体积大小示意图

对于气体来说,粒子之间的距离远大于粒子本身的大小。由气体特性可知,气体总会不断扩散并均匀地充满整个容器内部空间。比如将 1 m³、压强为 10 MPa 的氮气气瓶和 5 m³ 真空气瓶连通,氮气会迅速从高压向低压方向扩散,使两个气瓶内的压强、密度达到一个恒定值。因此,当粒子数相同时,气体的体积主要取决于气体粒子之间的距离。假设气体为理想气体,在相同的温度和压强下,任何气体粒子之间的距离都近似相等,此时单位物质的量的气体所占体积称为气体摩尔体积。在标准状况下(0℃,101.325 kPa),1 mol 任何气体体积大小都约为 22.4 L。

这样的定义并不能很好地表达日常生活中对气体的量化。比如我们在家中使用天然气烧水、做饭时,怎么计算天然气消耗量呢?为了便于计量,人们提出了标方(标准立方,单位为 m³ 或表示 Nm³)的概念,它是指在 20℃、一个标准大气压下的单位气体量,如 1 m³ 上述标准下的气体可称为 1 标方(Nm³)。

2. 气体压强

在介绍气体压强之前,我们先讨论固体的压强。在桌子上放一个物体,它与桌子接触面的压强为物体对桌子的压力除以接触面积。换句话说,固体压强就是物体单位面积受到的固体压力的大小。那么气体的压强从哪里来?

实际上,气体可以看作一群不断做热运动的分子,这些分子会持续不断地撞击气瓶容器壁,每个分子撞击一次就相当于对容器壁施加了一个力。虽然这个力很小,施加时间很短,但是气体分子数量众多,会不断地撞击容器壁。这就相当于对容器壁施加了一个稳定的压力,这个压力除以容器壁的面积就是气体的压强。

在实际应用中,我们无法直接测量气体分子对容器壁施加的压力,需要借助压力表来测量气体的压强。压力表的原理是利用弹性敏感元件随压力变化而产生弹性形变量这一特性,通过压力表的齿轮传动机构放大,在压力表盘显示出相对应的压力值。此时测量得到气体压力,实际上对应的是物理学上气体压强的概念。

气体压强的表示方法有两种:一是以绝对真空为基准所表示的压强,称为绝对压强或绝对压力(用 P_{ABS} 表示);二是以大气压强为基准所表示的压强,称为相对压强或相对压力(用 P_g 表示)。由于多数测压仪表测得的压力为相对压力,故相对压力也称为表压,而大气压力一般用符号 B 表示。绝对压力与相对压力的关系式如下(见图 9-2-10):

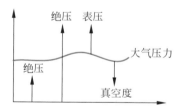

图 9-2-10　表压与绝压关系图

绝对压力 ＝ 大气压力 ＋ 相对压力,即 $P_{ABS} = B + P_g$

当绝对压力小于大气压力时,可用容器内的绝对压力低于一个大气压的数值来表示,称为真空度。真空度与绝对压力的关系式如下:

$$真空度 ＝ 大气压力 － 绝对压力$$

以上通过压力表测得的气体压强称为静压。此时气体分子间虽然在不断运动,但是气体整体处于相对静止状态。如果我们让气体像河水一样流动起来呢?这时候的压力表读数还能表示当前气体压强吗?这就引出了动压的概念。

动压是气体流动时产生的压力,具有方向性,仅对与气流方向垂直或斜交的平面施加压力。公式如下:

$$q = \frac{\rho v^2}{2} \tag{9.2.4}$$

式中，q 为动压压强，单位为 Pa；v 为气体相对运动速度，单位为 m/s；ρ 为气体密度，单位为 kg/m^3。

3. 气体流量

气体流量表示在单位时间内气体通过一定截面面积的量。当流量以体积表示时称为体积流量，单位一般为 L/min 或 mL/min；当流量以质量表示时称为质量流量，单位一般为 kg/min 或 g/min。两者的区别就是，质量流量是指测量流动气体中的分子数量，而体积流量则是测量这些分子占据的空间。由于气体是可压缩的，因此当压力或温度变化时，体积流量会随之发生变化。

质量流量与体积流量在一定条件下是可以相互换算的，其换算公式如下：

$$Q_m = Q_V \rho \tag{9.2.5}$$

式中，Q_m 为气体质量流量；Q_V 为气体体积流量；ρ 为气体密度。

根据以上两种计量方式，可以得到两种不同类型的流量计。质量流量计可以直接测量质量流量，测量准确，无须补偿，因此在航天领域应用比较广泛。下面我们以差压式流量计为例介绍其测量原理。

差压式流量计是基于气体流动的节流原理，利用气体流经节流装置时产生的压力差而实现流量测量的。所谓节流装置，就是在管道中段设置一个流通面积比管道狭窄的孔板，当气体流过该装置时，流束局部收缩，流速提高，压强减小，于是在节流装置前后产生了压差，如图 9-2-11 所示。气体流量越大，产生的压差越大，因此可通过压差来衡量气体流量的大小。

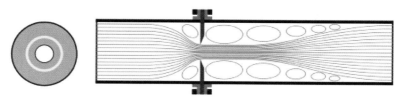

图 9-2-11　气体流动节流示意图

由伯努利定理可知，当理想流体沿管路作定常流动时，流动速度增加，流体的静压将减小；流动速度减小，流体的静压将增加。流体的静压和动压之和是不变的，称为总压。由此我们假设气体为不可压缩的理想流体（$\rho_1 = \rho_2$），在节流装置入口前的速度为 v_1，密度为 ρ_1，静压为 p_1；流过节流装置时的流速为 v_2，密度为 ρ_2，静压为 p_2。由此可知

$$p_1 + \frac{\rho_1 v_1^2}{2} = p_2 + \frac{\rho_2 v_2^2}{2} \tag{9.2.6}$$

同时，根据流体的连续性方程可知

$$A \rho_1 v_1 = A_0 \rho_2 v_2 \tag{9.2.7}$$

式中，A 为管道截面积；A_0 为节流装置开口处截面面积。

由式（9.2.6）、式（9.2.7）可知，流量与压差间的流量方程如下：

体积流量

$$Q_V = Av_1 = \frac{AA_0}{\sqrt{A^2 - A_0^2}} \cdot \sqrt{\frac{2(p_1 - p_2)}{\rho_1}} = \alpha \cdot \sqrt{\frac{2\Delta p}{\rho_1}} \qquad (9.2.8)$$

式中, $\alpha = \frac{AA_0}{\sqrt{A^2 - A_0^2}}$, $\Delta p = p_1 - p_2$。但气体实际上为可压缩流体,公式中需引入流速膨胀系数 ε,变为

$$Q_V = \varepsilon\alpha \cdot \sqrt{\frac{2\Delta p}{\rho_1}} \qquad (9.2.9)$$

则质量流量

$$Q_m = Q_V\rho = \varepsilon\alpha \cdot \sqrt{2\Delta p\rho_1} \qquad (9.2.10)$$

由式(9.2.9)、式(9.2.10)可知,被测流量与压差 Δp 成平方根关系。

9.2.4 气体利用

在航天发射任务中常用的气体主要有空气、氮气和氦气。它们的主要应用有:提供驱动力,用于操作各类气动阀门和部件;作为吹除置换用气体,对液体推进剂加注系统管路吹除、置换;对火箭、航天器上推进剂贮箱增压,对地面推进剂贮罐增压;对火箭发动机系统进行吹除等。

1. 气体贮存及储量估算

航天发射活动中大量使用各类压缩气体,为保障火箭顺利升空,技术人员根据各阶段不同时间、不同工况、不同压力范围对火箭用气量进行估算。同时,以此作为参考,对特种气体进行相应的制取储备、供应保障。

假设某型火箭准备在发射场进行发射,已知其各阶段用气需求如表9-2-3所示,为保障用气需求,我们应该怎样进行气体贮存及储量估算呢?

表 9-2-3　某型火箭用气需求　　　　　　单位:Nm³

气体种类及工作压力要求/MPa	第一阶段:准备	第二阶段:测试	第三阶段:推进剂加注	第四阶段:发射	总用气量
空气(≥5)	500	500	14 000	500	15 500
氮气(≥23)	5000	6000	15 000	2000	28 000
氮气(≥35)	500	1000	1000	—	2500
氦气(≥23)	500	1500	2500	—	4500
氦气(≥35)	—	500	500	—	1000

特种气体的贮存主要通过高压气瓶来完成。首先是气瓶压力范围选择,为满足火箭用气工作压力要求,贮存气瓶压力需大于用气工作压力要求(比如空气工作压力要求≥5 MPa,空气气瓶最高工作压力可选用15 MPa);其次是气瓶容积选择,气瓶容积大小设计与气瓶工作压力、气瓶用气量需求息息相关。发射场常用供气保障气瓶规格见表9-2-4。

表 9-2-4　发射场常用供气保障气瓶规格

气体种类及工作压力要求/MPa	气瓶最高工作压力/MPa	气瓶容积/m³
空气(≥5)	15	20
氮气(≥23)	35	20
氮气(≥35)	45	10
氦气(≥23)	35	10
氦气(≥35)	45	10

假设气体为理想气体,遵守理想气体状态方程,则可知

$$pV = nRT \tag{9.2.11}$$

式中,p 为气体压力,单位为 MPa;V 为气体体积,单位为 m³;n 为气体物质的量,单位为 mol;R 为比例常数,其值为 8.3144 J/(mol·K);T 为气体温度,单位为 K。

当对气瓶充气时,已知气瓶充气前后压力分别为 p_1、p_2,气瓶充气前后物质的量分别为 n_1、n_2,气瓶充气前后体积一定。假设气瓶充气前后温度不变,则有

$$\frac{p_1}{p_2} = \frac{n_1}{n_2} \tag{9.2.12}$$

由此可知,气瓶内压力的变化与气瓶内气体物质的量变化成比例关系。由上节可知,1 Nm³ 气体为 20℃、0.1 MPa(约为一个标准大气压)时 1 m³ 气体的量。以空气气瓶为例,气瓶最高工作压力为 15 MPa,容积为 20 m³,则一个空气气瓶的气体储量 $G_{空气}$ 约为

$$G_{空气} = 15 \div 0.1 \times 20 \text{ Nm}^3 = 3000 \text{ Nm}^3$$

但实际使用过程中,气瓶内气体不可能得到完全利用,且航天发射活动中对空气用气工作压力要求大于 5 MPa,因此,一个空气气瓶的气体有效储量 $G_{有效空气}$ 约为

$$G_{有效空气} = (15 - 5) \div 0.1 \times 20 \text{ Nm}^3 = 2000 \text{ Nm}^3$$

已知 A 型火箭发射过程中对空气总用气量为 15 500 Nm³,那么共需准备空气气瓶数量为

$$N_{15 \text{ MPa}空气} = 15\,500 \div 2000 = 7.75 < 8$$

因此,为保障火箭发射的顺利进行,需至少准备 8 个最高工作压力 15 MPa、体积为 20 m³ 的空气气瓶。

同理,我们可以求得不同种类、不同工作压力要求的气体的单个气瓶有效储量:

$$G_{23 \text{ MPa}有效氮气} = (35 - 23) \div 0.1 \times 20 \text{ Nm}^3 = 2400 \text{ Nm}^3$$

$$G_{35 \text{ MPa}有效氮气} = (45 - 35) \div 0.1 \times 10 \text{ Nm}^3 = 1000 \text{ Nm}^3$$

$$G_{23 \text{ MPa}有效氦气} = (35 - 23) \div 0.1 \times 10 \text{ Nm}^3 = 1200 \text{ Nm}^3$$

$$G_{35 \text{ MPa}有效氦气} = (45 - 35) \div 0.1 \times 10 \text{ Nm}^3 = 1000 \text{ Nm}^3$$

根据各气体用气量总需求,可得到贮存气瓶数量为

$$N_{35 \text{ MPa}氮气} = 28\,000 \div 2400 \approx 11.67 < 12$$

$$N_{45 \text{ MPa}氮气} = 2500 \div 2000 = 1.25 < 2$$

$$N_{35 \text{ MPa}氦气} = 4500 \div 2000 = 2.25 < 3$$

$$N_{45 \text{ MPa}氦气} = 1000 \div 2000 = 0.5 < 1$$

由上述可知,发射场特种气体保障需至少准备 8 个 15 MPa 空气气瓶、12 个 35 MPa 氮气气瓶、2 个 45 MPa 氮气气瓶、3 个 35 MPa 氦气气瓶、1 个 45 MPa 氦气气瓶,才可以满足该型火箭在发射过程中的用气需求。

2. 气密性检测

在航天发射活动中,气密性是火箭、航天器的一项重要技术指标。如果密封器件气密性不好,就会引起使用过程中的燃料或气体泄漏,导致火箭飞行异常,工作性能下降,甚至导致航天发射活动的失利。1986 年 1 月 28 日,美国"挑战者"号航天飞机在轰然一声巨响中变成一个巨大火球直坠大西洋,造成七名航天员遇难。事后经调查发现,导致此次事故的直接原因为航天飞机右侧的固体火箭助推器密封装置失效,燃气外泄,喷出火舌,引起推进剂贮箱爆炸。

严格意义上讲,任何部件、设备、系统,即使设计、加工、组装准确无误,也无法做到绝不漏气。漏气是绝对的,不漏气是相对的,通常所说的"不漏"是指现场检测结果小于部件、设备、系统的指标要求。检漏方法很多,其中压降检漏法是一种简单常用的检漏方法,广泛应用于航空航天、仪器仪表、兵器等行业。如图 9-2-12 所示,常用的压降检漏法设备一般由测压设备、测温设备、充气设备和气源(气瓶)组成。

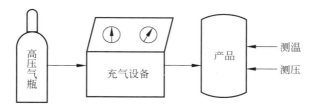

图 9-2-12　压降法检漏原理示意图

测试时对被检件用氮气或其他干燥气体充气至一定压力后,隔断气源,观察被检件内压力随时间的下降情况。如果被检件的容积为 V,在 Δt 时间内被检件内的压力下降 Δp,那么被检件的总漏率 Q 为

$$Q = \frac{V \Delta p}{\Delta t} \tag{9.2.13}$$

在实际测试中,被检件漏气引起的压力差应考虑两个因素。一是由于测试压力为相对大气的压力,大气压力的变化会影响被检件中气体压力的变化;二是被检件中气体压力会随着环境温度改变而改变。因此,压力差由下式确定:

$$\Delta p = (p_1 + A_1) - (p_2 + A_2) \frac{T_1}{T_2} \tag{9.2.14}$$

式中,Δp 为被检件泄漏造成的压降,单位为 Pa;p_1 为保压前的被检件压力初值,单位为 Pa;A_1 为保压前的大气压初值,单位为 Pa;T_1 为保压前的被检件温度初值,单位为 K;p_2 为保压后的被检件压力终值,单位为 Pa;A_2 为保压后的大气压终值,单位为 Pa;T_2 为保压后的被检件温度终值,单位为 K。

9.3　空调

空调,即空气调节器,是现代生活中不可缺少的一部分,为人们提供了舒适的生活环境。如果把发射场比作人体,那么发射场的空调系统就如同人的"血管"一样分布在发射塔架的各个角落,为火箭、航天器以及工作人员提供适宜的环境,以保证产品测试、加注过程顺利进行。那么,空调保障的环境参数有哪些,它又是如何实施保障的? 下面分别进行介绍。

9.3.1　环境参数

日常生活中常见的空调是舒适性空调,又称为民用空调,它的作用主要是为人员提供一个舒适的室内环境。住宅、办公楼、商场、影剧院等公共场所的空调都属于这一类。

航天发射场的测试厂房、塔架主要是为火箭、航天器发射前的准备工作提供测试、加注场所。火箭和航天器安装有大量的宇航级电子产品,对测试环境的温度、湿度、洁净度都有着特殊要求,提供这种环境保障的空调称为工艺性空调,主要为了满足星箭产品在发射场测试、加注过程中的空气指标要求。工艺性空调的环境保障参数主要包括空气的温湿度和洁净度。

1. 空气温度和湿度

1) 空气温度

空气温度也就是常说的气温,它表示空气的冷热程度,是分子动能的宏观结果,温度的高低常用"温标"来衡量。目前国际上常用的有热力学温标,又称开氏温标,符号为T,单位为 K;摄氏温标,符号为t,单位为℃。摄氏温标1℃与开氏温标1 K的分度是相等的,两者之间的关系为

$$t = T - 273.15$$

2) 水蒸气压力

空气是有压强的,空气压强也称为大气压力,单位是帕斯卡(帕,Pa),通常将海平面上的大气压力称为标准大气压。大气压力会随着海拔高度、温度、湿度的变化而发生变化,它是水蒸气的压力和干空气的压力之和,即

$$B = p_q + p_g$$

式中,B 为大气压力;p_q 为水蒸气的压力;p_g 为干空气的压力。

水蒸气的压力 p_q 代表了空气中水蒸气的含量,空气中水蒸气的含量越高,水蒸气压力就越高;空气中的水蒸气含量越低,水蒸气压力就越低。空气中水蒸气的压力与自然环境密切相关:一是水蒸气压力与空气温度有关,温度高了,水蒸气的压力就会高,如夏天的水蒸气压力就比冬天要高;二是水蒸气压力与地区有关,水多的地方水蒸气压力就会高;三是相同的空气温度下,水蒸气压力还与天气有关,下雨天的水蒸气压力就会高些。总之,空气中水蒸气压力是一个变化的值,它会受到自然环境的影响。

空气中水蒸气压力的最大值称为饱和水蒸气压力 $p_{q.b}$,这个值随空气温度而变化,不过在特定空气温度下,它是恒定不变的。如空气温度为20℃时,饱和水蒸气压力为2.33 kPa,它是不变的。当空气温度升高时,饱和水蒸气压力就会升高,如空气温度上升到40℃,空气

的饱和水蒸气压力就会上升到 7.38 kPa。反之，若空气温度降低，饱和水蒸气压力就会降低。饱和水蒸气压力越高，表明空气中可以吸收的水蒸气越多。

3）含湿量

空气中含有水蒸气，同时还有由氮气、氧气、二氧化碳等各种气体组成的干空气，水蒸气和干空气混合在一起称为湿空气。含湿量是指湿空气中每千克干空气所伴随的水蒸气的含量，即

$$d = \frac{G_q}{G_g} \tag{9.3.1}$$

式中，d 为空气的含湿量，G_q 为湿空气中水蒸气的质量，G_g 为湿空气中干空气的质量，单位均为 kg。

若湿空气中含有 1 kg 干空气和 d 千克水蒸气，则湿空气质量应为 $(1+d)$kg。

由于水蒸气和干空气在常温常压下都可视为理想气体，因此均遵守理想气体状态方程：

$$pV = GRT$$

式中，p 为气体的压力，单位为 Pa；R 为气体常数，取决于气体的性质，J/(kg·K)；V 为气体的总容积，单位为 m^3；T 为气体的热力学温度，单位为 K；G 为气体的总质量，单位为 kg。

对于水蒸气而言，其状态方程式为

$$p_q V_q = G_q R_q T_q \tag{9.3.2}$$

对于干空气而言，其状态方程式为

$$p_g V_g = G_g R_g T_g \tag{9.3.3}$$

由于湿空气中的干空气与水蒸气是均匀混合的，因此两者具有相同的容积和温度，即

$$V_q = V_g = V, \quad T_q = T_g = T$$

另外，水蒸气和干空气的气体常数为

$$R_q = 461 \text{ J/(kg·K)}, \quad R_g = 287 \text{ J/(kg·K)}$$

将已知条件代入式(9.3.1)～式(9.3.3)中，解得

$$d = 0.622 \times \frac{p_q}{B - p_q} \tag{9.3.4}$$

在对空气进行加湿、除湿过程中，常用含湿量来衡量空气中水蒸气量的变化。

4）相对湿度

发射场常使用相对湿度来描述空气的潮湿程度，那么什么是相对湿度呢？相对湿度为空气中水蒸气分压力与同温度下饱和水蒸气分压力的比值，即

$$\varphi = \frac{p_q}{p_{q \cdot b}} \times 100\% \tag{9.3.5}$$

式中，φ 为相对湿度；p_q 为空气的水蒸气分压力，单位为 Pa；$p_{q \cdot b}$ 为同温度下空气的饱和水蒸气分压力，单位为 Pa。

由式(9.3.5)可知，相对湿度反映的是某一温度下空气的饱和程度。相对湿度越小，表示空气越不饱和，还能吸收的水汽就越多；相对湿度越大，则表示空气越饱和，还能吸收的水汽就越少；相对湿度为零，指的是干空气。

相对湿度与含湿量有什么不同？虽然它们都是表示空气湿度的参数，但相对湿度是指

空气的饱和程度,而含湿量是指空气中水蒸气的含量。

相对湿度还可以用另一种形式来描述。由式(9.3.4)可得含湿量与饱和空气的含湿量分别为

$$d = 0.622 \times \frac{p_q}{B - p_q} \tag{9.3.6}$$

$$d_b = 0.622 \times \frac{p_{q \cdot b}}{B - p_{q \cdot b}} \tag{9.3.7}$$

式中,d_b 为空气的饱和含湿量。然后将式(9.3.6)与式(9.3.7)相比,可得到相对湿度的计算公式为

$$\varphi = \frac{d}{d_b} \frac{B - p_q}{B - p_{q \cdot b}} \times 100\% \tag{9.3.8}$$

式中,B 要比 $p_{q \cdot b}$ 和 p_q 大得多,即 $B - p_q \approx B - p_{q \cdot b}$,因此相对湿度可近似表示为

$$\varphi = \frac{d}{d_b} \times 100\% \tag{9.3.9}$$

式中,d/d_b 为湿空气的含湿量与饱和含湿量之比,表明当大气压力一定时,水蒸气分压力与含湿量近似为直线关系。

将 $p_q = \varphi \cdot p_{q \cdot b}$ 代入式(9.3.9)中,可得到含湿量的另一种表达式:

$$d = 0.622 \times \frac{\varphi p_{q \cdot b}}{B - \varphi p_{q \cdot b}} \tag{9.3.10}$$

相对湿度被应用于空调的制冷除湿中,方法是使空气的温度持续降低,空气的饱和水蒸气压力变小,相对湿度就会达到 100%,空气中的水蒸气就会冷凝成水析出来,这就是人们常说的"结露"。这时的空气温度称为露点温度。

5) 焓

焓的概念与买卖股票很类似,例如 10 天前我们买了 100 股股票,买进价格是 40 元/股,共花费了 4000 元,7 天前股票涨到了 60 元/股,3 天前股票又跌回了 40 元/股,今天股票已经跌到了 20 元/股。如果现在把股票卖掉,那么我们就赔了 2000 元;如果继续等待,等涨了再卖,那么我们就会赚钱。也就是说,股票赚不赚钱就看买进价与卖出价之间的差价,中间的涨涨跌跌其实没有什么意义,而湿空气的比焓也是如此。

湿空气的比焓被用来计算 1 kg 湿空气状态变化时发生的热量交换,比焓的单位是 kJ/kg。和股票值一样,比焓值其实没有什么实际意义,比焓的差值才有价值,它代表着热量的传递。湿空气的比焓差值就是 1 kg 湿空气在两个状态点之间吸收或放出的热量。

1 kg 干空气的焓和 d 千克水蒸气的焓之和称为 $(1+d)$ kg 湿空气的焓。这里取 0℃ 的干空气和 0℃ 的水的比焓值为 0 kJ/kg,则湿空气的焓表示如下:

$$h = h_g + d h_q \tag{9.3.11}$$

式中,h 为包含 1 kg 干空气的湿空气之焓,单位为 kJ/kg;h_g、h_q 分别为 1 kg 干空气和 1 kg 水蒸气的焓,单位均为 kJ/kg。然后给出湿空气焓的计算公式为

$$h = 1.01t + d(2500 + 1.84)t \tag{9.3.12}$$

整理得

$$h = (1.01 + 1.84d)t + 2500d \tag{9.3.13}$$

式中,h 为湿空气的比焓值;d 为水蒸气含湿量;t 为空气温度,单位为℃。

由式(9.3.13)可以看出,$(1.01+1.84d)t$ 是与温度有关的热量,称为"显热",而 $2500d$ 是 0℃时 d 千克水的汽化热,它与温度无关,仅随含湿量而变化,称为"潜热"。即湿空气的比焓值将随温度与含湿量的变化而变化,当温度与含湿量升高时,空气的焓值将增加;反之,焓值将降低。

比焓值的零点是人为规定的,式(9.3.13)的计算值其实是相对于指定零点的热量差值。

例如,空气温度为 28℃、相对湿度为 80%、含湿量是 19.1 g/kg,那么空气的比焓值是多少? 解得

$$h = (1.01+1.84d)t+2500d$$
$$= [(1.01+1.84 \times 19.1 \div 1000) \times 28 + 2500 \times 19.1 \div 1000] \text{ kJ/kg}$$
$$\approx 77.01 \text{ kJ/kg}$$

这意味着与公式指定零点相比,每千克湿空气大约有 77.01 kJ 的热量差,请不要理解成每千克湿空气中含有 77.01 kJ 的热量。即空气中的两个点的比焓差值代表了传递的热量,某一个点的比焓值没有任何实际意义。

2. 空气洁净度

火箭或卫星在厂房和塔架内测试时,除了要满足温湿度等常规要求之外,还要对空气进行净化处理,使厂房内的尘粒浓度不超过标准值,以避免对产品造成污染。那么,室内尘粒的级别标准是如何规定的?

洁净度是指厂房内空气中大于或等于某一粒径的浮游粒子的浓度,即单位空气体积内的粒子颗数。根据《洁净厂房设计规范》(GB 50073—2022),将洁净区划分为 9 个洁净度等级,如表 9-3-1 所示。

表 9-3-1　洁净室空气洁净度等级

空气洁净度等级(N)	大于或等于表中粒径的最大浓度限值/(粒/m³)						对应国标 GBJ 73—84 等级
	0.1 μm	0.2 μm	0.3 μm	0.5 μm	1.0 μm	5.0 μm	
(ISO)1	10	2					
(ISO)2	100	24	10	4			
(ISO)3	1000	237	102	35	8		
(ISO)4	10 000	2370	1020	352	83		
(ISO)5	100 000	23 700	10 200	3520	832	29	100
(ISO)6	1 000 000	237 000	102 000	35 200	8320	293	1000
(ISO)7				352 000	83 200	2930	10 000
(ISO)8				3 520 000	832 000	29 300	100 000
(ISO)9				35 200 000	8 320 000	293 000	

现以 0.1 μm 的粒子为参照,取此粒径的极限对数(10 为底)值命名。各种要求粒径 D 的最大浓度限值 C_n 应按下式计算

$$C_n = 10^n (0.1/D)^{2.08} \tag{9.3.14}$$

式中,C_n 为大于或等于粒径为 D 的粒径的上限浓度,单位为粒/m³;n 为表 9-3-1 中的洁净度级别序号;D 为要求取的某一粒径,单位为 μm。

例如,求 ISO 2 级的 $\geqslant 0.1~\mu$m 的微粒数,计算如下:

$$C_n = 10^n(0.1/D)^{2.08} = 10^2(0.1/0.1)^{2.08} \text{粒}/\text{m}^3 = 100 \text{ 粒}/\text{m}^3$$

9.3.2　温度保障

空调能够提供合适的温度,并不是因为空调产生了"冷"或"热",它只是热量的"搬运工",即将热量从室内搬到了室外,或者把热量从其他地方搬到了室内。对于温度保障而言,就是对空气进行加热升温和制冷降温两种情况。

1. 空气升温

空气升温就是将其他地方的热量转移到室内,或者是将其他能量转换成热量并送到室内。发射场空调升温通常采用蒸汽加热、热水加热和电加热三种方式。蒸汽或热水加热就是由锅炉房通过管路送来蒸汽或热水,然后通过机组内的盘管对空气进行加热。电加热方式具有热量稳定、效率高、调节方便、加热均匀、体积小等优点,因此使用越来越广泛。不过电加热器耗电量较大,其所需功率 P 的计算公式为

$$P = Q/\eta \tag{9.3.15}$$

式中,Q 为加热空气所需热量,单位为 kW;η 为电加热器的效率,通常取 $\eta = 0.86$。通过电加热器的风速不宜过低,宜为 $8\sim12$ m/s。

2. 空气降温

空调降温的过程就像传送带搬运货物一样,先在室内装货,吸收热量,然后再到室外卸货,把之前吸收的热量释放出去。为了实现这一吸一放的过程,科学家经过各种尝试,最终选择把物态变化应用到空调系统中。举个例子,我们知道水沸腾蒸发时会吸收外界的热量,由液体转化为水蒸气;反过来,水蒸气冷凝液化成水就会向外界放出热量。不过由于水的沸点较高,常温下难以沸腾,因此空调系统中一般采用一些沸点在常温附近的物质作为制冷剂。

空调系统中,用循环流动着制冷剂的铜管作为传送热量的传送带,并在空调的室内机与室外机的内部设计出一些弯弯曲曲的结构,来增大换热面积,这样就可以更充分地吸收和放出热量。在室内,先让铜管内的制冷剂沸腾,吸收室内的热量变成蒸汽,这些蒸汽流到室外,再让它液化,把吸收的热量放出来,变成液体再流回室内。制冷系统的原理如图 9-3-1 所示。

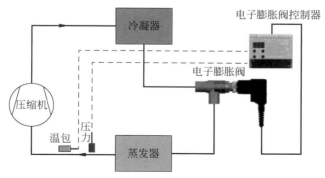

图 9-3-1　制冷系统原理图

制冷系统主要由四个部件组成。其中,压缩机是心脏,起吸入、压缩、输送制冷剂的作用;冷凝器起释放热量的作用,能够将蒸发器中吸收的热量传递给冷却介质;电子膨胀阀起节流降压的作用,能够控制和调节流入蒸发器中制冷剂液体的流量;蒸发器起空气降温的作用,能够将制冷剂蒸发吸热,并与空调内的空气进行热量交换。

9.3.3 湿度保障

1. 空气加湿

发射场进行空气加湿与常用的家用加湿器一样,通过向空气中喷水或蒸气,以提高空气的湿度。发射场常用的空气加湿设备有电加湿器和蒸气加湿器。

电加湿是一种喷蒸气加湿,它通过管状电加热元件将水槽内的冷水加热产生水蒸气,然后经管路将蒸气喷入空调机组内,用于对空气进行加湿,如图 9-3-2 所示。

电加湿器耗电量较大,其所需功率 P 的计算公式为

$$P = W(h_q - Ct_w)K \qquad (9.3.16)$$

式中,W 为产生的蒸气量,单位为 kg/s;h_q 为蒸气的比焓,单位为 kJ/kg;t_w 为进水温度,单位为℃;C 为进水的比定压热容,单位为 kJ/(kg·K);K 为考虑电加热元件结垢后影响的安全系数,采用蒸馏水时 $K = 1.05$,采用低硬度水时 $K = 1.10$,采用较高硬度水时 $K = 1.20$。

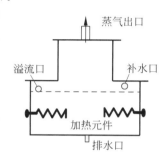

图 9-3-2 电加湿原理图

蒸气加湿主要是由锅炉房送来蒸气,直接送入空调机组的加湿段,对空气进行加湿。常用部件为干蒸气加湿器,由带外套的喷管组件和带有气动或电动调节阀的蒸气分离、干燥室两部件组成,如图 9-3-3 所示。蒸气加湿管路上设置有加湿阀门,用以控制蒸气管路的通断。

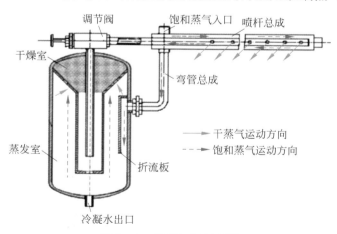

图 9-3-3 蒸气加湿原理图

2. 空气除湿

发射场常用的空气除湿设备为除湿转轮。除湿转轮在结构上可划分为处理区域和再生区域。其中,处理区域主要对空调内的空气进行除湿,空气穿过转轮的处理区域时,空气中

的水分被转轮上的吸湿介质吸附并加热升温,使得处理空气中的水分减少和潜热释放,从而达到空气除湿的目的。再生区域主要是使转轮恢复除湿能力,外界空气经再生电加热器加热升温后穿过转轮再生区域,使转轮中吸附的水分蒸发,并通过再生风机将其送至室外。为保证转轮除湿过程的连续性,转轮在转轮电机的驱动下缓慢旋转,转速为 $8\sim10$ r/h。转轮除湿原理图如图 9-3-4 所示。

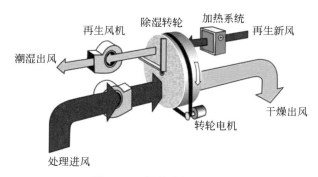

图 9-3-4　转轮除湿原理图

9.3.4　洁净度保障

空调系统处理的空气主要包括从室外引入的新风,以及从保障区域抽回来的回风。新风会受到室外恶劣环境的污染,回风会受到室内人员、工艺过程等污染。为满足任务保障要求,确保空气中灰尘颗粒的浓度小于标准值,须对空气进行净化处理。

为确保洁净度能够满足要求,发射场空调净化通常采用初效、中效和高效等过滤器进行三级过滤,然后再送往目标空间内。判断过滤器性能的指标主要有以下几个。

1. 过滤效率

过滤效率是指过滤器捕集的灰尘质量或数量与过滤前空气中的灰尘质量或数量的比值,一般采用百分率来表示。实际中常用灰尘数量来计算过滤效率,计算公式为

$$\eta=(N_1-N_2)/N_1=1-N_2/N_1 \qquad (9.3.17)$$

式中,N_1、N_2 分别为过滤器进、出口空气中的尘粒浓度,单位为个/L。

当多个过滤器串联工作时,其总效率 $\eta_{总}$ 的计算公式为

$$\eta_{总}=1-(1-\eta_1)(1-\eta_2)\cdots(1-\eta_n) \qquad (9.3.18)$$

式中,$\eta_1,\eta_2,\cdots,\eta_n$ 分别为第 1 个、第 2 个、$\cdots$、第 n 个过滤器的效率。

例如,室外新风的含尘浓度为 $C_1=0.9$ mg/m³,而室内含尘浓度为 $C_2=0.15$ mg/m³,那么其过滤效率为

$$\eta=\frac{C_1-C_2}{C_1}\times100\%=\frac{0.9-0.15}{0.9}\times100\%\approx83\%$$

根据规定,初效过滤器的过滤效率为 $20\%\sim80\%$(初效过滤器的实际过滤效率很少能够高于 60%)。由计算结果可知,如果仅设置初效过滤器无法满足洁净度要求,所以还须配置中效过滤器。

2. 穿透率

穿透率 K 是指过滤后空气含尘浓度和过滤前空气含尘浓度之比的百分数,其计算公式为

$$K = (1 - \eta) \times 100\% \qquad (9.3.19)$$

保障区域内的风平衡方程式为

$$L = L_x + L_h = L_x + RL \qquad (9.3.20)$$

式中,L 为机组送风量,L_x 为新风量,L_h 为回风量,单位均为 m^3/h;R 为回风比率,为百分数。

由于室内含尘量处于平衡状态,因而新风与回风过滤后的含尘量与室内发尘量之和等于室内流出的含尘量,即

$$K(L_x C_x + CRL) + M = C(RL + L_p) \qquad (9.3.21)$$

式中,K 为穿透率,为百分数;C_x 为新风的含尘浓度,单位为 kg/m^3;C 为室内空气的允许浓度,单位为 kg/m^3;M 为室内的发尘量,单位为 kg/h;L_p 为排风量,单位为 m^3/h。

因此,穿透率也可使用下面公式来计算:

$$K = \frac{C(RL + L_p) - M}{L_x C_x + CRL} \qquad (9.3.22)$$

3. 过滤器的面速

过滤器的面速 U 是指过滤器断面上通过气流的速度,它描述的是过滤器的通过能力及安装面积,单位一般以 m/s 表示。若采用过滤器的面速越大,安装过滤所需面积就越小。过滤器的面速是反映其结构特性的主要参数之一,其计算公式为

$$U = \frac{Q}{F \times 3600} \qquad (9.3.23)$$

式中,Q 为风量,单位为 m^3/h;F 为过滤器的截面面积,即迎风面积,单位为 m^2。

4. 过滤器的滤速

过滤器的滤速 v 是指滤料面积上通过气流的速度,它反映的是滤料的通过能力。过滤器采用的滤速越低,越可获得较高的过滤效率。

以 $L/(cm^2 \cdot min)$ 为单位表示滤速时,其计算公式为

$$v = \frac{Q \times 10^3}{f \times 10^4 \times 60} \approx 1.67 \frac{Q}{f} \times 10^{-3} \qquad (9.3.24)$$

以 cm/s 为单位表示滤速时,其计算公式为

$$v = \frac{Q \times 10^6}{f \times 10^4 \times 3600} \approx 0.028 \frac{Q}{f} \qquad (9.3.25)$$

式中,Q 为风量,单位为 m^3/h;f 为滤料净面积,单位为 m^2。

滤速直接影响到过滤效率和阻力,通常初效过滤器的滤速量级为 m/s,中效过滤器的滤速量级为 dm/s,而高效过滤器的滤速量级仅为 $2\sim3\ cm/s$。

5. 过滤器的阻力

空气过滤器的阻力包括滤料阻力(主要与滤速相关)和结构阻力(主要与框架结构形式以及其迎风面的风速相关)。过滤器的阻力计算公式为

$$\Delta p = av + bv^2 \qquad (9.3.26)$$

式中,v 为过滤器的迎风面速度;a、b 为实验系数,一般由生产企业提供。

空气过滤器的使用时间越长,其沾尘量越多,阻力也越来越大。通常将过滤器开始使用时的阻力称为初阻力;因积尘太多而导致风量不足,需要更换过滤器时的阻力称为终阻力,一般情况下,取初阻力一定倍数的阻力为终阻力。例如初效过滤器的初阻力为 50 Pa,中效过滤器的初阻力为 80 Pa,高效过滤器的初阻力为 200~250 Pa。通常情况下,高效过滤器的终阻力一般取初阻力的 2 倍,初效过滤器与中效过滤器则可取较大的倍数。

6. 容尘量

容尘量是指过滤器容纳灰尘的质量,它是一个与过滤器使用期限密切相关的参数。通常情况下,我们将过滤器达到终阻力值或过滤效率下降至初始效率 85% 以下时的容尘量作为过滤器的标准容尘量。滤材性质对容尘量的影响较大,比如用超细玻璃纤维制作的高效过滤器,其初阻力为 200 Pa,在其终阻力达到初阻力的 2 倍时,即 400 Pa 时的容尘量为 400~500 g。

9.4 供电

发射场供电主要由国家电网提供 110 kV、35 kV 等超高压,经变压器降压为 380 V/220 V 后,引入测试厂房、塔架,为航天器、运载火箭的测试以及地面保障系统供电。

9.4.1 高压输电

国家电网为发射场进行远距离电力传输时,输电电力的损耗是不容忽视的因素。输电线电能传输损耗计算公式为

$$P = I^2 R \qquad (9.4.1)$$

式中,P 为电能损耗;I 为线路通过的电流;R 为传输线路自身的电阻。

实际输电时,即使使用电阻率很小的铝或铜作为电线,供电线路也会有一定大小的电阻,且由于输电线路很长,因而输电线路的电阻不能忽略,导致电能在输电线上转换成热能的部分就相当可观,这部分电能就被白白地浪费掉了。

为了降低电能传输的损耗,可以采用两种方法。一种是减小输电线路的电阻,另一种是提高电压等级。电阻的计算公式为

$$R = \rho \frac{l}{S} \qquad (9.4.2)$$

式中,R 为传输线路电阻,单位为 Ω;ρ 为传输线路电阻率,单位为 $\Omega \cdot mm^2/m$;l 为传输线路长度,单位为 m;S 为传输线路截面面积,单位为 mm^2。

例如,距离电源 500 m 处安装一个供电电压为 220 V、功率为 1 kW 的灯泡,那么 2.5 mm^2 的铜线的压降为多少?

查表可知,铜线在环境温度为 30℃时的电阻率为 0.0185 $\Omega \cdot mm^2/m$,其电阻阻值为

$$R = \rho \frac{l}{S} = 0.0185 \times \frac{500}{2.5} \ \Omega = 3.7 \ \Omega$$

供电线路上的供电电流为

$$I = \frac{P}{U} = \frac{1000}{220} \text{ A} \approx 4.55 \text{ A}$$

由于纯电阻电路的电压为两条线路之间的电位差,因此在计算电压时,电线的电阻要将两条电线均计算进去,由此可得电线的压降为

$$\Delta U = I \cdot 2R = 4.55 \times 7.4 \text{ V} = 33.67 \text{ V}$$

因为传输线路的长度受限于传输距离,不可能减少,所以可以增大传输线路的横截面面积。当然也不能无限度地加粗传输线路,线径加粗后,线材成本增加,且传输线路的自重也随之增大,支撑线路用的电线杆、电线塔也要加固,线路用材费用将大幅增加。另外,将传输电压提高到超高压输电,这样在同等线径的输电线路上,输电电流会大幅减小,从而使输电线上的损耗大大降低。当然,传输电压也不可能无限制地增大。

采用超高电压将电能传输至高压配电柜后,如何将电压变成发射场能够使用的 380 V/220 V 电压? 这就要用到生活中常见的变压器了。变压器是作为提高或降低电压、改变电流大小、将用户系统和供电系统进行隔离的器件来使用,它是利用电磁感应定律,将一种电压等级的交流电能转换成同频率的另一种电压等级的交流电能。变压器原理如图 9-4-1 所示。

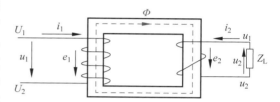

图 9-4-1　变压器原理示意图

变压器的主要部件有铁芯及套在铁芯上的绕组,一、二次绕组之间没有任何的电联系而只有磁耦合,当在一次绕组上通上交流电能时,便会产生交链一、二次绕组的交变磁通,在两绕组中分别感应电动势。当原边绕组接到交流电源时,绕组中便有交流电流流过,并在铁芯中产生与外加电压频率相同的磁通,这个交变磁通同时交链着原边绕组和副边绕组。原、副绕组的感应电动势分别表示为

$$e_1 = -N_1 \frac{\mathrm{d}\Phi}{\mathrm{d}t} \quad e_2 = -N_2 \frac{\mathrm{d}\Phi}{\mathrm{d}t} \tag{9.4.3}$$

则

$$\frac{u_1}{u_2} \approx \frac{e_1}{e_2} = \frac{N_1}{N_2} = k \tag{9.4.4}$$

式中,u_1、u_2 分别为原、副绕组的电压;e_1、e_2 分别为原、副绕组的感应电动势;N_1、N_2 分别为原、副绕组的线圈匝数;k 为变比,表示原、副绕组的匝数比。

例如,某单相变压器的初级电压为 220 V,次级电压为 24 V,初级的匝数为 1200 匝,那么该变压器的变比和次级的匝数分别是多少?

该变压器的变比为

$$k = \frac{u_1}{u_2} = \frac{220}{24} \approx 9.2$$

次级匝数为

$$N_2 = \frac{N_1 u_2}{u_1} = \frac{1200 \times 24}{220} \approx 131$$

因此,只要改变变压器的变比,就能改变输出电压。但应注意,变压器不能改变电源的频率。

在额定功率时,变压器输出功率与输入功率的比值称为变压器的效率。当变压器输出功率等于输入功率时,效率为 100%,事实上这样的变压器是不存在的,因为铜损和铁损等

的存在,变压器总会存在一定的损耗。

另外,在讨论变压器时,我们经常会碰到有的时候单位用 V·A,有的时候单位用 W,这两者有什么区别吗?

其实,这两者都是功率单位,都是电压与电流相乘的结果。但二者的含义并不相同。不管发动机、电动机还是发电机,输出的都是有功功率,其国际单位为 W;发电机在发电过程中,除了产生有功电能用于输出外,还可以通过调节发电机输出电流与电压之间的相位关系输出无功功率,为负载提供无功电流,用于为变压器、电动机建立磁场。因此,发电机输出的视在功率 $S(V·A)$ 包含了有功功率 $P(W)$ 与无功功率 $Q(var)$ 两部分,它们之间的关系为 $S^2 = P^2 + Q^2$。

有功电流与无功电流之间存在相位差,使得系统的电压与电流之间也存在相位差,这便是系统功率因数($\cos\varphi$)产生的原因。$P = S\cos\varphi$,$Q = S\sin\varphi$,$\cos\varphi$ 越大,系统的视在功率中包含的有功功率就越大,这便是系统提高功率因数的原因。

9.4.2 负荷计算

负荷计算主要为供电系统的变压器台数,以及容量、开关和导线截面的选择提供依据。

计算负荷又称为需要负荷,是一个与实际变动负荷热效应相等的假定恒定负荷。因为变配电设备、导线等电路器件工作时的温升在 30 min 内基本达到稳定值,因此计算负荷时,通常取 30 min 内的最大平均负荷。

目前常用的负荷计算方法有多种,下面对常用的需要系数法进行介绍。它是用设备功率乘以需要系数再乘以同时系数而得到负荷的。

1. 三相负荷计算

进行负荷计算时,首先把用电设备按性质分为不同的用电设备组,然后再确定其设备功率。对于不同负载持续率下的额定功率 P_r 或额定容量 S_r,应换算成同一负载持续率下的有功功率,即设备功率 P_e。

1) 单台用电设备的设备功率

以发射场常用的电动机为例,其计算方法为:①连续工作的电动机,如空调系统风机的电动机等,设备功率就等于额定功率;②短时间或周期工作的电动机,如厂房内桥式起重机的电动机等,设备功率是指额定功率换算为统一负载持续率 ε 为 25% 的有功功率,换算公式为

$$P_e = P_r \cdot \sqrt{\frac{\varepsilon_r}{0.25}} = 2P_r \cdot \sqrt{\varepsilon_r} \tag{9.4.5}$$

式中,P_r 为电动机的额定功率,单位为 kW;ε_r 为电动机额定负载持续率。

2) 用电设备组的设备功率

用电设备组的设备功率是指除备用设备之外的其他所有单台用电设备的设备功率之和。用电设备组的设备功率计算公式为

有功功率 $P_c = K_x P_e$

无功功率 $Q_c = P_c \cdot \tan\varphi$

视在功率 $S_c = \sqrt{P_c^2 + Q_c^2}$

计算电流 $I_c = S_c / (\sqrt{3} U_r)$

式中，K_x 为需要系数；$\tan\varphi$ 为用电设备功率因数角相对应的正切值；U_r 为用电设备额定线电压，单位为 kV。

3）电站的总设备功率

电站的总设备功率是指电站的所有用电设备组的设备功率之和，不过计算时，要剔除掉不同时使用的负荷。例如消防设备功率通常不计入总设备功率，空调的制冷设备和采暖设备等季节性用电设备应取最大值计入总设备功率。

电站的总设备功率的计算公式为

$$有功功率 \; P_c = K_{\sum_p} \sum (K_x P_e)$$

$$无功功率 \; Q_c = K_{\sum_q} \sum (K_x P_e \cdot \tan\varphi)$$

$$视在功率 \; S_c = \sqrt{P_c^2 + Q_c^2}$$

式中，P_e 为用电设备组的设备功率，单位为 kW；$K_{\sum_p}$ 为有功功率的同时系数，通常取 $0.8 \sim 1.0$；$K_{\sum_q}$ 为无功功率的同时系数，通常取 $0.93 \sim 1.0$。

2. 单相负荷计算

当配电系统中存在单相负荷时，应将其均衡分配到三相上。

1）单相负荷换算为等效三相负荷的一般方法

先明确两个概念：单相用电设备接于线电压时的负荷称为线间负荷；单相用电设备接于相电压时的负荷称为相负荷。实际使用中，往往是既有线间负荷，又有相负荷，其计算步骤如下。

（1）将线间负荷换算为相负荷，各相负荷分别为：

u 相：$P_u = P_{uv} p_{(uv)u} + P_{wu} p_{(wu)u}$
$\quad\quad Q_u = P_{uv} q_{(uv)u} + P_{wu} q_{(wu)u}$

v 相：$P_v = P_{uv} p_{(uv)v} + P_{vw} p_{(vw)v}$
$\quad\quad Q_v = P_{uv} q_{(uv)v} + P_{vw} q_{(vw)v}$

w 相：$P_w = P_{vw} p_{(vw)w} + P_{wu} p_{(wu)w}$
$\quad\quad Q_w = P_{vw} q_{(vw)w} + P_{wu} q_{(wu)w}$

式中，P_{uv}、P_{vw}、P_{wu} 分别为接于 uv、vw、wu 线间负荷，单位为 kW；P_u、P_v、P_w 分别为换算为 u、v、w 相有功负荷，单位为 kW；Q_u、Q_v、Q_w 分别为换算为 u、v、w 相无功负荷，单位为 kvar；$p_{(uv)u}$、$q_{(uv)u}$ 分别为接于 uv 线间负荷换算为 u 相负荷的有功和无功换算系数，其余类同，如表 9-4-1 所示。

表 9-4-1　线间负荷换算为相负荷的有功、无功换算系数

换 算 系 数	负荷功率因数								
	0.35	0.40	0.50	0.60	0.65	0.70	0.80	0.90	1.00
$p_{(uv)u}$，$p_{(vw)v}$，$p_{(wu)w}$	1.27	1.17	1.00	0.89	0.84	0.80	0.72	0.64	0.50
$p_{(uv)v}$，$p_{(vw)w}$，$p_{(wu)u}$	− 0.27	− 0.07	0	0.11	0.16	0.20	0.28	0.36	0.50
$q_{(uv)u}$，$q_{(vw)v}$，$q_{(wu)w}$	1.05	0.86	0.58	0.38	0.30	0.22	0.09	− 0.05	− 0.29
$q_{(uv)v}$，$q_{(vw)w}$，$q_{(wu)u}$	1.63	1.44	1.16	0.96	0.88	0.80	0.67	0.53	0.29

（2）将各相负荷分别相加，选出最大相负荷，设备组功率取其3倍作为等效三相负荷。

2）单相负荷换算为等效三相负荷的简化方法

（1）如果仅仅只有线间负荷，那么可将各线间的负荷相加，然后选取较大的两项数据进行计算。现以 $P_{uv} \geqslant P_{vw} \geqslant P_{wu}$ 为例，计算等效三相负荷 P_d 为

$$P_d = \sqrt{3} P_{uv} + (3 - \sqrt{3}) P_{vw} = 1.73 P_{uv} + 1.27 P_{vw} \tag{9.4.6}$$

当 $P_{uv} = P_{vw}$ 时，$P_d = 3 P_{uv}$；当只有 P_{uv} 时，$P_d = \sqrt{3} P_{uv}$。

式（9.4.6）中，P_{uv}、P_{vw}、P_{wu} 分别为接于 uv、vw、wu 线间负荷，单位均为 kW。

（2）只有相负荷时，等效三相负荷取最大相负荷的3倍。

（3）当多台单相用电设备的设备功率小于计算范围内三相负荷设备功率的15%时，按三相平衡负荷计算，可不进行换算。

9.4.3　接地保护

发射场的设备接地类型有多种，其中最常用的是保护接地。由于电气设备外露导电部分和设备外导电部分在故障情况下可能会带电压，为确保人身和设备的安全，应将其进行接地。

保护接地的基本原则是限制漏电设备外壳对地的电压在安全限制值 U_L 以内，即漏电设备对地电压 $U_E = I_E R_E \leqslant U_L$，接地电阻就是依据此原则来确定的。

1. 低压设备接地电阻

在 380 V/220 V 的低压系统中，单相接地电流很小，为限制设备漏电，其外壳对地的电压应在安全限制值之内，通常要求其接地电阻 $R_E \leqslant 4\ \Omega$。

当变压器或发电机容量不超过 100 kV·A 时，由于其配电网分布范围较小，单相故障接地电流更小，故可放宽对接地电阻的要求，通常取 $R_E \leqslant 10\ \Omega$。

2. 高压设备接地电阻

1）小接地短路电流系统

若高压设备和低压设备共用接地装置，则要求设备对地电压不超过 120 V，它的接地电阻为

$$R_E \leqslant \frac{120}{I_E} \tag{9.4.7}$$

式中，R_E 为接地电阻，Ω；I_E 为接地电流，A。

若高压设备单独装设接地装置，则设备对地电压可放宽到 250 V，其接地电阻为

$$R_E \leqslant \frac{250}{I_E} \tag{9.4.8}$$

小接地短路电流系统高压设备的接地电阻除满足式（9.4.7）和式（9.4.8）的要求外，同时还不能超过 10 Ω。以上两式中的 I_E 为配电网的单相接地电流，应根据配电网的特征计算和确定。

2）大接地短路电流系统

在大接地短路电流系统中，由于其接地电流很大，难以将设备对地电压限制在某一范围内，因此主要依靠线路上的保护装置来切除接地故障，通常要求其接地电阻为

$$R_E \leqslant \frac{2000}{I_E} \tag{9.4.9}$$

但是当接地短路电流 $I_E > 4000$ A 时,可采用 $R_E \leqslant 0.5\ \Omega$。

9.4.4 塔架避雷

俗话说,"雷打出头物"。现在建筑物的最高点均安装有避雷针,那么避雷针是怎样避雷的呢?其实避雷针并不能避免被雷击中。避雷针又叫作引雷针,它是一种可以牵引闪电到地面的装置。雷雨天气时,避雷针与带电云层形成一个电容器,避雷针被感应上大量电荷,由于避雷针针头较尖,因此这个电容就很小,能够容纳的电荷十分有限,而它又聚集了大量电荷,于是避雷针与云层之间的空气就很容易被击穿成为导体,而避雷针是接地的,就可以把云层上的电荷导入大地,从而使建筑物免受雷电破坏。

避雷针可以保护多大的范围?目前,避雷针保护范围计算主要有两种方法:一是折线法,二是滚球法。

1. 折线法

早期关于避雷针保护范围的研究,是以雷电放电的照片与实验室的模拟试验为主要依据的,当时主流的观点认为避雷针保护范围是圆锥形的。折线法是最早被用来评价避雷针防雷效果的一种方法,按折线法计算,避雷针的保护范围大体为一圆锥体,避雷针的高度越高,则圆锥体体积越大。

20 世纪初,研究的主要任务是估算避雷针的保护角。美国认为保护角通常应采用 $63°$,重要设施采用 $45°$;而英国认为 $45°$ 的保护角仅仅只能保护一般建筑,重要设施的保护角不应超过 $30°$。

1)单支避雷针

如图 9-4-2 所示为我国确定避雷针保护范围的折线法示意图,将避雷针上下分为两个半高度,形成以避雷针为轴线的锥形空间域,保护范围为两段具有固定斜率的直线段所构成的折线,以此来确定单支避雷针的保护范围。

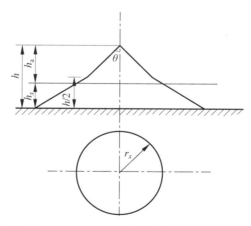

图 9-4-2 单支避雷针的保护范围($h \leqslant 30$ m 时, $\theta = 45°$)

避雷针在地面上的保护半径 r 按下式计算：

$$r = 1.5hp \tag{9.4.10}$$

式中，h 为避雷针的高度；p 为高度影响系数。$h \leqslant 30$ m 时，$p = 1$；30 m $< h \leqslant 120$ m 时，$p = \dfrac{5.5}{\sqrt{h}}$；$h > 120$ m 时，$p = 0.5$。

避雷针在被保护物高度 h_x 水平面上的保护半径 r_x 按下式确定：

当 $h_x \geqslant 0.5h$ 时，$r_x = (h - h_x)p = h_a p$

当 $h_x < 0.5h$ 时，$r_x = (1.5h - 2h_x)p$

式中，h_x 为被保护物的高度，h_a 为避雷针的有效高度，单位均为 m。

例如，某油罐直径为 10 m，高度为 10 m，现采用单支避雷针进行保护，避雷针距油罐侧壁 5 m，如图 9-4-3 所示，该避雷针应至少为多高？

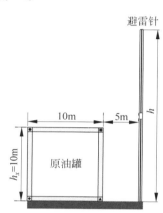

图 9-4-3　油罐避雷针位置示意图

由于避雷针距油罐侧壁为 5 m，则在 h_x 水平面上的保护半径 $r_x = 15$ m；假设避雷针高度 $h < 30$ m，则 $p = 1$。

（1）若 $h_x \geqslant 0.5h$，即 $h \leqslant 20$ m 时，由式 $r_x = (h - h_x)p$ 计算可得

$$h = r_x / p + h_x = (15 + 10)\ \text{m} = 25\ \text{m}$$

此解与假设 $h \leqslant 20$ m 不符，故舍去。

（2）若 $h_x < 0.5h$，即 $h > 20$ m 时，由 $r_x = (1.5h - 2h_x)p$ 计算可得

$$h = (r_x / p + 2h_x)/1.5 = (15 + 2 \times 10)/1.5\ \text{m} \approx 23.33\ \text{m}$$

此解符合条件。故该避雷针高度至少应为 23.33 m。

2）双支等高避雷针

如图 9-4-4 所示，双支避雷针总的保护范围并非两个单支避雷针保护范围的简单相加，而是两针之间的保护范围有所扩大，两针外侧的保护范围仍按单支避雷针的计算方法确定。

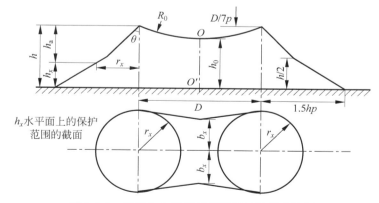

图 9-4-4　高度为 h 的两等高避雷针的保护范围

双针之间的保护范围可通过两针顶点及保护范围上部边缘最低点 O 的圆弧确定，R_0 为圆弧的半径，O 点为假想避雷针的顶点，其高度按下式计算：

$$h_0 = h - \frac{D}{7p} \tag{9.4.11}$$

式中,h_0 为两针间联合保护范围上部边缘的最低点高度,D 为两避雷针间的距离,单位均为 m。

两针间 h_x 水平面上保护范围的一侧最小宽度可通过图 9-4-5 查得。然后,在 h_x 水平面的两针连线中点($D/2$)处画出距两针连线距离为 b_x 的两点,从这两点向两支避雷针 h_x 层面上的半径为 r_x 的圆形作切线,即可得到 h_x 水平面上双针的保护范围。

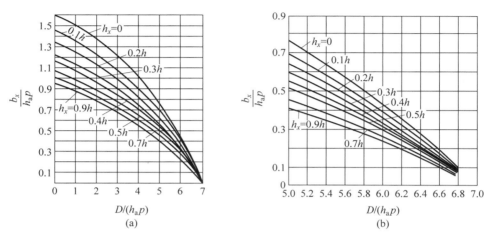

图 9-4-5　双支等高避雷针间保护范围一侧最小宽度 b_x 与 $D/(h-h_x)p$ 的关系

(a) $D/(h_a p)$ 为 0~7;(b) $D/(h_a p)$ 为 5~7

2. 滚球法

简单来说,滚球法是用一个球体在建筑两侧滚过,则球体接触不到的地方就是可以保护的安全范围。由此可知,滚球法计算避雷针保护范围的方法是:以 h_r 为半径的一个假想球体沿着被保护区域部位滚动,如果该球体只触及避雷针及地面,而未触及被保护物,则被保护物便可受到避雷针的保护。滚球法的原理如图 9-4-6 所示。

不同防雷等级建筑物的滚球半径不同。其中,一类防雷建筑物的滚球半径为 30 m,二类为 45 m,三类为 60 m;而发射场设施属于一类防雷等级,其滚球半径为 30 m。同样的建筑,选用不同防雷等级时,安全区域的大

图 9-4-6　滚球法原理示意图

小是不同的。为什么防雷等级更高的一类其安全区域反而比二类、三类的要小?其实这是"料敌从宽"的思路。防雷等级高,就是把"雷公电母"的威力想象得大一些,把安全区域想象得小一些。也就是说滚球半径是人为制定的尺度,对应不同的最小雷电流幅值。如果建筑物更重要,那么就用更高的防雷等级,对应的滚球半径就更小。

1) 单支避雷针

(1) 当避雷针高度 $h < h_r$ 时,方法如下:

在距地面 h_r 处作一与地面平行的线;以避雷针的针尖为圆心,h_r 为半径作弧线,与平

行线交于 A、B 两点；然后以 A、B 为圆心，h_r 为半径作弧线，与针尖相交并相切于地面，该弧线绕避雷针旋转一周所形成的锥体就是保护范围。

避雷针在高度为 h_x 的 xx' 平面上的保护半径 r_x 为

$$r_x = \sqrt{h(2h_r - h)} - \sqrt{h_x(2h_r - h_x)} \tag{9.4.12}$$

避雷针在地面上的保护半径 r_0 为

$$r_0 = \sqrt{h(2h_r - h)} \tag{9.4.13}$$

（2）当 $h > h_r$ 时，除在避雷针上取高度 h_r 的一点代替避雷针针尖作为圆心外，其余做法同（1），其中 h 取值为 h_r。

例如，某变电所为一类建筑物，高度为 5.4 m，建筑物顶部安装 1 根避雷针，避雷针距地面高度 25 m，如图 9-4-7 所示，求避雷针的保护范围。

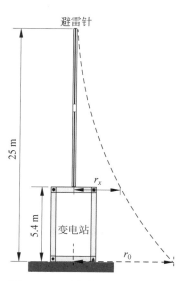

图 9-4-7　避雷针保护范围示意

由于变电所为一类建筑物，滚球半径按 $h_r = 30$ m 进行计算，避雷针高度 $h < h_r$，由此可计算出避雷针在地面上的保护半径 r_0 为

$$r_0 = \sqrt{h(2h_r - h)} = \sqrt{25 \times (2 \times 30 - 25)} \text{ m} \approx 29.58 \text{ m}$$

避雷针在 h_x 水平面上的保护半径 r_x 为

$$r_x = \sqrt{h(2h_r - h)} - \sqrt{h_x(2h_r - h_x)}$$
$$= [\sqrt{25 \times (2 \times 30 - 25)} - \sqrt{5.4 \times (2 \times 30 - 5.4)}] \text{ m}$$
$$\approx 12.41 \text{ m}$$

2）双支等高避雷针

双支等高避雷针的保护范围，在 $h \leqslant h_r$ 的情况下，当双针间的距离 $D \geqslant 2\sqrt{h(2h_r - h)}$ 时，按单支避雷针所规定的方法确定；当 $D < 2\sqrt{h(2h_r - h)}$ 时，按以下方法确定（如图 9-4-8 所示）。

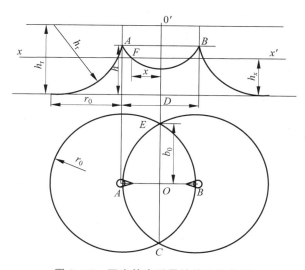

图 9-4-8　双支等高避雷针的保护范围

（1）$AEBC$ 外侧的保护范围，可按单支避雷针的方法来计算。

（2）C、E 点位于两针间的垂直平分线上，地面每侧的最小保护宽度 b_0 的计算公式如下：

$$b_0 = \sqrt{h(2h_r - h) - \left(\frac{D}{2}\right)^2} \qquad (9.4.14)$$

在 AOB 轴线上，距离中心线 x 处，避雷针在保护范围上边线上的保护高度 h_x 的计算公式如下：

$$h_x = h_r - \sqrt{(h_r - h)^2 + \left(\frac{D}{2}\right)^2 - x^2} \qquad (9.4.15)$$

该保护上边线是以中心线距地面 h_r 的一点 O' 为圆心、以 $\sqrt{(h_r - h)^2 + \left(\frac{D}{2}\right)^2}$ 为半径所作的圆弧 AB。

（3）双针间 $AEBC$ 内的保护范围，ACO 部分的保护范围的计算方法为：在 h_x 保护高度 F 点和 C 点所处的垂直平面上，以 h_x 为假想避雷针的高度，按单支避雷针的方法逐点确定。BCO、AEO、BEO 等部分保护范围的计算方法与 ACO 部分相同。

（4）xx' 平面上保护范围截面的计算方法为：以单支避雷针的保护半径 r_x 为半径，以 A、B 为圆心作弧线与四边形 $AEBC$ 相交，以单支避雷针的 $(r_0 - r_x)$ 为半径，以 E、C 为圆心作弧线与上述弧线相接。

航天轶事：避雷针为什么又叫"富兰克林针"？

这要从美国科学家富兰克林的那次风筝实验说起。那是一个电闪雷鸣的傍晚，富兰克林和他的儿子带着上面装有一个金属杆的风筝来到空旷草地进行实验。他将风筝放飞到高空中，突然一道闪电从风筝上划过，此时富兰克林用手靠近风筝上的铁丝，立即一股麻木疼痛感蔓延开来，他成为第一个"触碰"到雷电的人（见图 9-4-9）。

图 9-4-9　富兰克林的风筝实验

为使人类免受雷电对生活的困扰，富兰克林毅然决然地继续着对雷电的研究。他证明了天上的雷电与人工摩擦产生的电具有完全相同的性质。后来又经过大量的实践研究，最终制造出了人类历史上第一根避雷针。他将足够长的金属杆子用绝缘体材料固定在屋顶上，并在金属杆上拴一根导线，雷电就会沿着金属杆通过导线直达大地，从而达到泄流的作用，这样在打雷时，房屋建筑等就不会被雷电损坏。

9.5　测控

在观看航天发射时，大家总会被直上云霄的火箭所吸引，被喷薄而出的尾焰所震撼。然而，在航天发射过程中，还有更多大家无法用肉眼察觉的、在空间分布广阔的电磁场环绕航天器，默默地为航天发射保驾护航。这些电磁波正是由测控系统发出的，通过电磁波携带的信息，科学家就可以实时地获取航天器的各项参数，如温度、高度、速度等。

具体地，航天发射活动中需由测控系统负责测量并监视运载火箭和航天器的飞行状态，判断航天器是否进入预定轨道。入轨后，航天器的运行状态控制和获取、轨道的保持和变换同样离不开测控。测控究竟有什么魔力可以实现这么多功能？现在，就让我们一起探寻其中的奥秘吧！

9.5.1　雷达

雷达是一种可以主动发射电磁波，接收物体回波信号并解析目标信息的设备。现代侦查手段中用得最多的就是雷达侦查了。无论是天上的战机还是深山密林，无论是海上的舰船还是浩瀚宇宙都有雷达的身影。雷达的类型有很多，这里选择两种典型的雷达进行介绍。

1. 连续波雷达

我们日常生活中所见的太阳光、灯光和看不见的手机信号等都属于电磁波。电磁波和声波一样，也具有类似的规律。假设有一敌机以速度 v 面向雷达飞行，我方使用连续波雷达发射频率为 f_0 的电磁波进行探测，如图 9-5-1 所示。

图 9-5-1　雷达利用多普勒效应进行测速

由于存在多普勒效应，该电磁波照射到运动中的敌机后频率会变为 f_r。我们可以使用雷达接收到敌机的反射电磁波，并计算出敌机的飞行速度 v，公式如下：

$$v = \frac{f_d c}{2 f_0} \tag{9.5.1}$$

式中，v 为飞机速度，单位为 m/s；f_0 为雷达发射频率，单位为 Hz；$f_d = f_r - f_0$ 为发射和接收电磁波的频率差（即多普勒频移），单位为 Hz；c 为光速。

例如，频率差 $f_d = 6$ kHz，雷达发射频率 $f_0 = 3000$ MHz，则可以得到此时敌机的飞行速度为 300 m/s，计算过程如下：

$$v = \frac{f_d c}{2 f_0} = \frac{6 \times 3 \times 10^8}{2 \times 3000 \times 10^3} \text{ m/s} = 300 \text{ m/s}$$

用频率差来求解目标速度的多普勒效应公式就是如此简洁。

这个公式是怎么来的呢？假设雷达发射机发射信号表达式为

$$S_0(t) = A\cos(2\pi f_0 t + \varphi) \tag{9.5.2}$$

接收到的信号为

$$S_r(t) = kA\cos[2\pi f_0(t - t_r) + \varphi] \tag{9.5.3}$$

式中，f_0 为雷达发射频率；t_r 为从发射信号到接收信号的时间差。根据电磁波实际走过的距离可知：

$$t_r = \frac{2(R_0 - vt)}{c} \tag{9.5.4}$$

此时：

$$
\begin{aligned}
S_r(t) &= kA\cos\left[2\pi f_0\left(t - \frac{2(R_0 - vt)}{c}\right) + \varphi\right] \\
&= kA\cos\left[2\pi\left(f_0 + \frac{2f_0 v}{c}\right)t - \frac{2\pi f_0}{c}2R_0 + \varphi\right]
\end{aligned} \tag{9.5.5}
$$

接收信号的频率 f_r 为

$$f_r = f_0 + \frac{2f_0 v}{c} \tag{9.5.6}$$

则多普勒频移为

$$f_d = f_r - f_0 = \frac{2f_0 v}{c} \tag{9.5.7}$$

2. 脉冲雷达

脉冲雷达可以用于目标距离的测量，它工作时会向空间发射一串重复周期的高频脉冲。如果在电磁波传播的路径上有目标存在，那么雷达就可以接收到由目标反射回来的回波。由于回波信号往返于雷达与目标之间，它将滞后于发射脉冲一个时间 t_r，如图 9-5-2 所示。

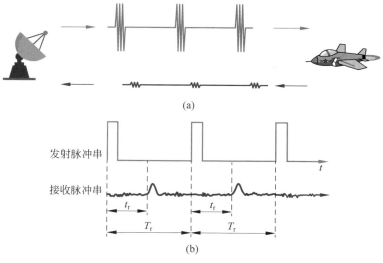

图 9-5-2　目标距离的测量

（a）测距原理示意图；（b）发射信号与接收信号时序关系

由于电磁波的传播速度为光速,设目标的距离为 R,则传播距离等于光速乘以时间间隔,即

$$2R = ct_r \tag{9.5.8}$$

式中,R 为目标到雷达站的单程距离,单位为 m;t_r 为电磁波往返于目标与雷达之间的时间间隔,单位为 s;c 为光速。

由于电磁波传播的速度很快,雷达常用的时间单位为 μs,若脉冲雷达工作时探测敌机的回波脉冲滞后于发射脉冲 1 μs,则可知此时敌机距雷达阵地的距离 R 为

$$R = ct_r/2 = 150 \text{ m} \tag{9.5.9}$$

雷达能够对目标距离进行测量,且受气候条件的影响较小,其测距精度和分辨力与发射信号带宽或处理后的脉冲宽度有关,脉冲越窄,性能越好。

9.5.2 遥测遥控

在观摩航天发射过程中,大家是否会有这样的疑问:在地球上的我们是怎么知道航天器在发射过程中内部设备是否工作正常,舱内航天员生命体征是否平稳的呢?这就涉及航天测控中非常重要的一环——遥测。如果把航天器比作放飞的"风筝",如图 9-5-3 所示,遥测就好比一根看不见的"线",时刻在对航天器的各项参数进行测量、采集,对采集的数据进行传输。地面遥测设备接收到遥测遥控数据后进行变换,将无线电信号还原成温度、压力等测量参数,以实现对航天器工作状态的监测。

图 9-5-3 遥测与"放风筝"

假设在一定距离外有一辆飞驰的小汽车,可以利用相机拍摄、雷达测速、温度传感等手段将小汽车上的图像、速度、温度等信息传送到读者的手机上,同时也可以对小汽车进行控制,这个过程就称为遥测遥控。

从概念上来讲,遥测是将一定距离外被测对象的参数,经过感受、采集,通过传输媒介送到接收地点并进行解调、记录、处理的一种测量过程;遥控是对远距离被控对象进行控制。在火箭、航天器等飞行器发射过程中,通过遥测获取飞行器内部各系统的工作状态参数和环境数据,为评定飞行器性能和进行故障分析提供依据;通过遥控对飞行器发送相应指令,利用有线或无线电信道将其传送至执行端,使飞行器完成预定动作。遥测遥控中使用最频繁、

最重要的部分非信息调制与传输莫属。收发时技术人员先要将需要传递的信息编码在电磁波里进行发送,即"载波调制"。载波调制有诸多体制,这里主要介绍模拟调频(FM)和模拟调相(PM)体制。FM 与 PM 通称为调相,是遥测遥控最常用的体制。

设已调的调角信号为

$$s(t) = A\cos[\omega_0 t + \varphi(t)] \tag{9.5.10}$$

式中,A 为信号幅度;ω_0 为信号中心频率;$\varphi(t)$ 为调制信号 $g(t)$ 对信号 $s(t)$ 调角后产生的相角变化。

当 $\varphi(t)$ 为信号 $g(t)$ 的线性函数时,即 $g(t) = kg(t) + \varphi_0$,则称为调相。当 $\varphi(t)$ 的时间变化率即 $s(t)$ 的频率变化为信号 $g(t)$ 的线性函数时,即 $\dfrac{\mathrm{d}\varphi(t)}{\mathrm{d}t} = kg(t)$,则称为调频。

如果调制信号 $g(t)$ 为一正弦函数,即

$$g(t) = a\cos\Omega t \tag{9.5.11}$$

对 PM 体制,已调信号为

$$s(t) = A\cos(\omega_0 t + ka\cos\Omega t + \varphi_0) \tag{9.5.12}$$

式中,ka 为最大相移。令 $ka = m_\varphi$,其中 m_φ 为调相波的调相指数。

对 FM 体制,已调信号的相角变化为

$$\varphi(t) = k\int g(t)\mathrm{d}t + \varphi_0 = \frac{ka}{\Omega}\sin\Omega t + \varphi_0 \tag{9.5.13}$$

故已调调频信号为

$$s(t) = A\cos\left(\omega_0 t + \frac{ka}{\Omega}\sin\Omega t + \varphi_0\right) \tag{9.5.14}$$

式中,ka 为最大频率偏移。令 $ka = \Delta\omega$,称为最大频偏。

又令

$$\frac{ka}{\Omega} = \frac{\Delta\omega}{\Omega} = m_f \tag{9.5.15}$$

式中,m_f 为调频波的调频指数。调频指数 m_f 与 m_φ 是调角体制极重要的参数。当 $m_\varphi \ll 1$ 或 $m_f \ll 1$ 时,称为窄带调制;否则,称为宽带调制。宽带调角信号与窄带调角信号的解调方式有明显差别。那么具体有哪些不同呢?

将 $s(t)$ 的表达式展开得

$$\begin{aligned}s(t) &= A\cos\left(\omega_0 t + \frac{ka}{\Omega}\sin\Omega t + \varphi_0\right)\\ &= A\cos\varphi(t)\cos\omega_0 t - A\sin\varphi(t)\sin\omega_0 t\end{aligned} \tag{9.5.16}$$

如果 $\varphi(t)$ 很小,则有

$$\cos\varphi(t) \approx 1, \quad \sin(t) \approx \varphi(t) \tag{9.5.17}$$

于是,$s(t)$ 可写为

$$s(t) = A\cos\omega_0 t - A\varphi(t)\sin\omega_0 t \tag{9.5.18}$$

也就是说,在模拟调角体制下,宽带调制信号只能用非相干方式解调;而窄带调制信号既可以用非相干方式解调,也可以用相干方式解调。

9.6　时间统一

　　航天发射过程中,发射起飞时间、各级火箭发动机点火与关机时间、星箭分离时间、航天器入轨时间等关键事件特征点都需要时间统一系统提供准确的时刻。时间统一系统连续可靠、稳定运行是航天活动正常进行的前提,直接影响航天测试发射、测量控制的精度。

　　时间是物质存在和运动的基本形式之一,时间离不开物质的运动,可利用特定的物质运动过程实现时间测量。平时,我们所说的时间测量包含两层含义:一是计量时间的间隔,统计经历了多长时间;二是确定事件发生的时刻,即客观物质运动过程中某种运动状态发生在哪一瞬间。2003 年 10 月 16 日 6 时 28 分,我国"神舟五号"飞船发射升空,飞行时间持续21 h 28 min。前一个时间指"时刻",后一个时间指"时间间隔"。

　　物质运动用于时间计量时应满足以下三条要求:一是物质运动规律已知,运动状态可被观测,具有重复性;二是可选取运动某一阶段作为基本单位用于测量时间;三是运动的某一状态作为起点用于测量时间。选择满足这三条要求的物质运动就可以建立时间计量系统。目前选择的物质运动有地球的自转、地球的公转、原子内部的运动等。以前,人们选择周期较长的运动来计量时间,如日、月、年;随着技术的发展,人们开始选择周期短、频率高的运动来计量时间,如原子运动。周期过程重复出现一次所需要的时间记为 T;而频率是单位时间内周期性过程重复、循环或振动的次数,记为 f。频率与周期的关系为 $f = 1/T$。

　　根据建立时间计量系统所参照的物质运动不同,产生了多种时间计量系统。一是根据地球自转运动为基准的计时系统,称为世界时;二是以地球绕太阳公转周期为基准的计时系统,称为历书时;三是根据原子内部能级跃迁时辐射电磁波的振荡频率为基准的计时系统,称为原子时。

9.6.1　世界时系统

　　为了说明世界时系统,需要先介绍几个天文学概念,包括天球、黄道、天极、天赤道等。

　　天球是一个虚拟球面,用于标记和量度天体的位置和运动的假想球面,如图 9-6-1 所示,它与地球同心、自转轴相同,半径无限大。天空中所有天体都可投影为天球上的物体,将地球赤道、南极、北极投射到天球上,就是天球赤道和天极。天球以地球为中心,天球上的物体围绕地球转,天球是为了表示黄道在天空中的位置而引用的概念。

　　黄道是从地球上看太阳一年走过的路线,是由于地球绕太阳公转而产生的。地球公转轨道在天球上的投影称为黄道。

　　天球赤道又叫作天赤道,是指地球赤道平面与天球相交所得的大圆。天赤道以南为南天半球,天赤道以北为北天半球。地球自转轴与公转平面之间存在一个锐角,天赤道平面与黄道平面不在一个平面上,两个平面之间的夹角为 $23°26'21''$,两个平面的交角点就是春分点和秋分点。以天赤道面及其垂直面为基础建立的坐标系称为赤道坐标系。与地球上的经度类似,经过天极的任何大圆均称为赤经圈,也称为时圈;与地球上的纬度类似,与天赤道平行的小圆称为赤纬圈。选择一个天球赤经圈,以天球赤经圈与天赤道相交的位置为起点,沿此赤经圈至该点的圆弧长的纬向坐标就是赤纬。赤纬从赤道起算,最小为 $0°$,最大为

±90°，赤道以北为正，以南为负。主点取天赤道与观测者的天顶以南那段子午圈的交点，从主点起沿天赤道量至天球上一点的赤经圈与天赤道交点的弧长为经向坐标，称为时角。如图 9-6-2 所示为赤道坐标系。

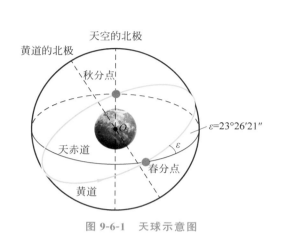

图 9-6-1　天球示意图　　　　　　　　图 9-6-2　赤道坐标系

在地球自转的作用下，地面上的观测者看到天体于一恒星日内在天球上自东向西沿着与赤道平行的小圆转过一周，这个圆称为天体的周日平行圈。这种直观的运动称为天体的周日视运动。最典型的天体周日视运动就是太阳的运动，以地球为参照物观测太阳，太阳每日东升西落，在天球上围绕地球自东向西旋转，转过一周回到起点就是太阳的周日视运动。天体周日视运动，经过测站天子午圈的瞬间称为天体的中天。显然，所有天体的周日平行圈与天子午圈都有两个交点。天体到达北天极、天顶、南天极所在的部分天子午圈的点，此时天体达到最高位置，称为上中天；天体到达北天极、天底和南天极所在的部分天子午圈的点，此时天体达到最低位置，称为下中天。当天体周日平行圈的一部分在地平圈以上、一部分在地平圈以下时，称为天体的东升西落现象，也称为天体的出没。

天极是指地球的自转轴向天球延伸后，在无穷远处与天球交会的两个假想点，分别为南天极和北天极。

地球上的观测者借助天球上的某些特定点的周日运动，就可以分析地球的自转运动，利用这些特定点到达中天的时刻作为计量时间的起点就可以建立世界时系统。由于所选取的特定点不同，而引入了几种时间系统。

1. 恒星时

以地球自转为基准，以春分点为参考点，由恒星的周日视运动所确定的时间称为恒星时，春分点连续两次到达上中天的时间间隔称为一个恒星日。一个恒星日等分为 24 个恒星时，一个恒星时再等分为 60 个恒星分，一个恒星分又等分为 60 个恒星秒，这些单位作为计量时间的恒星时单位。

由于春分点不是一个实在的天体，而是在天球上一个看不见的想象点，因此需要通过观测恒星来推测春分点所在的位置，春分点的时角等于任意一颗恒星的时角与其赤经之和。恒星时在数值上等于春分点的时角，计算公式如下：

$$S = t_r = \alpha + t \qquad (9.6.1)$$

式中，S 为恒星时；t_r 为春分点的时角；α 为恒星的赤经；t 为恒星的时角。

已知某一恒星的赤经，如果已经测定它在某一瞬间的时角，则可求出观测时刻的恒星时。恒星上中天时，$t = 0$，有 $S = \alpha$。由此可见，任何瞬间的恒星时正好等于该时刻上中天恒星的赤经。

考虑岁差和章动影响，春分点在天球上的位置也有缓慢的变化。恒星时的时间单位是恒星日，春分点连续两次到达上中天的时间间隔；起始点为春分点到达上中天时刻。

2. 真太阳时和平太阳时

1）真太阳时

太阳视圆面中心称为真太阳。以真太阳为参考点，由它的周日视运动所确定的时间称真太阳时，简称真时或视时。真太阳连续两次到达上中天位置的时间间隔称为真太阳日。真太阳时的时间计量单位由真太阳日、真太阳时、真太阳分、真太阳秒组成。显然真太阳时就是真太阳视圆面中心的时角。但为了照顾生活的习惯，实际上把真太阳时定义为

$$m = t + t_0 \qquad (9.6.2)$$

式中，$t_0 = 12 \text{ h}$；m 为真太阳时；t 为真太阳的时角。

亦可理解为起点定在真太阳的下中天时刻。时间单位为真太阳日，起始点为下中天。

与地球的自转运动造成了天球旋转和天体的周日视运动道理相同，地球绕太阳的公转运动也使地球上的人们在不同的日子里看到的星空景象不相同。反映在天球上，就是太阳不同于一般恒星，它除了有顺时针方向（自东向西）的周日视运动外，还同时在沿黄道做逆时针方向（自西向东）的运动。这种恒星所没有的视运动是一种周年视运动，太阳每年沿着黄道从春分点出发再回到春分点，所以太阳的周年视运动方向与周日视运动方向相反，但是真太阳日是长短不一的。如图 9-6-3 所示为地球绕太阳公转运动及太阳在天球上的周年视运动。

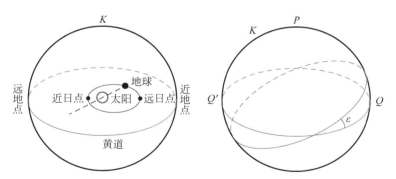

图 9-6-3　地球绕太阳公转运动及太阳在天球上的周年视运动

（1）太阳在黄道上运动的速度是不均匀的

由开普勒第二定律可知，在相等的时间间隔内，太阳在黄道上运行时经过的位移是不相等的。如近日点和远日点的真太阳日不一样长。

如图 9-6-4 所示，O_1O_2 和 O_3O_4 分别表示在近视点和远视点附近一个恒星日内地球在黄道上的位移，θ_1 和 θ_2 是相应的角位移。因 $\theta_1 > \theta_2$，在近日点附近的真太阳日要大于在

远日点附近的真太阳日。

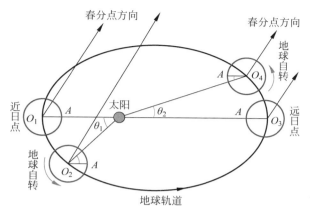

图 9-6-4　真太阳时与恒星时

以地球为参照物,太阳在黄道上每日自西向东运行约 1°,因此 1 真太阳时大于 1 恒星时,差距约为 4 min,可用下面的公式进行计算:

$$m = S + S_0 \qquad (9.6.3)$$

式中,$S_0 = 3\ \text{min}\ 56\ \text{s}$;$m$ 为真太阳时;S 为恒星时。

实际上由于地球公转的速度是不断变化的,所以不仅在近日点和远日点的真太阳日长短不一,而且地球在公转轨道上任何位置的真太阳日彼此也都不相等。

(2) 太阳的周年视运动不是沿着天赤道,而是沿黄道运行

假定太阳在黄道上匀速运行,由于黄道和赤道夹角的存在,太阳投影在赤道上的时角变化是不均匀的。真太阳时是以真太阳时角表示的,而时角是沿着天赤道的弧长量度的,所以由于黄赤交角,即使太阳周年视运动的速度是均匀的,反映在天赤道上的时角变化也是不均匀的。经观测,近日点的真太阳日比远日点的真太阳日长约 51 s,真太阳时不宜作为计量时间的单位。太阳的周年视运动在赤道上的投影如图 9-6-5 所示。

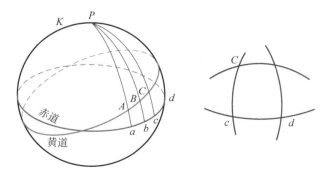

图 9-6-5　太阳周年视运动在赤道上的投影

2) 平太阳时

为了说明平太阳时,引入两个假想参考点:第一个参考点是在黄道上匀速运动的真太阳,其速度等于真太阳的平均速度,与真太阳同时过近日点和远日点;第二个参考点是在天赤道上匀速运动的平太阳,其速度等于真太阳的平均速度,与第一参考点同时过春分点和秋

分点,平太阳在天赤道上的周日视运动是均匀的。

以平太阳作为参考点,依据它的周日视运动所建立的时间计量系统称为平太阳时。平太阳时简称平时,用 m 表示。平太阳上中天的时刻为平正午,下中天的时刻为平子夜。平太阳连续两次下中天的时间间隔为一个平太阳日,一个平太阳日等分为 24 平太阳时,一个平太阳时等分为 60 平太阳分,一个平太阳分又等分为 60 平太阳秒。根据 1960 年国际单位制时间,基本单位定义为平太阳秒,即一个平太阳日的 1/86 400。

平太阳时的时间单位为平太阳日;起始点为下中天,我们的每一天从子夜零点开始计时。平太阳时从下中天开始计量,因此,平太阳时 m 等于平太阳时角 t_m 加上 12 h,可用下面的公式计算:

$$m = t_m + t_0 \tag{9.6.4}$$

式中,$t_0 = 12$ h;m 为平太阳时;t_m 为平太阳的时角。

平太阳时与我们日常生活中使用的时间一致,钟表所指示的时刻就是平太阳时。平太阳是一个假想点,无法直接观测,平太阳时是根据恒星时换算得出的,故平太阳时与恒星时不是互相独立的时间计量系统。

真太阳的时角与平太阳的时角之差称为时差,时差的计算公式如下:

$$\eta = t - t_m \tag{9.6.5}$$

式中,η 为时差;t 为真太阳的时角;t_m 为平太阳的时角。

3. 地方时、世界时和区时

1)地方时

地球上的各测站位置在不同的地理经度上,就会对应不同的天子午圈。由于各地的天子午圈不同,所得时刻也不同。恒星时、真太阳时、平太阳时等世界时计时系统具有地方性,即同一天体经过两地的天子午圈不在同一瞬间,各地所得的时间也不一样,形成了各自的计时系统,即地方时系统,分别叫作地方真太阳时、地方平太阳时、地方恒星时。

2)地方时之差与天文经度之差

在世界时的同一计时系统中,任意两地同一时刻测得的地方时之差在数值上等于这两个地方的经度之差(如图 9-6-6 所示)。即有

$$\lambda_A - \lambda_B = m_A - m_B = t_A - t_B \tag{9.6.6}$$

$$S_A - S_B = t_A - t_B = \lambda_A - \lambda_B \tag{9.6.7}$$

式中,λ_A、λ_B 为 A、B 两地的经度;m_A、m_B 为 A、B 两地的平太阳时;t_A、t_B 为 A、B 两地的时角;S_A、S_B 为 A、B 两地的恒星时。

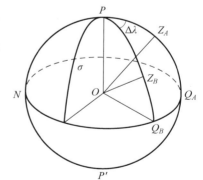

图 9-6-6 地方时之差与天文经度之差的关系

3)世界时

以本初子午线(格林尼治天文台的子午线)为标准的地方时为世界时。它所对应的天文经度 $\lambda = 0°$。天文经度为 λ 的地方时与格林尼治的地方时之间的关系可以用下式表示:

$$s - S = \lambda(东 +,西 -) \tag{9.6.8}$$

$$m - M = \lambda(东 +,西 -) \tag{9.6.9}$$

式中，s 为经度为 λ 的地方恒星时；S 为格林尼治地方恒星时；λ 为某地的天文经度；m 为经度为 λ 的地方平时；M 为格林尼治地方平时。

4）区时

区时属于平时系统，$\lambda_N = 15°$，将地球表面沿着纬度圈按经线等分成 24 个时区，每区跨经度 $15°$，将各区中央经线的地方时作为本区统一使用的标准时，这种区域称为时区，这种时间称为区时。以本初子午圈为分界线，东时区为正，西时区为负。世界时和区时的关系如下：

$$T_N = M + N \tag{9.6.10}$$

式中，T_N 为区时；M 为格林尼治平时，即世界时；N 为时区。

北京时间使用东经 $120°$ 的地方时，对应时区的东八区，显然，北京时比世界时晚了 8 小时。

航天轶事：本初子午线

位于英格兰格林尼治的皇家天文台建于 17 世纪末期，其任务是跟踪月球的运动，并对星体进行定位。这些信息对于船员和渔民极为重要，因为他们不能确定自己的东、西方位（经度），他们利用这些数据以及一个被称作六分仪的仪器提供的数据来确认纬度。19 世纪随着铁路的出现，人们需要制定一个世界时间标准。在英格兰，几乎火车到达每个小镇都需要调整当地时间；而在格林尼治，由于其时间计量的准确性以及拥有著名的天文台，很自然地成为世界标准时间的计量地点。格林尼治本地被定为 $0°$ 经度，子午线作为计时和导航标准应用于陆、海、空、天。

4. 平时与恒星时的换算

平时与恒星时既有联系，又有区别。从时间计量的角度，可以将其作为两个不同的时间系统。首先，两个系统的时间单位不同，一个是恒星日，一个是平太阳日，两者是不相等的；其次，两个系统的时间起算点不同。因此，同一瞬间两个系统时刻也不一样。

回归年为平太阳连续两次过春分点的时间间隔，其与平太阳日、恒星日之间的换算关系如下：

1 回归年 = 365.2422 平太阳日 = 366.2422 恒星日

1 恒星日 = (1 − 1/366.2422) 平太阳日 = 0.997 269 6 平太阳日

1 平太阳日 = (1 + 1/365.2422) 恒星日 = 1.002 737 9 恒星日

$m = s(1 - 1/366.2422)$

$s = m(1 + 1/365.2422)$

式中，m 为恒星日；s 为平太阳日。

平时时刻换算为恒星时时刻，主要包括格林尼治平时和地球其他地方的两种时间之间的换算，如图 9-6-7 所示，具体包括以下内容。

1）格林尼治的时刻换算

假设已知格林尼治平时，计算格林尼治恒星时可用以下公式计算：

$$S = S_0 + M(1 + 1/365.2422) \tag{9.6.11}$$

式中，S 为格林尼治恒星时时刻；S_0 为恒星时起始时刻；M 为格林尼治平时时刻。

假设已知恒星时，可用以下公式计算平太阳时，即平时

$$M = M_0 + S(1 - 1/366.2422) \tag{9.6.12}$$

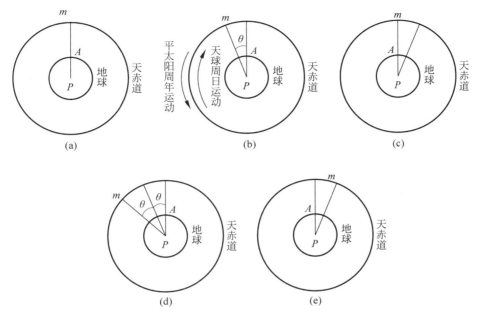

图 9-6-7 恒星时与平时时刻换算

式中，M 为格林尼治平时时刻；M_0 为恒星时起始时刻；S 为格林尼治恒星时时刻。

2）任意经度区的时刻换算

已知区时求地方恒星时，考虑格林尼治平时与经度为 λ 处的时间之间存在以下关系：

$$s - S = \lambda（东 +，西 -）$$
$$m - M = \lambda（东 +，西 -）$$
$$T_N = M + N$$

式中，s 为经度为 λ 的地方恒星时；S 为格林尼治地方恒星时；λ 为某地的天文经度；m 为经度为 λ 的地方平时；M 为格林尼治地方平时；T_N 为区时；N 为时区。

若经度为 λ 处的平时时刻为 m，相应的地方恒星时 s 可表示为

$$
\begin{aligned}
s &= S_0 + (m - \lambda)(1 + 1/365.2422) + \lambda \\
&= S_0 + (T_N - N)(1 + 1/365.2422) + \lambda
\end{aligned}
\tag{9.6.13}
$$

式中，S_0 为恒星时起始时刻。

3）世界时（UT）的修正

世界时也称格林尼治平时，有 UT0、UT1、UT2 之分。UT0 为直接观测到的世界时。1956 年起世界时引入了两项修正，一项是因为地极移动所引起的观测站的精度变化改正 $\Delta\lambda$，修正后的世界时称为 UT1；另一项是由于地球自转速度的季节性变化，需要改正 ΔT_a，修正后的世界时称为 UT2。它们之间的关系为

$$
\begin{cases}
UT1 = UT0 + \Delta\lambda \\
UT2 = UT1 + \Delta T_a = UT0 + \Delta\lambda + \Delta T_a
\end{cases}
\tag{9.6.14}
$$

9.6.2　历书时

以地球绕太阳公转周期为基准的时间计算系统称为历书时。它是由开普勒定律确定的时间,理论上讲是均匀的。它不受地球极移和转速的影响,比世界时更精确。1960 年,世界度量衡标准会议将公元 1900 年定义为平均太阳年。将一秒定义为平均太阳年的 31 556 925.9747 分之一,称为一历书秒。

历书时从 1960 年启用,1967 年后由原子时取代了历书时,到 1984 年历书时停用。历书时虽然已不为人们所使用,但在理论天文学中仍然发挥着重要作用,并且,目前采用的原子秒长的定义是以历书时秒长为基础的。

9.6.3　原子时

人们发现原子内部的稳定性远比地球高得多。原子内部的电子在进行能级之间的跃迁时会吸收或发射电磁波,其频率具有很高的稳定性和复现性,原子时就是据此建立的时间计量系统。因此,1967 年第 13 届国际计量大会通过了决议,将一秒的长度定义为位于海平面上的铯原子,基态的两个超精细能级在零磁场中跃迁辐射震荡 9 192 631 770 周所持续的时间,称为国际单位秒(符号 s)。

原子时的稳定度很好,可达数千万年误差不超过一秒。目前国际上主要采用原子钟来产生和保持标准时间。把数百台原子钟的地方时相互比对推算出统一的世界时,称为国际原子时(international atomic time,TAI)。取 1958 年 1 月 1 日 0^h UT1 的瞬间作为起算点,即调整原子时所指示的时间与该时刻世界时的钟面所指时刻一致。事后发现,在这一瞬间两者存在一个微小差异,这一差值后来被保留下来。世界时与国际原子时之间的差值用公式表示如下:

$$UT1 - TAI = 0.0039 \text{ s} \tag{9.6.15}$$

参 考 文 献

[1]   徐矛.航天科技知识解读[M].北京：国防工业出版社，2010.
[2]   陈杰.空间物理学概论[M].北京：中国宇航出版社，2020.
[3]   [美]塞勃.理解航天：航天学入门[M].张海云，李俊峰，译.北京：清华大学出版社，2007.
[4]   [美]特里布尔.空间环境[M].唐贤明，译.北京：中国宇航出版社，2009.
[5]   [美]皮塞卡.空间环境及其对航天器的影响[M].张育林，译.北京：中国宇航出版社，2010.
[6]   [美]丹尼尔·汉斯汀斯.航天器-空间环境相互作用[M].杨晓宁，译.北京：中国宇航出版社，2020.
[7]   杨晓宁，杨勇.航天器空间环境工程[M].北京：北京理工大学出版社，2018.
[8]   钟国徽，李玉恒，凌树宽，等.太空微重力环境对人体的影响及防护措施[J].生物学通报，2016，51
       (10)：1-4.
[9]   俞明浩，邱泽洋.飞行器大气再入过程中黑障缓解方法综述[J].中国空间科学技术，2022，42(2)：
       1-12.
[10]   汤靖师，程昊文.空间碎片问题的起源、现状和发展[J].物理，2021，50(5)：317-323.
[11]   英国国防部发展、概念与条令中心.英军太空基础教程[M].胡敏，译.北京：国防工业出版社，2014.
[12]   常显奇，等.军事航天学[M].北京：国防工业出版社，2005.
[13]   [美]R.C.奥尔森.空天遥感[M].贾鑫，译.北京：国防工业出版社，2014.
[14]   [瑞士]让-马利·佐格.卫星导航基础[M].王元钦，译.北京：国防工业出版社，2014.
[15]   美国空军大学.美国空军大学太空基础教程[M].范丽，译.北京：国防工业出版社，2014.
[16]   [美]戴维·赖特.太空安全物理学[M].范丽，译.北京：国防工业出版社，2014.
[17]   李靖.基于改进量子粒子群算法的运载火箭弹道优化[D].湖南：湘潭大学，2014.
[18]   雷双强.高造斜率旋转导向工具测控系统研究[D].西安：西安石油大学，2019.
[19]   焦维新.太空资源[M].北京：知识产权出版社，2015.
[20]   齐国生.太空资源[M].北京：中国宇航出版社，2016.
[21]   赵洪利，杨海涛，穆道生.卫星通信导论[M].北京：国防工业出版社，2014.
[22]   杨炳渊.航天技术导论[M].北京：中国宇航出版社，2009.
[23]   钱学森.星际航行概论[M].北京：中国宇航出版社，2009.
[24]   王希季.航天器进入与返回技术[M].北京：中国宇航出版社，1991.
[25]   相有桓，高家智，张平.发射场常规推进剂加注训练系统[M].北京：化学工业出版社，2020.
[26]   相有桓，高家智，任守福.发射场低温推进剂加注训练系统[M].北京：化学工业出版社，2021.
[27]   陈耀庆.实用供热空调设计手册[M].北京：中国建筑工业出版社，2008.
[28]   中国航空工业规划设计研究院.工业与民用配电设计手册[M].北京：中国电力出版社，2005.
[29]   夏兴华.电气安全工程[M].北京：人民邮电出版社，2012.
[30]   夏克文.卫星通信[M].西安：西安电子科技大学出版社，2014.
[31]   赵文策，张平，高家智，等.人造地球卫星轨道理论及应用[M].北京：机械工业出版社，2021.
[32]   李征航，魏二虎，王正涛.空间大地测量学[M].武汉：武汉大学出版社，2010.